高职高专土建类工学结合"十二五"规划教材

工 程 地 质

主 编 杨创奇 付玉华

副主编 曾裕平 马时强 蔡白洁 刘俊华

参 编 代佑春 莫玉桃

华中科技大学出版社

中国·武汉

图书在版编目(CIP)数据

工程地质/杨创奇,付玉华主编.—武汉:华中科技大学出版社,2014.7(2023.9重印)
ISBN 978-7-5680-0294-3

Ⅰ.①工… Ⅱ.①杨… ②付… Ⅲ.①工程地质-高等职业教育-教材 Ⅳ.①P642

中国版本图书馆 CIP 数据核字(2014)第 170994 号

工程地质　　　　　　　　　　　　　　　　杨创奇　付玉华　主编

责任编辑:简晓思
封面设计:李　嫚
责任校对:邹　东
责任监印:徐　露
出版发行:华中科技大学出版社(中国·武汉)　　电话:(027)81321913
　　　　　武汉市东湖新技术开发区华工科技园　邮编:430223
录　　排:华中科技大学惠友文印中心
印　　刷:广东虎彩云印刷有限公司
开　　本:787mm×1092mm　1/16
印　　张:14
字　　数:360 千字
版　　次:2023 年 9 月第 1 版第 9 次印刷
定　　价:48.00 元

内 容 提 要

　　本书是根据高等学校工程地质专业教学的基本要求及人才培养目标,结合工程地质与其密切相关专业的实际发展需要,参照国家最新颁布和实施的新规范、新标准编写的。本书共分为十个模块,包括绪论、工程地质中岩石及其工程地质性质、地质构造及区域构造稳定性、水的工程性质及工程地质作用、岩体稳定的工程地质分析、常见的不良地质现象、工程地质勘察、地基工程地质研究、边坡稳定性工程地质研究、地下洞室围岩稳定性工程地质分析等理论知识,并总结了野外实际工程经验和工作方法。本书还针对地基工程、边坡工程、地下工程等专业在工程地质方面的具体问题,进行了专项探讨与分析,提出了在工程中较为成熟的解决方法和思路。

前　言

　　本书是根据高等学校工程地质专业教学的基本要求及人才培养目标,结合工程地质与其密切相关专业的实际发展需要,参照国家最新颁布和实施的新规范、新标准编写的。本书共分为十个模块,包括绪论、岩石及其工程地质性质、地质构造及区域构造稳定性、水的工程性质及工程地质作用、岩体稳定的工程地质分析、常见的不良地质现象、工程地质勘察、地基工程地质研究、边坡稳定性工程地质研究、地下洞室围岩稳定性工程地质分析等理论知识。本书还针对地基工程、边坡工程、地下工程等专业在工程地质方面的具体问题,进行了专项探讨与分析,提出了在工程中较为成熟的解决方法和思路。

　　本书在编写过程中,根据高校教学改革精神和工程建设应用实际,力求做到理论联系实际,并与现行规范和新规定相衔接,同时反映出近年来国内外工程地质理论和实践的发展水平,以实用为原则,力求内容简明扼要、深入浅出、图文并茂、通俗易懂、重点突出。

　　在使用本书进行教学时,建议讲课学时为 48～66 学时,并根据各高校实际情况,安排 1～4 周的野外工程实习。鉴于地区差异及各学校的具体专业情况不同,教师在讲授过程中对书中内容可做适当调整。

　　本书由杨创奇、付玉华任主编,曾裕平、马时强、蔡白洁及刘俊华任副主编,代佑春、莫玉桃参与编写。全书由杨创奇统稿。

　　由于编者水平有限,加上时间较为仓促,书中不足和疏漏之处在所难免,恳请读者批评指正。

编　者
2014 年 8 月

目　　录

模块一 绪 论

任务 1 地质学与工程地质学

地质学是一门关于地球的科学,它研究的主要对象是固体地球的上层。地质学的内容主要有:①研究组成地球的物质,由矿物学、岩石学、地球化学等分支学科承担这方面的研究;②阐明地壳及地球的构造特征,即研究岩石或岩石组合的空间分布,这方面的分支学科有构造地质学、区域地质学、地球物理学等;③研究地球的历史以及栖居在地质时期的生物及其演变过程,研究这方面内容的学科有古生物学、地史学、岩相古地理学等;④地质学的研究方法与手段,如同位素地质学、数学地质学及遥感地质学等;⑤研究应用地质学以解决资源探寻、环境地质分析和工程防灾等问题。地质学的分支学科和相关学科覆盖了整个地球科学。目前以地球表面(地壳)作为主要研究对象,根据分支学科研究的内容,主要研究地球物质组成(岩石学、矿物学等)、地球结构与构造(构造地质学等)、地球发展历史(地层学、地史学等)以及地质学在相关领域的应用(矿床地质学等)等。随着社会的发展和人类活动的需要,地质学的研究范围越来越广,发展形成了新的分支学科,如工程地质学、水文地质学、环境地质学等的。

工程地质学作为地质学的一个分支,是研究人类工程建设活动与自然环境相互作用和相互影响的一门地质科学。它以地质学学科理论为基础,采用应用数学、力学的知识与成就和工程学科的技术与方法,来解决与工程规划、设计、施工和运行有关的地质问题。工程地质工作广泛应用于水利水电工程、工业与民用建筑工程、公路工程、港口工程、铁路工程等工程建设领域,直接服务于国民经济建设和人类本身。工程地质学的特点是其始终和工程实践紧密结合,是地质学与工程学相互渗透而形成的一门应用科学。

工程地质学的研究对象是人类工程活动的地质环境,也就是工程地质条件。所谓工程地质条件,是指各种对工程建筑有影响的地质因素的综合。一般包括工程建设场地的地层岩性、地形地貌、地质构造、水文地质条件、岩土体工程地质性质、物理地质现象、天然建筑材料等因素。对于不同地区、不同工程类型、不同设计阶段解决不同问题时,上述影响因素的重要性各不相同。一般来讲,岩土体的工程地质性质和地质构造往往起主导作用,但是在有些情况下,地形地貌或水文地质条件也可能是首要因素。工程地质条件所包括的各方面因素之间是相互联系、相互制约的。因此,在解决工程建设的地质问题时,应该对各方面因素进行综合分析论证。

总之,工程地质学是地质学的重要分支学科,是把地质学原理应用于工程实际,特别是土木工程实际的一门学科,工程勘察与防灾是工程地质学的主要任务。

任务 2 工程地质学的任务和在工程建设中的意义

工程地质学在经济建设和国防建设中应用非常广泛,由于它在工程建设中占有重要地位,因此早在 20 世纪 30 年代就获得迅速发展,成为一门独立的学科。我国工程地质学不仅已经适应国内建设的需要,而且开始走向世界,建立了具有我国特色的学科体系。纵观各种规模、各种类型的工程,其工程地质研究的基本任务均可归结为以下三个方面。

①区域稳定性研究与评价,指由内力地质作用引起的断裂活动,以及地震对工程建设地区稳定性的影响。

②地基稳定性研究与评价,指地基的牢固、坚实性。

③环境影响评价,指人类工程活动对环境造成的影响。

工程地质学的具体任务如下。

①评价工程地质条件,阐明地上和地下建筑工程兴建和运行的有利与不利因素,选定建筑场地和适宜的建筑形式,保证规划、设计、施工、使用、维修顺利进行。

②从地质条件与工程建筑相互作用的角度出发,论证和预测有关工程地质问题发生的可能性、规模大小和发展趋势。

③提出与建议改善、防治或利用有关工程地质条件的措施,加固岩土体和防治地下水的方案。

④研究岩体、土体分类和分区及区域性特点。

⑤研究人类工程活动与地质环境之间的相互作用与相互影响。

工程地质学在工程规划、设计,以及在解决各类工程建筑物的具体问题时必须开展详细的工程地质勘察工作。工程地质勘察的目的是为了取得有关建筑场地工程地质条件的基本资料和进行工程地质论证。

工程地质学的研究对象是复杂的地质体,所以其研究方法应是地质分析法与力学分析法、工程类比法与实验法等的密切结合,即通常所说的定性分析与定量分析相结合的综合研究方法。要查明建筑区工程地质条件的形成和发展以及它在工程建筑物作用下的发展变化,必须以地质学和自然历史的观点分析研究周围其他自然因素和条件,了解在历史过程中这些因素和条件对地质条件的影响和制约程度,这样才有可能认识它形成的原因并预测其发展趋势和变化。这就是地质分析法,它是工程地质学的基本研究方法,也是进一步定量分析评价的基础。

任务 3 本课程的特点和学习要求

为适应 21 世纪我国现代化建设和社会发展对人才的需求,培养具有基础地质学、水文地质学、工程地质学、地质工程、地球物理和地球化学勘测等方面的基本理论知识的新一代接班人的要求愈发迫切。本课程是一门实践性很强的课程,要求学生掌握矿物与岩石的基本性质,建立起对工程岩体的初步概念;系统掌握工程地质的基本理论和知识,能正确运用勘察数据和资料进行设计与施工;了解工程地质勘察的基本内容、方法和过程,以及各个工程地质数据的来源、作用及应用条件;能对建筑物地区的工程地质进行勘察工作;能根据工种地质的勘察成果,运用自己所学的工程地质理论和知识,进行一般的工程地质问题分析,以及对不良地质现象采取处理措施;能把学到的工程地质知识与其他课程知识密切联系起来,去解决实际工程中的工程地质问题。归纳起来主要有以下几点要求。

①掌握工程地质学的基本理论和知识,能正确运用工程地质勘察资料进行土木工程的设计和施工。

②了解不良地质现象的形成条件和机制,能根据勘察数据和资料,进行有效的防治设计。

③了解土木工程的工程地质问题,能在工程设计、施工、运营过程中解决实际的工程地质问题。

④了解工程地质勘察的内容、方法及勘察成果,能对中小型土木工程进行工程地质勘察工作。

模块二　岩石及其工程地质性质

【学习目的与要求】

1. 掌握矿物、造岩矿物的概念及矿物的主要物理性质,掌握岩浆岩、沉积岩、变质岩的矿物成分、结构和构造;

2. 了解岩浆岩、沉积岩、变质岩的分类及常见岩石的工程地质性质;

3. 结合矿物和岩石试验,初步学会识别简单造岩矿物及岩浆岩、沉积岩、变质岩三大类岩石。

地球是一个具有圈层结构的旋转椭球体。地球由表及里可分为外围和内圈。外围包括大气圈、水圈和生物圈。内圈根据地震波传播速度的突变,分为地壳、地幔和地核(见图2-1)。

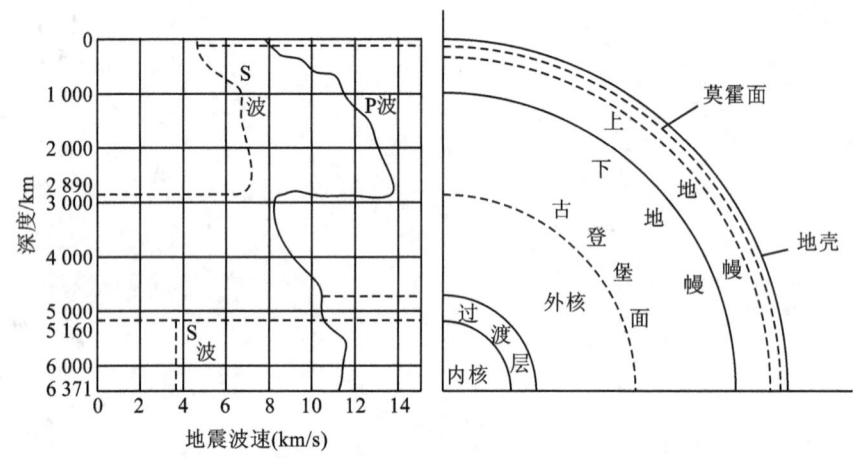

图 2-1　地球内部结构图

地核位于古登堡面以下,包括内核、过渡层和外核三部分,厚约 3 473 km,其体积约占地球总体积的 17%。据推测,地核密度为 9.71~17.9 g/cm³,温度为 4 000~6 000 ℃,压强可达 300~360 GPa。一般认为,地核主要由含铁、镍的物质组成。

地幔介于地核和地壳之间,可分为上、下两层,处在莫霍面和古登堡面之间,厚约 2 800 km。其体积约占地球总体积的 82%,密度为 3.32~5.66 g/cm³,平均密度为 4.5 g/cm³,温度一般为 1 200~2 000 ℃,压力随深度的增加而增加,界面上的压强约为 140 GPa。地幔主要由铬、铁、镍、二氧化硅等物质组成。

从地表至莫霍面的固体外壳称为地壳,其体积约占地球总体积的 1%。地壳表面岩石处于常温、常压下,其平均密度为 2.65 g/cm³,往下密度逐渐增加,到地壳底部达到 2.9 g/cm³,温度增至 1 000 ℃,压强增至 1 GPa。地壳厚度各地不一,海洋区较薄,平均为 7.3 km,大陆区较厚,平均为 33 km。

地壳中富含各种化学元素,其中主要的化学元素有氧、硅、铝、铁、钙、钠、钾、镁、氢、钛等(见表 2-1)。除了少数如金刚石(C)、自然金(Au)、硫黄(S)等以自然元素产出外,绝大多数均以化合物的形式出现,如石英(SO_2)、方解石($CaCO_3$)、石膏($CaSO_4 \cdot 2H_2O$)等。这些天然元素和化合物是组成地壳岩石的物质基础。

表 2-1 地壳主要元素的平均含量 　　　　　　　　　　　　　　　　　　单位:%

元素	氧 (O)	硅 (Si)	铝 (Al)	铁 (Fe)	钙 (Ca)	钠 (Na)	钾 (K)	镁 (Mg)	氢 (H)	钛 (Ti)	其他
含量	49.52	25.75	7.51	4.70	3.29	2.64	2.4	1.94	0.88	0.58	0.79

岩石是由一种或多种矿物组合而成的自然集合体,它是建造各种工程结构物的天然建筑材料。不同成因的岩石,其矿物成分、结构和构造等内部特征也有所不同。因此,了解岩石的特征和特性,无论对工程设计、施工或地质勘测人员都是十分必要的。由于岩石是由矿物组成的,因此要识别岩石,分析岩石在各种自然条件下的变化,进而对工程地质进行评价,就必须先了解造岩矿物。

任务 1　造岩矿物

1. 矿物的基本性质

矿物是指地壳中的化学元素在地质作用下形成的、具有一定化学成分和物理性质的单质或化合物。目前已发现的矿物有 3 000 多种,常见的造岩矿物仅 30 多种,其中又以长石、石英石、辉石、角闪石、橄榄石、黑云石、方解石、白云石最重要,它们的含量决定了岩石的名称及主要性质。

矿物绝大多数呈固体。固体矿物按其内部构造不同,分为晶体和非晶体两种。晶体的内部质点(原子、离子、分子)呈有规律的排列,往往具有规则的几何外形,如岩盐(见图 2-2)。但由于矿物在岩石中受到许多条件和因素的控制,因此晶体通常呈不规则几何形状。地壳中的矿物绝大部分是晶体。

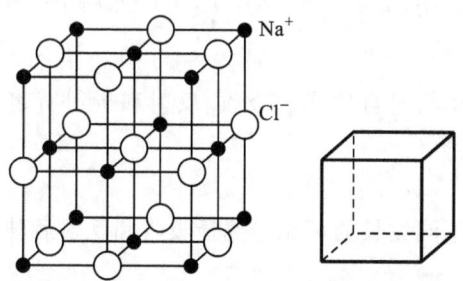

图 2-2　岩盐的晶体内部结构及晶体形态

非晶体内部质点的排列则是没有规律、杂乱无章的,因此不具有规则的几何外形,如蛋白石、玉髓($SiO_2 \cdot nH_2O$)、褐铁矿($Fe_2O_3 \cdot nH_2O$)。非晶体可分为玻璃质和胶体质两种。

2. 矿物的物理性质

矿物的物理性质是固定的,它取决于矿物的化学组成和内部构造。矿物的物理性质是鉴别矿物的重要依据,主要包括形态、光学性质、力学性质等。

1)矿物的形态

矿物的形态(或形状)是指固态矿物单个晶体的形态,或矿物晶体聚集在一起的集合体形态。绝大多数矿物都是晶体,各自具有特定的晶体结构。当生长条件合适时,同种矿物的单个晶体往往都有各自常见的形态,称为晶体习性,如针状、柱状、粒状、板状、片状等习性。自然界的矿物,除少数为液态(如自然汞)和气态(如天然气)外,绝大部分为固态。常见的矿物形态有片状(如云母)、板状(如石膏)、柱状(如角闪石)、菱面体(如方解石)和粒状(如白云石)等。集合体形态主要有纤维状(如纤维石膏)、钟乳状(如方解石)、鲕状(如赤铁矿)、土状(如高岭土)和块状(如石英)等(见图2-3)。

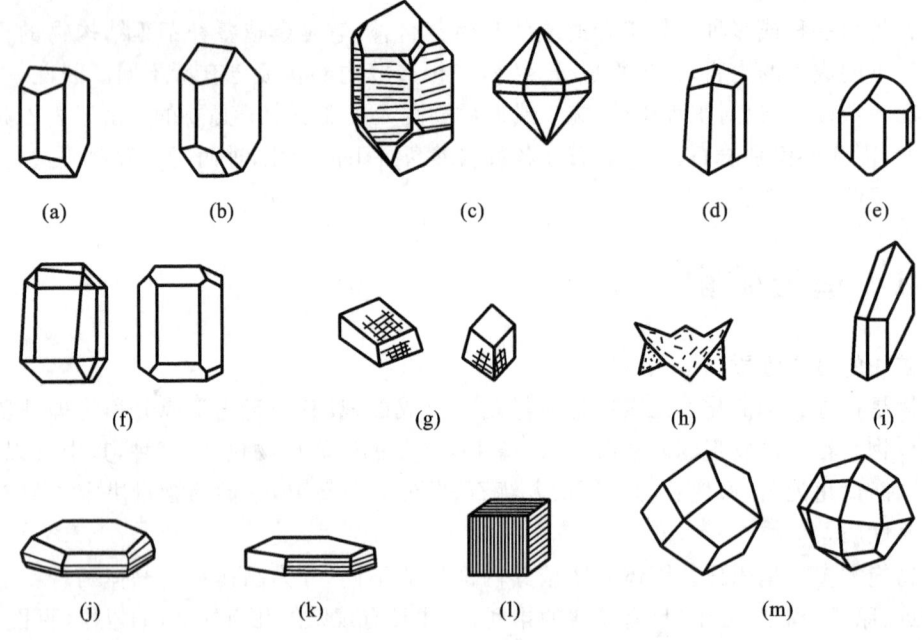

图 2-3 常见矿物晶体的形态

(a)正长石;(b)斜长石;(c)石英;(d)角闪石;(e)辉石;(f)橄榄石;(g)方解石;
(h)白云山;(i)石膏;(j)绿泥石;(k)云母;(l)黄铁矿;(m)石榴子石

2)矿物的光学性质

矿物的光学性质是指矿物对自然光的吸收、反射和折射所表现出的各种性质。矿物的光学性质主要有以下几种。

(1)颜色

矿物的颜色指矿物对不同波长的可见光选择吸收和反射后映入人眼的现象。矿物的颜色有如下几种。

①自色。指由于矿物本身的化学成分中含有带色泽元素而呈现的颜色,即矿物本身所固有的颜色,如赤铁矿多呈红色,黄铁矿多呈铜黄色等。

②他色。指当矿物中含有杂质时所出现的其他颜色,如石英一般为无色或白色,含杂质时呈黄、红、棕、绿等色,一般无鉴定意义。

③假色。指矿物的某些物理原因所引起的光线干涉作用造成的颜色。

有些矿物粉末的颜色与它呈块状时的颜色不同,且前者一般比较固定,如赤铁矿,其整块的颜色可呈红、黑、钢灰等色,但其粉末只呈樱红色;黄铁矿的颜色为铜黄色,粉末为黑绿色。这些矿物粉末的颜色称为条痕色,简称为条痕。由于矿物的条痕较固定,所以在鉴定矿物时,它比颜色更可靠。观察矿物的条痕时,应将矿物放在无色、无釉的素瓷板(即条痕板)上刻画,矿物留在素瓷板上的颜色即为它的条痕色。

(2)光泽

矿物表面对可见光的反射能力称为光泽。光泽依据反射的强弱可以分为金属光泽(如金、银、铜、铅矿)、半金属光泽(如赤铁矿、褐铁矿)和非金属光泽。造岩矿物一般呈非金属光泽,非金属光泽又分为下列几种类型。

①玻璃光泽。反射较弱,如同玻璃表面所呈现的光泽(如水晶)。

②油脂光泽。某些透明矿物(如石英)断口上所呈现的,如同油脂的光泽。

③珍珠光泽。如同蚌壳内表面珍珠层上所呈现的光泽,具有完全片状解理的浅色透明矿物,如云母等,常具有这种光泽。

④丝绢光泽。它是一种较强的非金属光泽,纤维石膏及石棉等表面的光泽最为典型。

此外,还有金刚光泽(如闪锌矿)、树脂光泽(如角闪石)、脂肪光泽(如滑石)、蜡状光泽(如叶蜡石)、无光泽(如石髓)。

(3)透明度

矿物透光的能力不同,表现出不同的明暗程度,这种性质称为透明度。矿物根据透明度的不同可分为透明矿物(如水晶、冰洲石)、半透明矿物(如石膏)、不透明矿物(如磁铁矿)等。一般规定以 0.03 mm 的厚度作为标准进行对比。

3)矿物的力学性质

矿物的力学性质是指矿物在受力的作用后表现的物理性质。矿物的力学性质主要有以下几种。

(1)硬度

矿物抵抗机械作用(如刻画、压入、研磨)的能力称为硬度。德国矿物学家摩斯取自然界常见的 10 种矿物作为标准,将硬度分为 1 度到 10 度共 10 个等级,此即摩氏硬度,如表 2-2 所示。

表 2-2 摩氏硬度

相对硬度等级	1	2	3	4	5	6	7	8	9	10
标准矿物	滑石	石膏	方解石	萤石	磷灰石	长石	石英	黄玉	刚玉	金刚石

摩氏硬度表示的是矿物之间的相对硬度。确定矿物硬度时,常用已知硬度的矿物与未知硬度的矿物相互刻画,比较其相对硬度。例如,某矿物可刻画方解石,但不能刻画萤石,说明该矿物比方解石硬,比萤石软,硬度为 3.5 度左右。

在野外工作中,常用随身携带的物品简便地确定矿物的相对硬度。这些物品相应的硬度等级分别为:软铅笔(1 度),指甲(2~2.5 度),小刀、铁钉(3~4 度),玻璃棱(5~5.5 度),钢刀刃(6~7 度)。

(2)解理和断口

矿物受外力作用时,能沿一定方向破裂成平面的性质称为解理。解理通常在平行于晶体结构中相邻质点间联结力较弱的方向发生。根据晶体受力时是否易于沿解理面破裂,以及解理面的大小和平整光滑程度,解理分成极完全解理(如云母)、完全解理(如方解石)、中等解理(如正长石)、不完全解理(如磷灰石)等。根据解理面方向的数目,分为一组解理(如云母)、二组解理(如长石)、三组解理(如方解石)及多组解理等。

矿物受外力打击后无规则地沿着解理面以外方向破裂,其破裂面称作断口。断口根据的形态特征,可分为贝壳状断口、参差状断口、锯齿状断口和平坦状断口等。

矿物解理的完全程度和断口是互相消长的,解理完全时则不显断口;反之,解理不完全或无解理时,则断口显著。

4)矿物的其他性质

有些矿物还具有独特的性质,如磁性(如磁铁矿)、弹性(如云母)、挠性(如绿泥石)、滑感(如滑石)、咸味(如岩盐)、比重大(如重晶石)、臭味(如硫黄)等物理性质,以及与冷稀盐酸发生化学反应而产生气泡(CO_2)(如方解石、白云石)等现象,这些性质对鉴别某些矿物具有重要意义。

3. 主要造岩矿物的野外鉴定

正确识别和鉴定矿物,对于岩石命名、岩石性质的研究是非常重要的。鉴定矿物的方法很多,需要精确地鉴定矿物时,可以采用光学和化学的分析方法,如吹管分析、差热分析、光谱分析、偏光显微镜分析、电子显微镜扫描等。但是这些方法需要较复杂的设备,不适宜野外工作。野外工作中一般采用肉眼鉴定法。

矿物的肉眼鉴定主要是根据矿物的一些显而易见的物理性质,用肉眼或仅借助于几种简单的工具(如小刀、条痕板、低倍放大镜等)和药品(如稀盐酸),在野外确定矿物的名称。这种鉴定方法简单、方便、迅速,是进一步鉴定的基础。

在鉴定矿物时,要善于抓住主要矛盾,注意比较各种矿物的异同点,找出各种矿物的特殊点。表 2-3 可帮助进行造岩矿物的肉眼鉴定。应用表 2-3 鉴定造岩矿物时,首先应根据颜色确定被鉴定的矿物是属于浅色矿物(如石英、长石、白云母等)还是深色矿物(如橄榄石、黑云母、角闪石、辉石等),再以适当的物品确定出硬度范围,然后观察分析矿物其他特征,即可得出结论。常见造岩矿物的肉眼鉴定,可在实验课上结合矿物标本进行学习。

表 2-3　主要造岩矿物鉴定表

序号	矿物名称	硬度	形状	颜色	条痕	光泽	解理与断口	比重	其他
1	滑石	1	片状、鳞片状、致密块状	白色、灰色、淡黄色、淡绿色	白色	油脂光泽、解理面呈珍珠光泽	一组完全或极完全解理	2.7~2.8	极软,手摸之有滑感;薄片,可挠曲而无弹性
2	高岭石	1~1.5	块状、土块	白色,含杂物可呈黄、浅褐、浅蓝等色	白色	无光泽	土状断口	2.5~2.6	有滑感;干时易吸水,湿时具有可塑性、黏附性
3	蒙脱石	1	块状、土块	白色,有时为浅红色、浅绿色	白色	无光泽	土状断口	2	吸水性强、吸水后体积能够膨胀增大数倍以上

续表

序号	矿物名称	硬度	形状	颜色	条痕	光泽	解理与断口	比重	其他
4	石膏	2	板状、条状或纤维状、粒状	白色,含杂物时为黄褐色、红色	白色	玻璃光泽或丝绸光泽	一组完全解理	2.2~2.4	有的透明,可溶于盐酸和略溶于水
5	绿泥石	2~2.5	片状集合体或块状	浅绿色至深绿色	绿色	珍珠光泽或玻璃光泽	一组完全解理	2.6~2.9	薄片,可挠曲而无弹性
6	黑云母	2.5~3	片状、鳞片状集合体	黑色、深褐色	白色、淡绿色	珍珠光泽或玻璃光泽	一组完全解理	2.7~3.1	薄片、透明、有弹性
7	白云母	2.5~3	片状、鳞片状集合体	无色、银白色、淡黄色	白色	珍珠光泽或玻璃光泽	一组完全解理	2.7~3.1	薄片、透明、有弹性
8	方解石	3	一般为菱形体,集合体有粒状、钟乳状、块状等	白色、无色,含杂质可具有多种颜色	白色	玻璃光泽	三组完全解理	2.6~2.8	遇冷稀盐酸剧烈起泡
9	白云石	3.5~4	菱形体,集合体为粒状	灰白色,有时为淡黄色、淡红色	白色	玻璃光泽	三组完全解理	2.8~3.0	晶体只与热盐酸反应,粉末可与冷稀盐酸反应,但无嘶嘶声;解理面多弯曲,呈鞍状,并具条纹
10	褐铁矿	5~5.5	土状、块状、钟乳状、球状	黄褐色、黑褐色	黄褐色、棕褐色	半金属光泽	无	3.4~4	为含铁矿物的风化产物,呈铁锈色,易染色
11	角闪石	5~6	长柱状、针状或纤维状集合体	白色,含杂物可呈黄、浅褐、浅蓝等色	褐色	玻璃光泽	两组中等解理成124°或56°	3.1~3.6	晶体横截面为六角菱形

序号	矿物名称	硬度	形状	颜色	条痕	光泽	解理与断口	比重	其他
12	辉石	5～6	短柱状、粒状集合体	褐色、绿色至黑色	白色、褐色	玻璃光泽	两组中等解理近于正交	3.2～3.5	晶体横截面为正八角形
13	赤铁矿	5.5～6.5	多为块状，有的为鳞片状、肾状、片状	赤红色、铁黑色、钢灰色	砖红色	半金属光泽	无	4.8～5.3	土状者硬度很低、可染色
14	正长石	6	短柱状、板状或粒状、块状集合体	多为肉红色，也有灰白色、淡黄色	白色	玻璃光泽	两组完全解理成90°相交	2.5～2.6	有时呈双晶，易风化成高岭土
15	石英	7	晶体为六方双锥柱状，但多为块状，晶面具晶纹	纯者无色透明，含杂质时可呈各种杂色	无	断口呈油脂光泽，晶面呈玻璃光泽	贝壳状	2.6	矿物最稳定者，极难风化，不怕酸
16	斜长石	6	晶体为短柱状，晶面及解理面上有条纹	白色、灰色、天蓝色等	白色	玻璃光泽	两向互相斜交	2.5～2.7	易风化成高岭土
17	橄榄石	6.5～7	晶体为八面柱体，常呈粒状集合体	淡黄色至绿色	无	玻璃光泽	不完全解理	3.2～3.5	溶于硫酸时剧烈分解，析出SiO_2胶体
18	黄铁矿	6～6.5	晶体为立方体或五角十二面体，晶面有条纹	草黄色	绿黑色	金属光泽	贝壳状或不规则	5	在氧和水的作用下可生成硫酸和褐铁矿

任务 2　岩浆岩及其工程地质性质

岩石是组成地壳的主要物质成分。岩石是矿物有规律组合的集合体，是地壳中各种地质作用形成的地质体，并具有一定的结构、构造和变化规律。大多数岩石是由若干种矿物组成的,也有少数矿物主要由一种矿物组成,如花岗岩正长石、石英、黑云母、大理岩、方解石等。按地质成因来划分,可以把岩石分为三大类,即岩浆岩、沉积岩和变质岩。

1.岩浆岩的概念及产状

岩浆岩又称火成岩,是由岩浆侵入地壳上部或喷出地表凝固而成的岩石。这种岩石约占地壳质量的 95%。岩浆岩来源于岩浆。岩浆主要是由硅酸盐和一部分金属硫化物、氧化物、水蒸气及其他挥发性物质(如 F_2、Cl_2、CO_2 等)组成的高温、高压熔融体,具有流动性。岩浆流动是地球物质运动的一种重要形式,常与构造运动相伴发生。当地壳运动出现大断裂带或者岩浆高度流动性和膨胀力超过了上覆岩层压力时,破坏了均衡条件,则岩浆向压力低的地方运动,沿断裂带或地壳薄弱地带侵入地壳上部岩层中,称为侵入作用;若岩浆沿一定通道直至喷出地表,称为喷出作用。因此,在地壳较深的地方(一般是距地表 3 km 以下)由于侵入作用形成的岩石称为深成岩,在地壳浅处(通常是地表以下 3 km 以内)形成的岩石称为浅成岩,在地表由于喷出作用形成的岩石称为喷出岩。

按照岩浆活动和冷凝成岩的情况,岩浆岩体可具有各种复杂的产状(见图 2-4)。

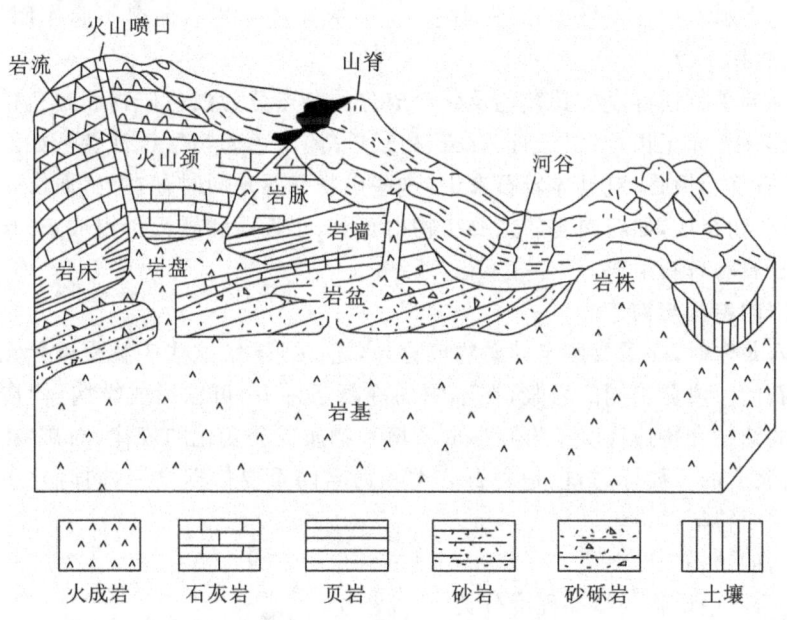

图 2-4　岩浆岩体的产状

(1)深成侵入岩体的产状——岩基和岩株

岩基是一种规模宏大的深成侵入岩体,下部直接与岩浆相连,分布面积可达几百至几千平方千米。如三峡坝址区就是选定在面积大于 200 km² 的花岗岩—闪长岩岩基的南部,岩石结晶好,性质均一,强度高,是良好的建筑地基。岩株出露面积小于 100 km²,平面形状多呈浑圆形,其下与岩基相连,也常是岩性均一的良好地基。

(2)浅成侵入岩体的产状——岩脉、岩墙、岩床、岩盘

岩浆沿着围岩裂隙侵入并切断岩层所形成的厚度较小的脉状岩体称为岩脉。厚度较大且近于直立的称为岩墙。岩浆沿着围岩的层面侵入而形成的板状侵入岩体称为岩床。岩浆顺岩层侵入,使岩层隆起而成的蘑菇状的岩体称为岩盘(也称片盖)。

(3)喷出岩体的产状——火山锥、熔岩流

岩浆沿火山颈喷出地表形成圆锥状的岩体称为火山锥。岩浆喷山地表后,沿着倾斜地

面流动时而形成的岩石称为熔岩流。

2. 岩浆岩的化学成分及矿物成分

岩浆岩的化学成分几乎包括了地壳中所有的元素,但其含量却差别很大。若以氧化物计,则以 SiO_2、Al_2O_3、Fe_2O_3、FeO、CaO、MgO、Na_2O、K_2O、H_2O、TiO_2 等为主,占岩浆岩化学元素总量的 99% 以上,其中以 SiO_2 含量最大,约占 59.14%,其次是 Al_2O_3,占 15.34%。在不同的岩浆岩中,SiO_2 的含量很有规律。因此,根据 SiO_2 含量的多少,可将岩浆岩分为酸性岩类(SiO_2 含量大于 65%)、中性岩类(SiO_2 含量 52%～65%)、基性岩类(SiO_2 含量 45%～52%)和超基性岩类(SiO_2 含量小于 45%)四类。

组成岩浆岩的矿物有 30 多种,其中主要是硅酸盐类矿物,含量最多的有石英、长石、云母、角闪石、辉石和橄榄石等 10 余种。按照矿物在岩石中的相对含量及其在分类中所起的作用,分为主要矿物、次要矿物和副矿物三类。主要矿物是指岩石中那些含量多(一般超过10%)且对岩石大类命名起决定性作用的矿物。次要矿物在岩石中含量较少,一般在 1%～10%。次要矿物对岩石大类的划分虽不起决定性作用,但它的存在又是岩石进一步命名的依据。副矿物在料石中含量极少,通常小于 1%。副矿物对岩石命名不起作用,常见的副矿物有磷灰石、磁铁矿等。

岩浆岩中的矿物还可以按其颜色及化学成分的特点分为浅色矿物和暗色矿物两类。浅色矿物富含硅、铝,如正长石、斜长石、石英、白云母等;暗色矿物富含铁、镁,如黑云母、辉石、角闪石、橄榄石等。但是,对具体岩石来讲,这些矿物并不是同时存在的,通常一种岩石仅由两、三种主要矿物组成,如花岗岩的主要矿物由石英、正长石和黑云母组成,辉长岩的主要矿物由基性斜长石和辉石组成。

3. 岩浆岩的结构与构造

在研究岩浆岩时,除了要鉴定其矿物成分外,还必须了解这些矿物是以什么样的方式组合来构成岩石的。成分相同的岩浆,在不同的冷凝条件下,可以形成结构、构造不同的岩浆岩。岩浆岩的结构和构造反映了岩石形成环境和物质成分变化的规律,与矿物成分一样,是区分、鉴定岩浆岩的重要标志,也是岩石分类和命名的重要依据之一,同时它还是直接影响岩石强度的主要特征。

1)岩浆岩的结构

(1)根据岩石中矿物的结晶程度分类

根据矿物的结晶程度,岩石可分为如下几类(见图 2-5)。

①全晶质结构。岩石全部由结晶的矿物组成。这种结构是岩浆在温度缓慢降低的情况下形成的,常是深成岩特有的结构,如花岗岩、闪长岩等。

②半晶质结构。岩石由结晶的矿物和非结晶的矿物组成。这种结构主要为浅成岩所具有,有时在喷出岩中也能见到。

③非晶质结构。岩石全部由非结晶的矿物组成,又称玻璃质结构。这种结构是在岩浆喷出地表迅速冷凝来不及结晶的情况下形成的,为喷出岩特有的结构。

(2)根据岩石中矿物的晶粒大小分类

根据矿物的晶粒大小,岩石可分为如下几类。

①显晶质结构。岩石全部由结晶较大的矿物组成,用肉眼或放大镜即可辨认。

②隐晶质结构。岩石全部由结晶微小的矿物组成,用肉眼和放大镜均看不见晶粒,要在显微镜下才能识别。

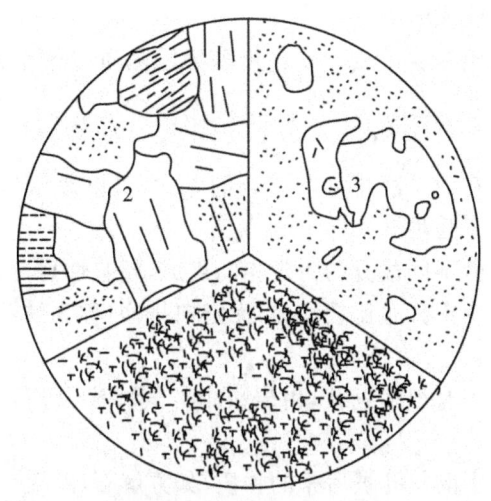

图 2-5　岩石根据矿物的结晶程度划分的三种结构
1—非晶质结构；2—全晶质结构；3—半晶质结构

③玻璃质结构。岩石全部由非晶质矿物组成，均匀致密似玻璃。

（3）根据岩石中矿物颗粒的相对大小分类

根据矿物颗粒的相对大小，岩石可分为如下几类（见图 2-6）。

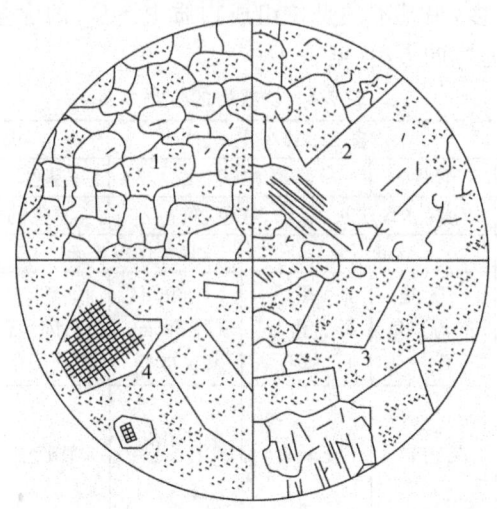

图 2-6　根据矿物颗粒的相对大小划分的结构类型
1—等粒结构；2—不等粒结构；3—斑状结构；4—似斑状结构

①等粒结构。岩石中的矿物全部是显晶质粒状，同种主要矿物结晶颗粒大小大致相等。等粒结构是深成岩特有的结构。按矿物结晶颗粒大小可进一步划分为粗粒结构（矿物结晶颗粒平均直径大于 5 mm）、中粒结构（矿物结晶颗粒平均直径为 1～5 mm）、细粒结构（矿物结晶颗粒平均直径小于 1 mm）。

②不等粒结构。岩石中同种主要矿物结晶颗粒大小不等、相差悬殊，多见于浅成岩。其中较大的晶体矿物称为斑晶，细粒的微小晶粒或隐晶质、玻璃质称为基质。不等粒结构按颗粒相对大小可分为斑状结构和似斑状结构两类。斑状结构是指基质为隐晶质或玻璃质的结构，此种结构是浅成岩或喷出岩的重要特征；似斑状结构是指基质为显晶质的结构，此种结

构多见于深成岩的边缘或浅成岩中。

一般侵入岩多为全晶质等粒结构。喷出岩多为隐晶质致密结构和玻璃质结构,有时为斑状结构。

2)岩浆岩的构造

岩浆岩的构造是指岩石中矿物排列与组合的方式,可以表示岩石的外观与成岩过程中的变化。常见的构造有以下几种。

①条带状构造。岩石由不同成分的条带相间组成,超基性岩、微晶岩中常见。

②块状构造。岩石中矿物分布比较均匀,无定向排列,称为块状构造。这种构造在侵入岩中最为常见。

③气孔状构造。岩石中有很多气孔,由岩浆中的气体成分挥发而成。这种构造多出现在玄武岩等喷出岩中。

④杏仁状构造。岩石中的气孔被后来的物质,如方解石、石英、蛋白石等所填充,形成形似杏仁状的构造。如某些玄武岩和安山岩的构造。

⑤流纹状构造。因岩浆边流动边冷凝,而在岩石中形成的不同颜色和拉长的气孔呈定向排列的现象。这种构造多出现在喷出岩中,如流纹岩就具有典型的流纹状构造。

4. 岩浆岩的分类及主要岩浆岩

1)岩浆岩的分类

岩浆岩的分类方法甚多,最基本的是按组成物质中 SiO_2 的含量多少将其分为酸性岩、中性岩、基性岩和超基性岩等四大类(见表 2-4)。

表 2-4 岩浆岩的分类

化学成分		含 Si、Al 为主			含 Fe、Mg 为主		
酸基性		酸性	中性		基性	超基性	产状
颜色		浅色的(浅灰、浅红、红色、黄色)			深色的(深灰、绿色、黑色)		
矿物成分 成因及结构		含正长石		含斜长石		不含长石	
		石英、云母、角闪石	黑云母、角闪石、辉石	角闪石、辉石、黑云母	辉石、角闪石、橄榄石	辉石、橄榄石、角闪石	
深成岩	等粒状,有时为斑状、所有矿物皆能用肉眼鉴别	花岗岩	正长岩	闪长岩	辉长岩	橄榄岩、辉岩	岩基、岩株
浅成岩	斑状(斑晶较大且可分辨出矿物名称)	花岗斑岩	正长斑岩	玢岩	辉绿岩	苦橄玢岩(少见)	岩脉、岩枝、岩盘
喷出岩	玻璃状,有时为细粒斑状,矿物难以用肉眼鉴别	流纹岩	粗面岩	安山岩	玄武岩	苦橄岩(少见)、金伯利岩	熔岩流
	玻璃状或碎屑状	黑曜岩、浮石、火山凝灰岩、火山碎屑岩、火山玻璃					火山喷出的堆积物

2）主要岩浆岩

（1）酸性岩类

在所有的岩浆岩中，酸性岩类 SiO_2 的含量最高，达 65％以上。岩石中浅色矿物含量大，占 9％左右，主要是正长石和石英；而暗色矿物含量少，主要是黑云母和角闪石，故岩石的颜色较浅，比重也较小（2.5～2.8）。这类岩石与基性岩类相反，深成岩远多于喷出岩，二者之比约为 4∶1。主要代表岩石有以下几种。

①花岗岩。花岗岩为酸性深成岩，分布非常广泛。花岗岩常为肉红色或灰白色，包括全晶质细粒结构、中粒结构或粗粒结构，具有块状构造。花岗岩含有大量石英，约占 30％，正长石多于斜长石，暗色矿物以黑云母为主，并有少量的角闪石，总计不超过 10％。花岗岩的产状常呈巨大的岩基或岩株。花岗岩性质均匀、坚硬，岩块抗压强度可达 120～200 MPa，是良好的建筑物地基和天然建筑材料，但易风化，风化深度可达 50～100 m。

②花岗斑岩。花岗斑岩成分与花岗岩相同，为酸性浅成岩。花岗斑岩为斑状结构，斑晶由长石、石英组成，基质多为细小的长石、石英及其他矿物，具有块状构造。当斑晶以石英为主时称为石英斑岩。

③流纹岩。流纹岩是酸性喷出岩，呈岩流状产出。颜色一般较浅，大多是灰、灰白、浅红、浅黄褐等色。流纹岩常具有流纹状构造，为斑状结构，细小的斑晶由长石和石英等矿物组成，基质多由隐晶质和玻璃质的矿物所组成。流纹岩质坚硬，强度高，可作为良好的建筑材料，但若作为建筑物地基，则需要注意下伏岩层和接触带的性质。

（2）中性岩类

中性岩石中 SiO_2 的含量为 52％～65％，暗色矿物与浅色矿物之比约为 1∶2，故岩石的颜色也是较浅的。从这类岩石的特点看，其一方面与酸性岩成过渡关系，另一方面又与基性岩成过渡关系。所以，这类岩石可以明显分为两支，正长岩-粗面岩类和闪长岩-安山岩类。前者向酸性岩过渡，后者向基性岩过渡。主要代表岩石有以下几种。

①正长岩。正长岩多为微红色、浅黄色或灰白色，中粒、等粒结构，具有块状构造。正长岩的主要矿物成分为正长石，其次为黑云母、角闪石等，有时含少量的斜长石和辉石，一般石英含量极少。正长岩的物理力学性质与花岗岩的类似，但不如花岗岩坚硬，且易风化，常呈岩株产出。

②正长斑岩。正长斑岩多为浅红褐色或灰绿色；主要矿物成分与正长岩相同；为斑状结构，斑晶为正长石，基质致密；具有块状构造，属浅成岩。

③粗面岩。粗面岩颜色呈浅红、浅褐黄或浅灰等色；为斑状结构，斑晶为正长石，一般石英含量极少；基质很细，为隐晶质，具有细小孔隙，表面粗糙。若岩石中有石英斑晶，可称为石英粗面岩。

④闪长岩。闪长岩是中性深成岩，颜色呈浅灰色至深灰色，也有黑灰色；主要矿物成分为斜长石、角闪石，其次有辉石、云母等，暗色矿物在岩石中占 35％；含石英时称为石英闪长岩，常呈细粒的等粒状结构；分布广泛，多为小型侵入岩产出。岩石坚硬，不易风化，岩块抗压强度可达 130～200 MPa，可作为各种建筑物的地基和建筑材料。

⑤闪长斑岩。闪长斑岩呈灰绿色、灰褐色；矿物成分与闪长岩相当；为斑状结构，斑晶为斜长石，有的为角闪石；基质呈细粒或隐晶质，具有块状构造；多呈小型岩脉产出，属浅成岩。

⑥安山岩。安山岩为中性喷出岩，矿物成分与闪长岩相当，常呈深灰、黄绿、紫红等色；为斑状结构，斑晶以斜长石和角闪石为主，有时为黑云母，无石英斑晶，基质为隐晶质或玻璃

质;具有块状构造,有时具有杏仁状构造,常以熔岩流产出。

(3)基性岩类

基性岩石中 SiO_2 的含量为 $45\%\sim52\%$,暗色矿物与浅色矿物含量接近相等。这类岩石分布远较超基性岩石广泛,其中喷出岩(玄武岩)又远多于侵入岩,约占所有喷出岩的 23%。主要代表岩石有以下几种。

①辉长岩。辉长岩为基性深成岩。岩石多呈黑色或灰黑色;矿物成分以斜长石、辉石为主,也含有少量的黑云母、角闪石矿物;具有中粒结构或粗粒结构,块状构造,常呈岩盘或岩基产出。岩石坚硬,抗风化能力强,具有很高的强度,岩块抗压强度可达 $200\sim250$ MPa。

②辉绿岩。辉绿岩多为暗绿色、黑绿色或暗紫色;其矿物成分与辉长岩相当,常含一些次生矿物,如方解石、绿泥石、绿帘石及蛇纹石等;为隐晶质致密结构,常具有杏仁状构造,多呈岩床或岩脉产出。辉绿岩具有良好的物理力学性质,抗压强度也很高,但因节理往往较发育,易风化破碎,会使强度大为降低。

③玄武岩。玄武岩是岩浆岩中分布广泛的基性喷出岩。岩石呈黑色、褐色或深灰色;主要矿物成分与辉长岩相同,但常含有橄榄石颗粒,呈隐晶质细粒结构或斑状结构,具有气孔状构造,当气孔中被方解石、绿泥石等所充填时,即构成杏仁状构造。岩石致密坚硬、性脆。岩块抗压强度为 $200\sim290$ MPa,具有抗磨损、耐酸性强的特点。

(4)超基性岩类

超基性岩石中 SiO_2 的含量小于 45%,不含或很少含长石,几乎全部由暗色矿物组成,颜色深,比重大($3.1\sim3.6$)。这类岩石在地壳中分布少,仅占岩浆岩总面积的 0.4%。以深成岩为主,浅成岩和喷出岩则少见。主要代表岩石有橄榄岩和辉岩。

①橄榄岩。橄榄岩呈橄榄绿色;主要由橄榄石组成,常含有少量的辉石和角闪石;为全晶质中粒结构,具有块状构造。全由橄榄石组成的称为纯橄榄岩。橄榄岩很少有新鲜的,因其易生成蛇纹石和绿泥石,属深成岩。

②辉岩。辉岩一般为灰绿色、灰黑色;主要由辉石组成,常含有少量橄榄石;为全晶质粒状结构,具有块状构造,属深成岩。

5. 岩浆岩的工程地质性质

岩浆岩的特征主要取决于岩浆岩的形成环境和岩浆岩的成分。特别是形成环境,它控制着岩浆岩的结构、构造及矿物之间的联结能力,也决定了岩石的工程地质性质。一般来说,岩浆岩具有较高的强度,可作为各种建筑物良好的地基及天然建筑石料。但各类岩石的工程地质性质有所差异,也应注意。

1)深成岩

深成岩具结晶联结,晶粒粗大均匀,孔隙率小,裂隙较不发育,透水性小,强度高,岩体大,整体稳定性好,是良好的建筑物地基材料,也是常用的建筑材料。但应注意,这类岩石由多种矿物结晶组成,晶粒粗大,抗风化能力较差,特别是含 Fe、Mg 较多的基性岩,更易风化破碎,故应注意研究其风化程度及深度。

2)浅成岩

浅成岩和脉岩常呈斑状结构,有时也呈微晶、细晶和隐晶质结构,所以这一类岩石的强度各不相同。一般情况下,中、细晶质和隐晶质结构的岩石透水性小,强度较高,抗风化性能较深成岩强。但斑状结构岩石的透水性和力学强度变化较大,特别是脉岩类,岩体小,且穿插于不同的岩石中,易风化,使强度降低,透水性增大。

3)喷出岩

喷出岩由于结构和构造多种多样,产状不规则,厚度变化大,岩性很不均一,所以其强度和透水性相差悬殊。致密状玄武岩的重度、密度都较大,强度高,抗风化能力较强,是良好的地基和建筑材料。但玄武岩常具有气孔状构造和原生柱状节理,因此使得岩石强度降低、透水性增大。玄武岩柱状节理发育,可形成陡坡,常产生崩塌现象。流纹岩的斑晶较细,基质多为玻璃质,常具流纹状构造,岩性各向异性,强度变化也较大。

任务3　沉积岩及其工程地质性质

地壳上先期已存在的岩石,受到风化、剥蚀、搬运、沉淀、埋藏和成岩作用,最终形成各种沉积岩。沉积岩是地球表面最常见的岩石,从体积上看,沉积岩只占地壳岩石总体积的7.9%,但从分布面积上看,沉积岩却占陆地总面积的75%。因为它曾经是沉积物,故而可以根据沉积岩的原生构造指示沉积环境,这对沉积物和沉积岩的研究有着相当大的实用价值。沉积岩中有人类不可缺少的能量资源,如石油、天然气和煤。

1.沉积岩的形成

沉积岩的形成过程是一个长期而复杂的外力地质作用过程,一般可分为四个阶段。

(1)原岩风化破坏阶段

地表或接近于地表的各种先成岩石,在温度变化、大气、水及生物长期的作用下,原来坚硬、完整的岩石,逐步破碎成大小不同的碎屑,甚至改变了原有的矿物成分和化学成分,形成一种新的风化产物。

(2)搬运作用阶段

岩石风化作用的产物,除少数部分残留原地堆积外,大部分被剥离原地,经流水、风及重力作用等,搬运到低地。在搬运过程中,不稳定成分继续受到风化破碎,破碎物质经受磨蚀,棱角不断被磨圆,颗粒逐渐变细。

(3)沉积作用阶段

当搬运力逐渐减弱时,被携带的物质便陆续沉积下来。在沉积过程中,大的、重的颗粒先沉积,小的、轻的颗粒后沉积。因此,具有明显的分选性。最初沉积的物质呈松散状态,称为松散沉积物。

(4)固结成岩阶段

固结成岩阶段是松散沉积物转变成坚硬沉积岩的阶段。固结成岩的作用主要有如下三种。

①压实。压实即上覆沉积物的重力压固,导致下伏沉积物的孔隙减小,水分挤出,从而变得紧密坚硬。

②胶结。胶结是指其他物质充填到碎屑沉积物粒间孔隙中,使其胶结变硬。

③重结晶。重结晶是指新生成的矿物产生结晶质间的联结。

2.沉积岩的物质组成

组成沉积岩的矿物有160多种,常见的仅20余种。一种岩石中一般有3～5种矿物。沉积岩按矿物来源可分成如下两类。

①陆源矿物(他生矿物),来源于陆源区。陆源矿物是由母岩风化形成的碎屑矿物,如石英、长石、白云母等。

②自生矿物,在沉积成岩过程中形成的新矿物。主要有方解石、白云石、菱铁矿、黏土矿物、褐铁矿、黄铁矿、石膏等。另外,在岩浆岩中大量存在的矿物,如橄榄石、辉石、角闪石等在沉积岩中很少见。因为这些矿物是高温矿物,在地表被风化掉了。

沉积岩的物质成分主要来源于先成的各种原岩碎屑、造岩矿物和溶解物质。沉积岩的物质成分按成因可分为如下四类。

①碎屑物质。碎屑物质是指原岩经风化破碎而生成的呈碎屑状态的物质。它可以是原岩经破坏后的残留碎屑,也可以是原岩经物理风化后,残留下来的抗风化能力较强的矿物碎屑,如石英、长石、白云母等。

②黏土矿物。黏土矿物主要是含铝硅酸盐岩石经强烈化学风化作用分解后所产生的次生矿物,如高岭石、蒙脱石、水云母等。黏土矿物粒径小于 0.005 mm,具有很强的亲水性、可塑性及膨胀性。

③化学沉积矿物。化学沉积矿物是从真溶液或胶体溶液中沉淀出来的或经生物化学沉积作用形成的矿物,如方解石、白云石、石膏、岩盐、铁和锰的氧化物或氢氧化物等。

④有机质及生物残骸。有机质及生物残骸是指出生物作用或生物遗骸堆积经地质变化而形成的物质,如贝壳、珊瑚礁、硅藻土、泥炭、石油等。

在沉积岩的组成物质中还有胶结物,这些胶结物通过矿化水的运动被带到沉积物中,它们是来自原始沉积物矿物组分的溶解和再沉淀的生物。常见的胶结物有以下几种。

①硅质。硅质胶结物成分为 SiO_2,颜色浅,岩性坚固,强度高,抗水性及抗风化性强。

②铁质。铁质胶结物成分为 Fe 的氧化物和氢氧化物,颜色深,呈红色,强度仅次于硅质胶结物。

③钙质。钙质胶结物成分为 Ca、Mg 碳酸盐,颜色浅,强度比较低,具有可溶性。

④泥质。泥质胶结物成分为黏土,多呈黄褐色,胶结松散,强度低,易湿软、风化。

⑤石膏质。石膏质胶结物成分为 $CaSO_4$,硬度小,胶结不紧密。

3. 沉积岩的结构

沉积岩的结构随其成因类型的不同而各具特点,沉积岩的结构主要有以下几种。

(1)碎屑结构

碎屑结构是由 50% 以上的直径大于 0.005 5 mm 的碎屑物质被胶结物胶结而成的一种结构。按照岩石中主要碎屑物质颗粒的大小、形状及胶结类型,碎屑结构又可分为以下几种。

①碎屑结构按碎屑颗粒大小分为砾状结构(粒径大于 2 mm)、砂状结构(粒径为 0.005~2 mm,其中粗砂结构粒径为 0.50~2 mm,中砂结构粒径为 0.25~0.50 mm,细砂结构粒径为 0.05~0.25 mm)、粉砂状结构(粒径为 0.005~0.05 mm)。

②碎屑结构按颗粒外形分为棱角状结构、次棱角状结构、次圆状结构和滚圆状结构(见图 2-7)。碎屑颗粒磨圆程度受颗粒硬度、相对密度的大小及搬运距离等因素的影响。

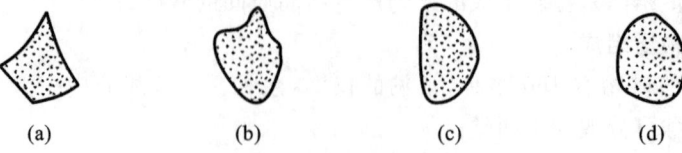

(a)　　　　　(b)　　　　　(c)　　　　　(d)

图 2-7　碎屑颗粒磨圆分级

(a)棱角状结构;(b)次棱角状结构;(c)次圆状结构;(d)滚圆状结构

③碎屑结构按胶结类型分为基底胶结结构、孔隙胶结结构和接触胶结结构(见图 2-8)。当胶结物含量较多时,碎屑颗粒孤立地分散在胶结物之中,互不接触,且距离较大,碎屑颗粒散布在胶结物的基底之上,称为基底胶结结构。当胶结物含量不多时,碎屑颗粒互相接触,胶结物充填在颗粒之间的孔隙中,称为孔隙胶结结构。如果只在颗粒接触处才有胶结物,并且颗粒间的孔隙大都空洞,则称为接触胶结结构。

碎屑岩胶结物的种类和胶结类型与岩石的工程性质密切相关。硅质胶结的岩石坚硬,泥质胶结的岩石松软;基底胶结牢固,接触胶结的牢固程度最差。所以,不仅要分析胶结物的成分,还应注意其胶结类型。

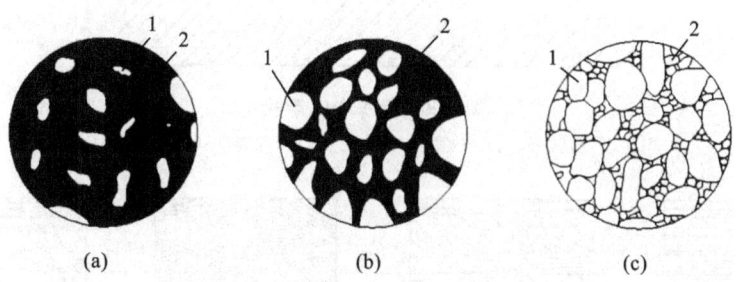

图 2-8 碎屑岩的胶结类型

1—碎屑颗粒;2—胶结物

(a)基底胶结;(b)孔隙胶结;(c)接触胶结

(2)泥质结构

泥质结构是由 50% 以上的(大都在 95% 以上)、粒径小于 0.005 mm 的细小碎屑和黏土矿物组成的结构。质地较为均一,致密而性软,也称黏土结构。这种结构是黏土岩的主要特征。

(3)晶粒结构

晶粒结构是由岩石中的颗粒在水溶液中结晶(如方解石、白云石等)或呈胶体形态凝结沉淀(如燧石等)而成的结构。

(4)生物结构

生物结构几乎全部是由生物遗体与碎片所组成的,如生物碎屑结构、贝壳结构、珊瑚结构等。

4.沉积岩的构造

沉积岩的特点是具有层理构造。此外,沉积层面上的波痕、泥裂,以及岩石中的化石、结核等,也是沉积岩的重要构造和鉴定特征。

1)层理构造

沉积岩的原始产状一般呈层状分布,其上下被略平且平行的面所分界,上界面称为上层面或顶板,下界面称为下层面或底板。但是,由于沉积环境的变化,沉积岩也可能出现其他一些产状,如图 2-9 所示。

层理构造是指构成沉积岩的物质由于颜色、成分、颗粒粗细或颗粒特征的不同而形成的分层现象。层与层之间的接触面称为层理面。层理面与层面不同,层理面之间结合得十分紧密,实际上并不真正存在分界面。层面是由于岩石在原始形成过程中发生了沉积间断所造成的。层根据厚度不同可分为巨厚层(大于 1 m)、厚层(0.5~1 m)、中厚层(0.1~0.5 m)、薄层(小于 0.1 m)。层面与层面的方向不一定一致,根据形态和成因,层理可分为以下三种类型(见图 2-10)。

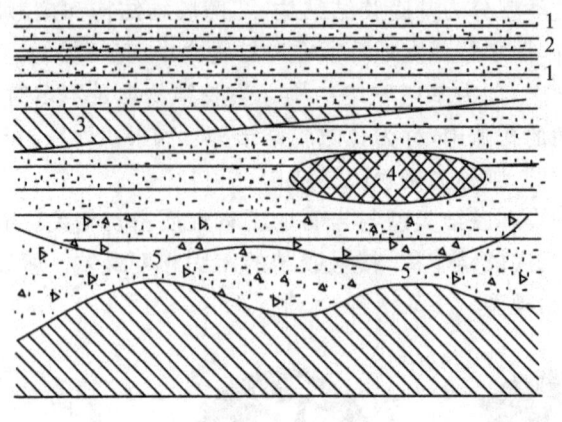

图 2-9 沉积岩的产状
1—层状岩层;2—夹层;3—尖灭层;4—透镜体;5—狭缩

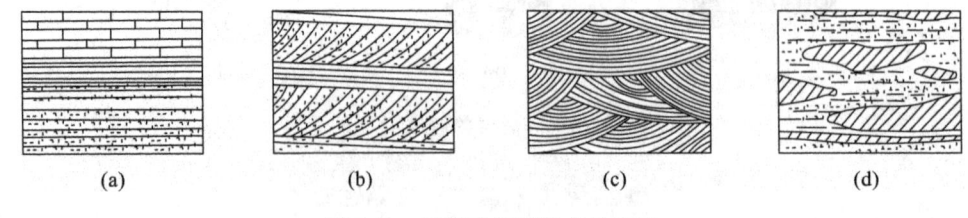

图 2-10 沉积岩层理形态示意图
(a)平行层理;(b)斜交层理;(c)交错层理;(d)透镜体及尖灭层理

(1)平行层理

平行层理的层理面与层面相互平行。这种层理主要见于细粒岩石(黏土岩、粉细砂岩等)中。平行层理是在沉积环境比较稳定的条件下,如广阔的海洋和湖底、河流的堤岸带等,从悬浮物或溶液中缓慢沉积而成的。

(2)斜交层理

斜交层理的层理面向一个方向与层面斜交。斜交层理在河流及滨海三角洲沉积物中均可见到,主要是由单向水流造成的。

(3)交错层理

交错层理的层理面以多组不同方向与层面斜交。交错层理经常出现在风成沉积(如沙丘)或浅海沉积物中,是由于风向或水流动方向变化而形成的。

有些岩层一端厚,另一端逐渐变薄以至消失,这种现象称为尖灭层。若岩层中间厚,并向两端不远处的距离内尖灭,则称为透镜体。

2)层面构造

层面构造是指在岩层层面上由于水流、风、生物活动等作用留下的痕迹,如波痕(见图2-11)、泥裂(见图2-12)、雨痕等。

①波痕。波痕是指沉积物在沉积过程中,由于风力、流水或海浪等的作用,在沉积岩层面上保留下来的波浪痕迹。

②泥裂。泥土沉积物表面由于失水收缩而开裂成不规则的多边形裂隙,称为泥裂。裂缝上宽下窄,常被泥沙等物质充填。

③雨痕。雨痕是指在沉积物表面经受雨滴打击遗留下来的痕迹。

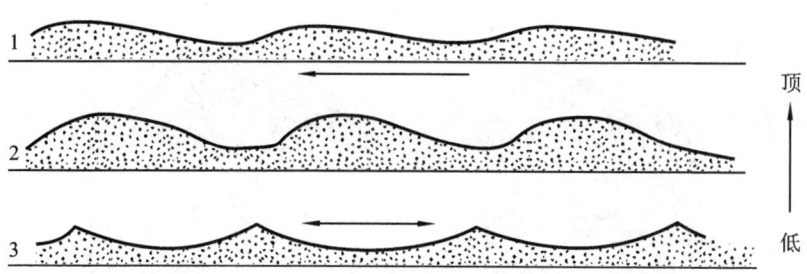

图 2-11 各种不同成因的波痕

1—风成波痕；2—水流波痕；3—浪成波痕

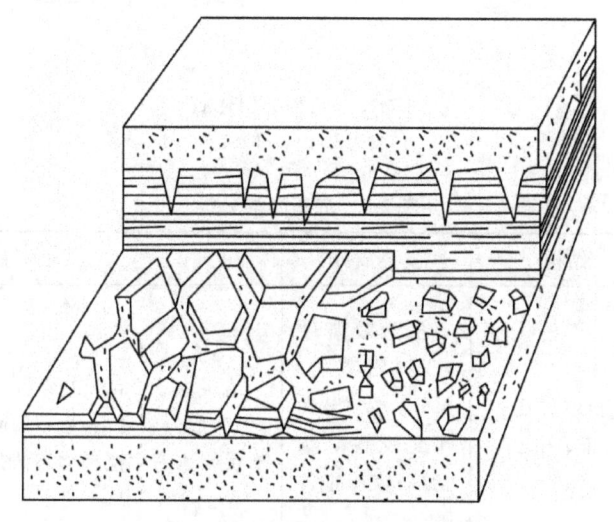

图 2-12 泥裂生成、掩埋示意图

3）结核

在沉积岩中含有一些在成分上与围岩有明显差别的物质团块，称为结核。结核由某些物质集中凝聚而成，外形常呈球形、扁豆状及不规则形状。如石灰岩中的燧石结核，主要是 SiO_2 在沉积物沉积的同时以胶体凝聚方式形成的；黄土中的钙质结核，是地下水从沉积物中溶解 $CaCO_3$，后在适当地点再结晶凝聚形成的。

4）生物成因构造

由于生物的生命活动和生态特征而在沉积物中形成的构造称为生物成因构造。如生物礁体、叠层构造、虫迹、虫孔等。

在沉积过程中，若有各种生物遗体或遗迹（如动物的骨骼、甲壳、粪便、足迹及植物的根、茎、叶等）埋藏于沉积物中，后经石化交代作用保留在岩石中，则称为化石（见图 2-13）。根据化石种类可以确定岩石形成的环境和地质年代。

此外，还有缝合线等，它们都是沉积岩形成条件的反映，不仅对研究沉积岩很重要，而且对研究地史和古地理具有重要意义。

5. 沉积岩的分类及主要沉积岩

根据组成的物质成分和结构特征不同，沉积岩可分为碎屑岩类、黏土岩类、化学岩和生物化学岩类，如表 2-5 所示。

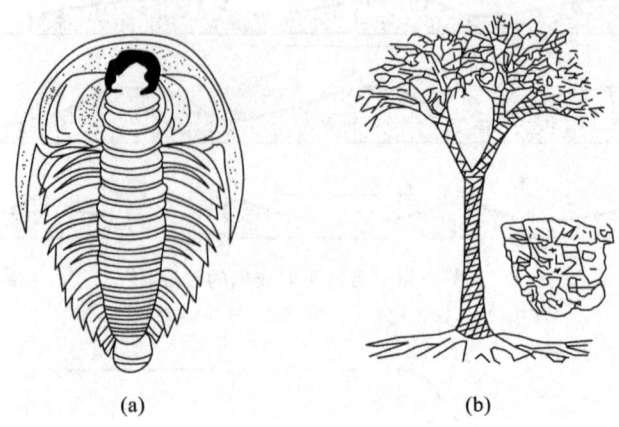

图 2-13　几种典型化石

（a）雷氏三叶草；（b）鳞木

表 2-5　沉积岩的分类

类型	岩石名称	结构	主要成分	其 他 特 征
碎屑岩类	砾岩	砾状（粒径大于 2 mm）	多为较坚硬岩石（石英岩、部分火成岩）和硬度较高矿物（如石英）的碎屑	直径大于 2 mm 的砾石占 50% 以上，砾石多为球状，成分较复杂，岩石的颜色变化大（与胶结物有关），岩石中层理多不清楚
	角砾岩	角砾状（粒径大于 2 mm）	成分复杂，变化较大	砾石多为棱角状，大小不等，形状各异，岩石厚度一般不大，且多不成层状
	砂岩	砂状（粒径 0.05～2 mm）	多为耐风化的矿物，如石英、长石、白云母及部分碎屑	岩石外表为灰白、红色等浅色，由 50% 以上直径为 0.05～2 mm 的砂粒组成，按颗粒大小还可以分为粗砾岩（0.5～2 mm）、中砂岩（0.25～0.5 mm）和细砂岩（0.05～0.25 mm）；按岩石成分则可分为石英砂岩（含石英颗粒 90% 以上）、长石砂岩（含长石 25% 以上，并含石英颗粒）和硬砂岩（含 50% 左右的石英和长石颗粒，并含其他岩石碎屑）
	粉砂岩	砂状（粒径 0.005～0.05 mm）	多为石英，次为长石、白云母，很少为岩石碎屑	由 50% 以上粒径 0.005～0.05 mm 的粉砂组成，常呈棱角状，胶结物以钙、铁质为主

续表

类型	岩石名称	结构	主要成分	其他特征
黏土岩类	泥岩（黏土岩）	泥质（粒径小于0.005 mm）	主要为粒径小于0.005 mm的黏土矿物（肉眼不易确定），并含有其他矿物碎屑	厚层块状，固结程度较高，无清楚的层理，也可称为黏土岩
	页岩			具页片状层理或薄层状结构，颜色多变，因含有杂质可具不同名称，如钙质页岩、炭质页岩、铁质页岩等
化学岩和生物化学岩类	石灰岩	隐晶质或结晶粒状	主要为方解石，并常混入白云石、黏土等杂质	多为浅色，因含杂质可有红、褐、灰、黑等色；性脆，遇冷稀盐酸可剧烈起泡；易被溶蚀形成各种喀斯特形态；按成因、结构的不同可有各种名称，如生物石灰岩、竹叶状石灰岩、鳞状石灰岩等
	白云岩	结晶粒状或隐晶质	主要为白云石，次为方解石和黏土矿物	多为淡黄、淡褐、白等浅色，遇稀盐酸不起泡或微弱起泡，风化面常有白云石粉末及纵横交错的网状溶沟
	泥灰岩	微粒状或泥质	除方解石、白云石外，黏土矿物含量达25%～50%	多为浅黄、浅绿、浅灰等浅色，岩石致密，遇冷稀盐酸起泡，且有泥质残余物出现，为石灰岩和黏土岩的过渡岩石

在各种沉积岩中，分布最广、最常见的只有三种，即页岩、砂岩和石灰岩。这三种岩石约占全部沉积岩总量的99%。此外，在地表常可见到砂、砾石、卵石和黏土等松散沉积物。

1)碎屑岩类

(1)砾岩和角砾岩

碎屑岩中大于2 mm的碎屑颗粒，称为砾石或角砾。圆状和次圆状砾石含量大于50%的岩石，称为砾岩。如果砾石为棱角状或次棱角状，则称为角砾岩。砾岩和角砾岩主要由岩屑组成，矿物成分多为石英、燧石，胶结物有硅质、泥质、钙质或其他化学沉淀物。胶结物的成分与胶结类型对砾岩的物理力学性质有很大影响，若为基底胶结类型，且胶结物为硅质或铁质的砾岩，抗压强度可达200 MPa以上，是良好的建筑物地基。

(2)砂岩

砂岩是指由50%以上的砂粒胶结而成的岩石。根据颗粒大小、含量不同，砂岩可分为粗粒砂岩、中粒砂岩、细粒砂岩及粉粒砂岩。按颗粒主要矿物成分不同，砂岩可分为石英砂岩、长石砂岩、硬砂岩和粉砂岩等。石英砂岩中石英含量大于95%，一般为硅质胶结，呈白色，质地坚硬。长石砂岩中长石含量大于25%，故岩石呈浅红色或浅灰色，颗粒的圆度、分选性都较差，中粗粒居多。硬砂岩成分复杂，色暗，表面粗糙，颗粒的圆度、分选性较差。粉砂岩中颗粒粒径在0.005～0.05 mm的含量大于50%，成分以石英为主，常含有云母，颗粒圆度差，泥质含量高，常有水平层理。砂岩中胶结物成分和胶结类型不同，抗压强度也不同。硅质砂岩抗压强度为80～200 MPa，泥质砂岩抗压强度较低，为40～50 MPa或更小。

碎屑岩为区别于火山碎屑岩，亦称为沉积碎屑岩。火山碎屑岩是指从火山口喷出的物质，经过短距离的搬运而沉积在地球上的岩石，常见的火山碎屑岩有火山集块岩、火山角砾岩、凝灰岩等,它们在成分上都是火山质的,与沉积碎屑岩不同。

2)黏土岩类

黏土岩主要是指由粒径小于 0.005 mm 的颗粒组成的、含大量黏土矿物的岩石。此外,还含有少量的石英、长石、云母。黏土岩一般都具有可塑性、吸水性、耐火性等,有重要的工程意义。黏土岩主要有两种,即泥岩和页岩。

(1)泥岩

泥岩是固结程度较高的一种黏土岩,以层厚和页状构造不发育为特征。泥岩一般为土黄色,常因混入钙质、铁质等,岩石颜色发生变化。

(2)页岩

页岩以具页片状构造为特征,很容易沿页片剥开,岩性致密均一,强度小,不透水,有滑感,颜色多为土黄色或黄绿色。如含较多的炭质或铁质,则岩石相应呈黑色或褐红色。页岩由于基本不透水,通常被用作隔水层。但页岩力学性质软弱,抗压强度一般为 20~70 MPa或更低,浸水后强度显著降低,抗滑稳定性差。

3)化学岩和生物化学岩类

(1)石灰岩

石灰岩简称灰岩,主要化学成分为碳酸钙,矿物成分以结晶的细粒方解石为主,其次含少量白云石等矿物,颜色多为深灰、浅灰,质纯石灰岩呈白色,具有致密状、竹叶状等结构。石灰岩一般遇酸起泡剧烈,而硅质石灰岩、泥质石灰岩遇酸反应较差。含硅质、白云质的石灰岩纯石灰岩强度高,含泥质、炭质的石灰岩和贝壳状石灰岩强度低。石灰岩一般抗压强度为 40~80 MPa。石灰岩具有可溶性,易被地下水溶蚀,形成宽大的裂隙和溶洞,是地下水的良好通道。

(2)白云岩

白云岩主要由白云石组成,常含有少量的方解石、石膏、燧石、黏土等矿物,颜色多为灰白、浅灰色,含泥质时呈浅黄色,为隐晶质或细晶粒状结构。白云岩与石灰岩的外貌很相似,但白云岩加冷稀盐酸不起泡或微弱起泡,在野外露头上常以许多纵横交叉似刀砍状溶沟为其特征。

(3)泥灰岩

石灰岩中均含有一定数量的黏土矿物,若黏土矿物含量达 30%~50%,则称为泥灰岩。泥灰岩颜色有灰色、黄色、褐色、红色等,滴盐酸起泡后留有泥质斑点。泥灰岩结构致密,易风化,抗压强度低,一般为 6~30 MPa。较好的泥灰岩可用作水泥原料。在化学岩和生物化学岩类中,泥灰岩包括富含铝、锰、铁、磷的铝质岩、铁质岩、锰质岩、磷质岩、石膏、岩盐等。煤和油页岩等可燃性有机岩也属于泥灰岩。

6. 沉积岩的工程地质性质

在评述沉积岩的工程地质性质时,应着重考虑沉积岩的两个重要特点:一是各类沉积岩都具有成层分布规律,存在着各向异性特征,且层的厚度各不相同;二是沉积岩从成分上分为碎屑岩、黏土岩、化学岩和生物化学岩,它们的工程地质性质存在着很大的差异。

1)碎屑岩

碎屑岩包括砾岩、砂岩、粉砂岩,工程地质性质一般较好,其特征主要取决于胶结物成分、胶结类型和碎屑颗粒成分。一般情况下,粉砂岩的强度较砂砾岩的强度差,其中硅质胶结的石英砂岩,强度比其他砂岩要高;而钙质、石膏质和泥质胶结的砂砾岩,尤其是粉砂岩,强度较低,抗风化能力弱,遇水容易溶解或软化。我国南方各省的红色岩层,多为钙质、泥质胶结的砂砾岩、粉砂岩和黏土岩石层,在这类红色岩层地区筑坝,应注意地基是否会沿泥化夹层产生滑动。

2)黏土岩

黏土岩和页岩的性质相近,抗压强度和抗剪强度低,受力后变形量大,浸水后易软化和泥化。若含蒙脱石成分,则还具有较大的膨胀性。这两种岩石对建筑物地基和建筑场地边坡的稳定都极为不利,但其透水性小,可作为隔水层和防渗层。

3)化学岩和生物化学岩

化学岩和生物化学岩抗水性弱,常具有不同形态的可溶性。碳酸盐类岩石具中等强度,一般能满足工程设计要求,但存在于其中的各种不同形态的岩溶,往往成为集中渗漏的通道。易溶的石膏、岩盐等化学岩,往往以夹层形式存在于其他沉积岩中,质软,浸水易溶解,常常导致地基和边坡失稳。

任务 4　变质岩及其工程地质性质

地壳中的先成岩石,由于构造运动和岩浆活动等所造成的物理、化学条件的变化,原来岩石的成分、结构、构造等发生一系列改变而形成的新岩石,称为变质岩。这种使岩石发生质的变化的过程,称为变质作用。

1. 变质作用的因素及类型

引起变质作用的因素有温度、压力及化学活动性流体。变质温度的基本来源包括地壳深处的高温、岩浆及地壳岩石断裂错动产生的高温等。引起岩石变质的压力包括上覆岩石自重引起的静压力、侵入岩体空隙中的流体所形成的压力以及地壳运动或岩浆活动产生的定向压力。化学活动性流体则是以岩浆、H_2O、CO_2 为主,并含有其他一些易挥发、易流动物质的流体。

因此,岩石的变质作用,一方面是在地下一定深度处于较高温度、较大压力条件下进行的,因而不同于在常温常压条件下进行的外动力地质作用;另一方面,这种作用是在固态固体下进行的,所以也不同于岩浆作用。

根据变质作用的地质成因和变质作用因素的不同,变质作用分为以下几种类型(见图2-14)。

1)接触变质作用

接触变质作用是由于岩浆活动的侵入,在岩浆高温的影响下,使接触带的围岩发生重结晶或产生新矿物的作用。当地壳深处的岩浆上升侵入围岩时,围岩受岩浆高温的影响,或受岩浆中分异出来的挥发成分及热液的影响,而产生变质,所以这种变质作用仅局限在侵入体与围岩的接触带内,距侵入体越远,围岩变质程度越浅。

根据变质过程中侵入体与围岩间有无化学成分的相互交代,接触变质作用可分为热接触变质作用和接触交代变质作用两种类型。

(1)热接触变质作用

热接触变质作用也称热力变质作用,是由于岩浆侵入体释放的热能,使接触带附近围岩的矿物成分和结构、构造等发生变化的一种变质作用。热接触变质作用主要表现为原岩成分的重结晶,产生新的矿物组合和新的结构、构造,而化学成分基本上没有发生变化,如石灰岩变为大理岩、砂岩变为石英砂岩等。

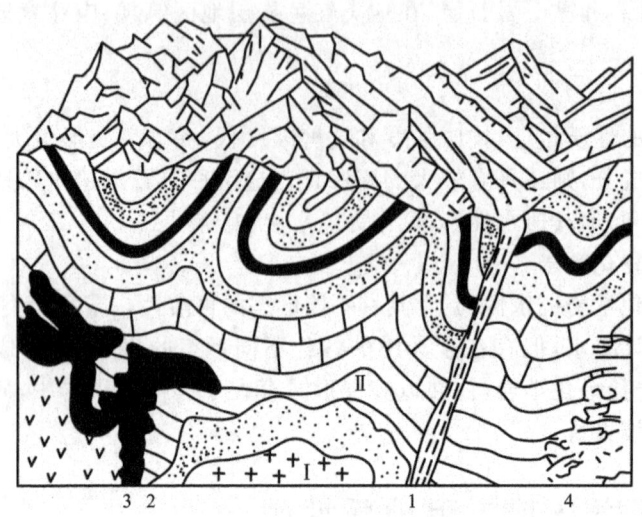

图 2-14　变质作用及变质岩类型示意图
Ⅰ—岩浆岩；Ⅱ—沉积岩；
1—动力变质作用；2—热接触变质作用；3—接触交代变质作用；4—区域变质作用

（2）接触交代变质作用

接触交代变质作用是由于岩浆成分结晶晚期析出的大量挥发成分和热液，通过交代作用使接触带附近的侵入体与围岩在岩性和化学成分上均发生变化的一种变质作用。这种作用与热接触变质作用的区别在于：围岩温度升高的同时还有化学成分的进入和带出。接触交代变质作用主要发生在酸性、中性侵入体与石灰岩的接触带，往往形成矽卡岩。

2）动力变质作用

动力变质作用也称碎裂变质作用，是在构造运动产生的强应力作用下，使原岩及其组成矿物发生变形、机械破碎及轻微的重结晶现象的一种变质作用。由于应力性质和强度的不同，这种作用可形成断层角砾岩、糜棱岩等，同时有蛇纹石、叶蜡石、绿帘石等变质矿物产生。动力变质作用主要发生在岩层的强烈褶皱带或沿断裂带呈条带状分布（岩石因构造应力作用而产生的变质作用）。

3）区域变质作用

区域变质作用是指由于大规模构造运动和岩浆活动引起的高温高压作用，地下深处广大地区的岩石发生的变质作用。变质范围往往达数百或数千平方千米。这种变质作用实际上是各种变质因素综合作用的结果，形成的岩石种类很多，如黏土质岩石可变成片岩、片麻岩。

变质作用一般不改变原生岩石的产状，因此产状不能作为变质岩的特征。但是由于受到强烈的挤压，原生岩石的产状也可能发生某些变化，如原生岩体在压力作用方向上受到强烈的压缩等。

2. 变质岩的矿物成分

组成变质岩的矿物种类很多，一部分是与原岩相同的，如火成岩和沉积岩中的长石、石英、云母、方解石、黏土矿物等；另一部分则是在变质过程中产生的，只有在变质岩中才出现的矿物（称为变质矿物），如绿泥石、绢云母、蛇纹石、滑石、石榴石、硅灰石、红柱石、石墨等。变质矿物是在特定环境下产生的，是鉴定变质岩的重要依据。

3. 变质岩的结构

变质岩的结构按成因可分为变晶结构、变余结构、碎裂结构。

1）变晶结构

变晶结构是指原岩在固态条件下，岩石中的各种矿物同时发生重结晶和变质结晶所形成的结构。因变质岩的变晶结构与岩浆岩的结构相似，为了区别起见，一般在岩浆岩结构名称上加"变晶"二字。变晶是对变质矿物颗粒而言的，包括变晶大小、形状等。如大理岩为粒状变晶结构，绢云母、绿泥石为鳞片状变晶结构等。

2）变余结构

当岩石变质轻微时，重结晶作用不完全，变质岩还可保留有母岩的结构特点，即称为变余结构。如泥质砂岩变质以后，泥质胶结物变成绢云母和绿泥石，而其中碎屑物质（如石英）不发生变化，便形成变余砂状结构。还有其他的变余结构，如与岩浆岩有关的变余斑状结构、变余花岗结构等。

3）碎裂结构

局部岩石在定向压力作用下，矿物及岩石本身发生弯曲、破碎，而后又被黏结起来而形成新的结构，称为碎裂结构。这种结构常具条带和片理，是动力变质中常见的结构，根据破碎程度可分为碎裂结构、碎斑结构、糜棱结构。

4. 变质岩的构造

变质岩的构造与岩浆岩及沉积岩有着显著的区别，是鉴定变质岩的可靠特征。常见的构造有片理构造和块状构造。

1）片理构造

片理构造是指岩石中所含的大量的片状、板状及柱状矿物在定向压力作用下平行排列，且沿此排列方向易使岩石裂开成薄片的构造。裂开的面称为片理面。片理面可能是平的、弯曲的或波状的，并且平滑光亮，据此可与沉积岩的层理及层理面相区别。

根据片理面特征、变质程度等特点，片理构造可进一步分为片麻状构造、片状构造、千枚状构造和板状构造。

（1）片麻状构造

片麻状构造也称片麻理，其特征是鳞片状、柱状或针状矿物呈大致平行排列，其间常夹着不规则的粒状矿物（石英、长石等），互相构成深色与浅色条带交互的状态。具有片麻状构造的岩石叫作片麻岩。片麻岩矿物结晶程度高，颗粒较粗大。

（2）片状构造

片状构造指岩石中大量片状或柱状矿物（如云母、绿泥石、滑石、绢云母、石墨等）定向排列所形成的薄层状构造。片状构造的片理薄而清晰，沿片理面易剥开成不规则的薄片。狭义的片理构造即指片状构造。具片状构造的岩石叫作片岩。

（3）千枚状构造

千枚状构造的特点是片理面有较强的丝绢光泽和小皱纹，由极薄的片组成，易沿片理面劈成薄片状。具千枚状构造的岩石叫作千枚岩。

（4）板状构造

板状构造又称板理，指岩石中由显微片状矿物大致平行排列所成的具有平行板状劈理的构造。板状构造岩石一般变质程度较浅，呈厚板状，板面平整，沿板理极易劈成薄板状，板面微具光泽。具板状构造的岩石叫作板岩。

2) 块状构造

当变质作用中没有定向、高压这一因素时,则形成的变质岩中,矿物排列无一定方向,结构均一,一般称为块状构造。部分大理岩和石英岩具此种构造。块状构造与火成岩的块状构造相似,但又不完全一样。

5. 变质岩的分类及主要变质岩

1) 变质岩的分类

变质岩的种类很多,它们生成时的物理化学条件和地质环境又有较大差别,因此,分类和命名方法尚难统一。通常是按变质岩特有的构造特征划分岩石的类型,如具片麻状构造的称为片麻岩,具片状构造的称为片岩,具千枚状构造和板状构造的分别称为千枚岩和板岩。常见的具块状构造的变质岩有石英岩、大理岩、碎裂岩、糜棱岩等。主要变质岩的划分类型如表 2-6 所示。

表 2-6　主要变质岩分类表

岩石名称	构造	矿物成分	其他特征
片麻岩	片麻状	主要为长石和石英,两者含量之和大于 50%,片状或柱状矿物有云母、角闪石、辉石等,并可含硅线石、蓝晶石、石榴石等变质矿物	外表颜色深浅不一,视矿物成分而定;矿物颗粒大小也不一样,但肉眼均能辨认,其明显的片麻状构造为该类岩石的主要特征
片岩	片状	主要为云母、绿泥石、滑石、角闪石等片状或柱状矿物,粒状矿物有石英	呈明显的片状结构,沿片理面易于裂开,岩石表面多具丝绸光泽或珍珠光泽;矿物颗粒呈定向排列,肉眼易于辨认,常为粗粒结晶状,故也称为结晶片岩
千枚岩	千枚状	主要为黏土矿物,有绢云母、绿泥石、石英等,但肉眼较难辨认	多为黄绿、灰黑、红等颜色,岩石致密;一般具细粒鳞片变晶结构,表面具明显的丝绢光泽,千枚状结构明显
板岩	板状	肉眼难辨认,在板理面上可见绢云母、绿泥石等变质矿物	具明显的板状结构,外表多为深灰色至黑色,大多为隐晶质致密结构,可分裂成薄层的石板作为屋瓦、铺路等建筑材料,敲击石板有清脆的声音
大理岩	块状	主要为方解石、白云石(碳酸盐矿物含量大于 50%),有时含有少量石墨、蛇纹石、石榴石、石英、云母等	一般为白色,但因含杂质可有各种不同的颜色和花纹;具有典型的粒状变晶结构;组成矿物的硬度较小,遇稀冷盐酸可起泡
石英岩	块状	石英含量大于 85%,并可含有少量云母、长石、绿泥石、石墨等	纯者为白色,因含杂质可呈灰、黄、红等色;多具粒状变晶构造,断口平坦,具油脂光泽;岩性坚硬,抗风化能力强
碎裂岩	块状	主要由较小的岩石碎屑和矿物碎屑组成,其成分视原岩成分而定,有时有少量绢云母、绿泥石等变质矿物	为原岩经强烈挤压破碎形成的动力变质岩,由大小不一的各种棱角状碎屑胶结而成,具碎裂结构;碎裂岩的分布常与断裂和褶皱作用有关,如断层角砾岩、压碎岩等
糜棱岩	块状	主要为石英、长石及少量变质岩,如绢云母、绿泥石等	为原岩经强烈挤压破碎后形成的一种粒状较细的动力变质岩;外表多为各种绿色,一般具有似流纹的条带,多出现在断层带内

2）主要变质岩及其特征

（1）片麻岩

片麻岩具有明显的片麻状构造，主要矿物为长石、石英，两者含量大于50％，且长石含量一般多于石英。片状或柱状矿物可以是云母、角闪石、辉石等，有时也含有硅线石、石榴石、蓝晶石等特征变质矿物。片麻岩为中、粗粒鳞片状变晶结构，多呈肉红色、灰色、深灰色，且为变质程度较深的区域变质岩。片麻岩的物理力学性质视含有矿物成分不同而异，一般抗压强度达120～200 MPa，当云母含量增多且富集在一起时，则强度大为降低。片麻岩由于片理发育，故较易风化。

（2）片岩

片岩具有典型的片状构造，主要由云母、石英矿物组成，其次为角闪石、绿泥石、滑石、石墨、石榴石等，以不含长石区别于片麻岩。片岩依所含矿物成分不同可分为云母片岩、绿泥石片岩、角闪石片岩、滑石片岩等。片岩强度较低，且易风化。片岩由于片理发育，易沿片理裂开。

（3）千枚岩

千枚岩是具典型千枚状构造的浅变质岩。多由黏土矿物、粉砂岩变质而成，主要由细小的绢云母、绿泥石、石英、斜长石等新生矿物组成，一般具细粒鳞片状变晶结构，片理上有明显的丝绢光泽和微细皱纹或小的挠曲构造。千枚岩性质软弱，易风化破碎，在荷载作用下容易产生蠕动变形和滑动破坏。

（4）板岩

板岩是页片经浅变质而成的，多为深灰色至黑灰色，也有绿色及紫色，主要由硅质和泥质矿物组成，肉眼不易辨别，结构致密均匀，具有板状构造，沿板状构造易于裂开成薄板状。击打板岩会发出清脆声，可据此与页岩区别。板岩能加工成各种尺寸的石板，作为建筑材料。板岩透水性弱，可作隔水层加以利用，但在水的长期作用下会软化、泥化，形成软弱夹层。

（5）石英岩

石英岩由石英砂岩和硅质岩变质而成，矿物以石英为主，其次为云母，一般呈白色，油脂光泽，具有变余粒状结构，块状构造，是一种极坚硬、抗风化能力很强的岩石，岩块抗压强度可达300 MPa以上，可作为良好的建筑物地基。但石英岩性脆，较易产生密集性裂隙，形成渗漏通道，应采取必要的防渗措施。

（6）大理岩

大理岩由石灰岩重结晶而成，具有细粒、中粒和粗粒结构，主要矿物为方解石和白云石，纯大理岩是白色的，又称为汉白玉。大理岩含有杂质时带有灰色、黄色、蔷薇色，具有美丽花纹，是贵重的雕刻和建筑石料。大理岩硬度小，与盐酸作用起泡，所以很容易鉴别，具有可溶性，强度随其颗粒胶结性质及颗粒大小而异，抗压强度一般为50～120 MPa。

6.变质岩的工程地质性质

变质岩一般情况下是原岩矿物成分在高温、高压作用下重结晶的结果，岩石的强度较变质前相对增高。但是，如果在变质过程中形成某些变质矿物，如滑石、绿泥石、绢云母等，则其强度会相对降低，抗风化能力变差。

（1）动力变质岩

动力变质岩是动力变质作用形成的变质岩，其岩石性质取决于碎屑矿物的成分、粒径大小和压密胶结程度。但通常胶结得不好,孔隙、裂隙发育,强度变低,抗水性差。

(2)接触变质岩

接触变质岩因经过重结晶,岩石的强度较变质前相对增高。但变质程度各处不一,距侵入体越近,越易变质,在很小的范围内变质程度就相差悬殊,岩性很不均一。接触变质岩常因受地壳构造运动的影响而导致裂隙发育,加上其中有小岩脉穿插,岩性显得复杂多样,其工程地质性质变化较大。

(3)区域变质岩

区域变质岩分布范围广,厚度大,变质程度和岩性较均一,但因多数岩石具片理构造,岩石具有各向异性特征。随着片理的发育,滑石、绿泥石、云母等含量的增加,岩石强度显著降低。一般来说,板岩、千枚岩、滑石、绿泥石、云母等岩石的工程地质性质较差;片麻岩、石英岩及大理岩等岩石,致密坚硬,岩性比较均一,强度高,是建筑物的良好地基。但当裂隙发育,有较大断裂带时,常常会形成裂隙含水带和地下水渗漏的通道,成为岩体滑动的较弱带,而使其工程地质性质变差。

不同种类的岩石,由于其成因、成分、结构和构造不同,岩石的工程地质性质差异是很大的。同时,还应结合具体工程的要求来进行评价。

岩浆岩、沉积岩和变质岩的肉眼鉴定,应结合岩石标本在实验课中进行。

综上所述,地壳是由各种各样的岩石组成的,岩石是在地壳发展过程中内、外动力地质作用的必然产物。由于各类岩石形成条件不同,它们在产状、矿物组成、结构、构造等方面也各具特点。据此,可对三大类岩石进行属性比较和分类鉴定。图 2-15 基本上标明了三大类岩石之间的关系。

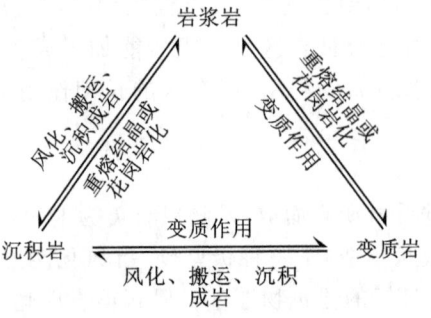

图 2-15 三大类岩石之间的关系示意图

任务 5　岩石的工程地质性质

不同的岩石具有不同的工程性质,同一岩石由于外部影响条件不同,其工程性质也不一样。岩石的工程性质主要受矿物成分、结构、构造、成因、水和风化作用等因素的影响。岩石的矿物成分对岩石的物理力学性质有直接的影响。石英岩的力学强度比大理岩高,是因为石英的强度比方解石高。又如石灰岩或砂石,如果黏土含量多时,强度就明显降低,也是因为受强度低、抗水性差的黏土矿物影响的结果。由黏土矿物组成的泥岩或页岩,不仅性质软弱、变形量大、浸水后易软化和泥化,当高岭石、蒙脱石等矿物含量高时,还具有膨胀性及崩解性。因此,这类岩石一般不宜作为水工建筑物的地基,如作为场地边坡,其稳定性往往也很差。在石灰岩、白云岩及大理岩分布较多的地区,由于其主要组成矿物方解石溶于水,故该地区的工程地质问题主要是岩溶渗漏及塌陷。一般情况下,变质岩的强度较变质前相对增高。但是,若存在某些软弱变质矿物,如绿泥石、绢云母、滑石等,其强度就会明显降低,抗风化能力亦会变差。

　　按结构特征,岩石可分为结晶联结(如花岗岩等)和胶结联结(如砂岩等)。结晶联结结合力强,孔隙度小,一般比胶结联结的岩石具有更高的强度和稳定性。同一岩石结晶颗粒越细,分布越均匀,强度就越大。如粗粒花岗岩的抗压强度一般为120~140 MPa,而细粒花岗岩则可达200~250 MPa。胶结联结的岩石,其强度和稳定性主要取决于胶结物的成分和胶结类型,同时也受碎屑成分的影响。硅质胶结的强度高、稳定性好,泥质胶结的强度低、稳定性差,铁质和钙质胶结的介于两者之间。如泥质胶结的砂岩,其抗压强度一般只有60~80 MPa,钙质胶结的可达120 MPa,而硅质胶结的则可达370 MPa。基底胶结的岩石孔隙度小,其强度和稳定性完全取决于胶结物的成分。孔隙胶结的岩石,其强度与碎屑和胶结物的成分都有关系。接触胶结的岩石强度低、透水性强。

　　岩石的构造不同,其物理力学性质也各异。具有片理、层理、流纹等构造的岩石,表现出各向异性的特征。例如,垂直片理或层理的岩石,其抗压强度大于平行层理或片理的岩石(见表2-7)。沿片理、层理、流纹等方向易产生滑动,故不利于建筑物地基和边坡岩体稳定。此外,致密块状的岩石,比具有气孔状构造的岩石孔隙率小,抗水性、抗冻性强,强度高。

表 2-7　层理对岩石抗压强度的影响

岩石名称	砂岩		砂质页岩		页岩	
与层理方向的关系	平行	垂直	平行	垂直	平行	垂直
湿抗压强度(MPa)	30~60	40~80	50	80	44	55

　　水对岩石的影响,主要表现在其对岩石强度的削弱方面。例如,石灰岩或砂岩饱水后,其极限抗压强度降低25%~45%。当然,这种削弱的程度,对于不同成因的岩石是不一样的。

　　实践证明,新鲜岩石的强度比风化岩石高。岩石风化后孔隙率增大,密度减小,吸水性和透水性显著增高,强度和稳定性也大为降低。风化对岩石的影响,最终可以归结为对岩石强度的削弱上。

　　综上所述,各类岩石的工程地质性质首先取决于岩石的成因类型(包括岩石矿物的组成、结构、构造等),其次是各种地质作用对岩石的影响,如水和风化作用等。下面按照岩石的成因类型,分别简述各类岩石的工程地质性质。

　　地球具有层圈构造,地壳是固体地球最外部的层圈。元素、矿物、岩石是组成地壳的基本单位。火成岩是岩浆作用的产物,变质岩是变质作用的产物,沉积岩是沉积作用的产物。它们都有各自不同的矿物成分、结构、构造特征和代表岩石。

　　(1)地球的圈层构造

　　地球的外部圈层:大气圈、水圈和生物圈。

　　地球的内部圈层:地壳、地幔和地核。

　　(2)地壳物质的组成

　　组成地壳的基本物质是各种化学元素。元素组成矿物,矿物集合形成岩石,所以组成地壳物质的基本单位是岩石。

（3）造岩矿物的物理性质

造岩矿物的物理性质主要有形态、颜色、条痕、光泽、解理、断口、硬度等，它们是肉眼鉴定识别矿物的重要标志。通过学习，要熟悉常见造岩矿物的物理性质。

（4）岩石

岩石是矿物的天然集合体。岩浆岩多为结晶结构，矿物颗粒紧密联结，形成一种刚性的、主要是均质各向同性的岩石材料。沉积岩主要是由岩矿碎屑的机械沉积物和溶液的化学沉积物胶结、固结而成的，强度不高，尤其是未固结的松散沉积物，强度及坚固性较小，而且沉积物层理构造发育，使得其力学性质各向异性显著。变质岩多为重结晶结构，强度一般较高，但受构造运动影响，片理构造发育，其岩性各向异性。

（5）地层岩性

地层岩性是最基本的工程地质条件之一，它对评价工程岩体的稳定性和渗漏性具有重要的意义。从岩性上讲，它包括了岩浆岩、沉积岩、变质岩三大类岩石。通过研究建筑场地的地层岩性，可以了解岩石的形成时代、成因、产状、颜色、结构、构造等自然属性特征，从而对岩石的工程地质性质作出定性评价。而岩石的物理性质、力学性质和水理性质指标，则是定量评价岩石工程地质性质的可靠依据。

【思考题】

1.什么是矿物？野外鉴定矿物时，主要依据矿物的哪些物理性质？常见的造岩矿物有哪几种？

2.熟记摩氏硬度的代表矿物，并掌握在野外鉴别矿物硬度的方法。

3.对比下列矿物，指出它们之间的异同点。

①正长石、斜长石、石英。

②角闪石、辉石、黑云母。

③方解石、白云石、石英。

4.由石膏、黑云母、黄铁矿及黏土矿物组成的岩石，对工程建筑物有哪些影响？

5.酸性、中性、基性、超基性的岩浆岩矿物成分有何不同？

6.试从深成岩、浅成岩、喷出岩的不同结构和构造来说明，为什么岩浆岩的结构、构造特征是其生成环境的综合反映。

7.试比较下列岩石之间的异同点。

①花岗岩、辉长岩。

②流纹岩、玄武岩。

③闪长岩、安山岩。

8.试从颜色、盐酸反应、坚固程度三方面比较硅质、铁质、钙质和泥质胶结物的性质。

9.简述沉积岩的形成过程。

10.沉积岩区别于岩浆岩和变质岩的重要特征有哪些？为什么？

11.试述解理、层理、片理之间的主要区别。

12.分析变质岩在其矿物成分和结构上有何特性。

13.试述下列岩石之间的区别及联系。

①花岗岩、花岗片麻岩。

②页岩、千枚岩。

③石英砂岩、石英岩。

④石灰岩、大理岩。

⑤片岩、黏土岩。

14.分析三大类岩石在成因上的关系。

15.试述三大类岩石的主要工程地质性质。

模块三　地质构造及区域构造稳定性

【学习目的与要求】

1. 了解地质年代划分；
2. 掌握地层产状要素；
3. 掌握褶皱、断裂构造的分类和相应的工程特点；
4. 掌握地质图的基本组成及识读地质图的方法；
5. 熟悉活动断层的工程地质特性；
6. 熟悉区域构造稳定性分析的流程与方法。

组成地壳的岩石（岩体）在长期构造作用下发生变形与变位，最后遗留下来的各种构造行迹称为地质构造。基本的地质构造有褶皱（背斜、向斜）、裂隙（节理、劈理）、断层（正断层、逆断层）等。其规模可以很大，也可以很小。如大的长达几百公里至上千公里的褶皱、断层破碎带，小的可在手上观看的地质标本。无论规模大小，其都是构造作用造成的永久变形和错位的踪迹。

任务 1　地质年代及地层产状

1. 地质年代

在地球漫长的地质历史长河中，地质作用贯穿了整个地球发展历史。这些地质作用可分为若干个发展阶段，即划分为若干个时间段落，这些时间段落称为地质年代。地质年代的确定方法有相对地质年代法和绝对地质年代法两种。相对地质年代法采用地质事件发生的先后顺序表示地质年代，而绝对地质年代法采用同位素测定地质年代，前一种是地质工作中常用的方法。

1）相对地质年代法

相对地质年代法主要包括地层层序法、生物层序法、岩性对比法，以及地层接触关系法，具体如下。

（1）地层层序法

地层层序法是确定地层相对年代的基本方法。未经过构造运动改造的层状岩层大多为水平岩层。地层为新地层覆盖在上方，而老地层沉积在下方，即上新下老（见图 3-1(a)），这就是地层层序规律的基本内容。

岩层因构造运动而发生倾斜但未倒转时，倾斜面以上的岩层新，倾斜面以下的岩层老（见图 3-1(b)）。

构造运动使岩层层序颠倒称为地层倒转，则老岩层就会覆盖在新岩层之上（见图3-2）。

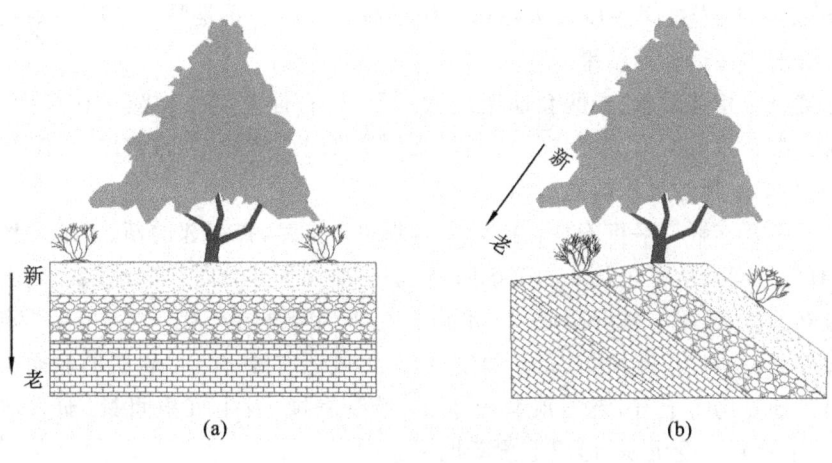

图 3-1　正常层序

(a)水平岩层；(b)倾斜岩层

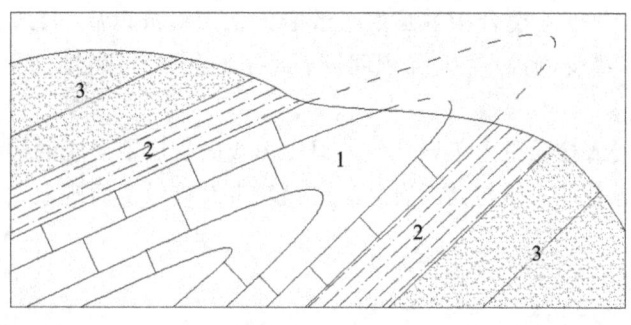

图 3-2　倒转层序

(岩层层序倒转,1、2、3,依次从老到新)

此时就需要仔细研究沉积岩的泥裂、波痕、递变层理、交错层等原生构造来判别岩层顶、底面。

（2）生物层序法

古代生物保存在地层中的遗体和遗迹称为化石。化石的成分随即变为矿物质,但是原来生物骨骼或介壳等硬件部分的形态和内部构造却能在化石里保存下来。在漫长的地质历史中,生物从无到有、从简单到复杂、从低级到高级进行了不可逆的发展演化,所以不同的地质年代的岩层中含有不同类型的化石及其组合。而且在相同地质时期、相同地理环境下形成的地层中,如果原先的海洋和陆地是相通的,则两者含有相同的化石,这就是生物层序法。根据采集到的古生物化石标本,尤其是那些对地质年代有决定意义的标准化石,就可以通过生物层序法确定岩层的地质年代。

（3）岩性对比法

岩性对比法以岩石的组成、结构、构造等岩性方面的特点为对比的基础。一般认为,在一定区域内同一时期、同一地质环境下形成的岩层,其岩性特点基本上是一致的或近似的。因此,可以根据岩性及层序特征对比来确定某一地区岩石地层的时代。

（4）地层接触关系法

岩层的接触关系有沉积岩之间的整合接触、平行不整合接触、角度不整合接触（见图

3-3)以及岩浆岩与围岩之间的侵入接触和沉积接触。接触关系是同一地区在不同地质时期发生不同性质的构造运动的结果。

①整合接触。相邻的新、老两套地层产状一致,岩石性质与生物演化连续而渐变,沉积作用无间断。整合接触的形成背景是岩层较长时期处于构造稳定的条件下,沉积地区缓慢下降,或虽上升但未超过沉积的基准面以上。

②平行不整合接触。平行不整合接触又叫假整合接触,指相邻的新、老地层产状基本相同,但两套地层之间发生了较长期的沉积间断,期间缺失了部分时代的地层。两套地层之间的接触面即剥蚀面,又叫不整合面,它与相邻的上、下两套地层产状一致,并有一定程度的起伏。不整合面上可能保存有风化、剥蚀的痕迹,有时候还有源于下伏岩层的底砾岩。平行不整合主要由于地壳均衡上升,老岩层露出水面,遭受剥蚀,发生沉积间断,随后地壳均衡下降,在剥蚀面上重新接受沉积,形成上覆新地层。

③角度不整合接触。相邻的新、老地层之间缺失了部分地层,且彼此之间的产状也不相同,成角度相交。不整合面上具有明显的风化剥蚀痕迹,且保存着古土风化壳、古土壤层,常具有底砾岩。角度不整合接触是由于较老的地层形成以后,因强烈的构造运动形成褶皱、断裂,并隆起、遭受剥蚀,发生沉积间断,随后地壳下降,剥蚀面上重新沉积,形成新地层。

④侵入接触。侵入接触是由于岩浆侵入原先形成的岩层中形成的接触关系(见图3-4)。侵入接触的主要标志是侵入体与其围岩之间的接触带有接触变质现象。侵入体与围岩的界限常常很不规则。

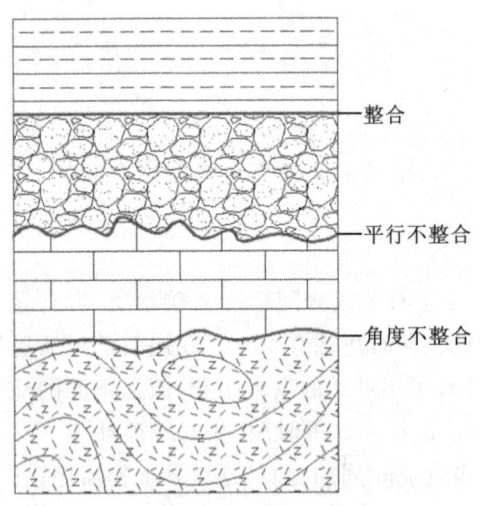

图 3-3　地层接触关系

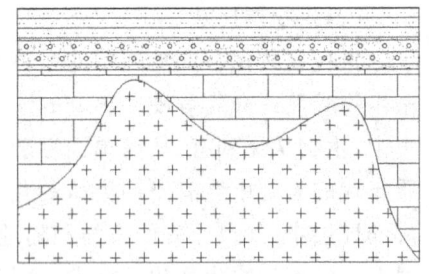

图 3-4　侵入接触

⑤沉积接触。沉积岩覆盖于侵入体之上,其间存在着剥蚀面,剥蚀面上有侵入体被风化剥蚀形成的碎屑物质(见图3-5)。沉积接触的形成过程是当侵入体形成后,地壳上升并遭受剥蚀,形成剥蚀面,然后地壳下降,在剥蚀面上接受沉积,形成新的地层。

2)绝对地质年代法

绝对地质年代法也叫作同位素地质年龄测定法。岩石形成开始,岩体中的放射性同位素就以固定的衰变系数衰变为稳定同位素,故岩石的地质年龄即为同位素地质年龄。同位

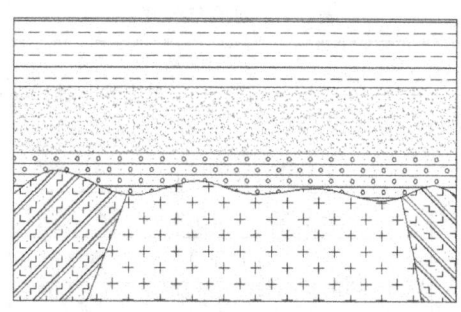

图 3-5　沉积接触

素地质年龄可以根据岩石中放射性同位素蜕变后剩余的母体同位素含量(N)和蜕变而成的子体同位素含量(D),以及固定衰变常数(λ)进行测定,具体计算公式如下所示。

$$t = \frac{1}{\lambda}\ln(1 + \frac{D}{N}) \tag{3-1}$$

式中　t——同位素地质年龄,a;

　　　N——母体同位素含量,%;

　　　D——子体同位素含量,%;

　　　λ——固定衰变常数。

根据式(3-1)可以计算出从矿物形成到现在的实际年龄,即代表岩石的绝对年代。

通常用来测定地质年代的放射性同位素有:钾-氩、铷-锶、铀-铅和碳-14 等。其中碳-14专用于测定最新地质事件和大部分考古资料的年代。

3)地质年代表

在地壳漫长的演化过程中,地质环境和生物种类经历了多次巨变,不同的地质时代形成不同的地层,故地层是各地质时代地壳变化的真实记录。通过对各地区地层的划分和对比以及对各种岩石进行同位素年龄测定,根据年代先后进行系统性的编年,列出了地质年代表(见表 3-1)。其内容包括地质年代单位、名称、代号和绝对年龄值等。

地质年代使用不同级别的地质年代单位和年代地层单位。地质年代单位有宙、代、纪、世,与其对应的年代地层单位为宇、界、系、统。宙为最大的地质年代单位,地质年代可划分为隐生宙、显生宙两大阶段,其中隐生宙为距今 6 亿年以前仅有原始菌藻类出现的时代,之后为生命大发展和繁荣的显生宙。宙以下的单位为代,隐生宙分为太古代和元古代,显生宙分为古生代、中生代和新生代,代对应的岩石地层单位为界。代之后的单位为纪,古生代分为六个纪,中生代分为三个纪,新生代分为两个纪。在纪的时间段内生成的年代地层单位为系。最后的年代单位为世,一般一个纪分为两到三个世,称为早世、中世、晚世或早世与晚世,并在纪的代号右下角分别用 1、2、3 或 1、2 表示。比较特殊的是新生代划分为七个世。与世相应的地质年代地层单位为统,它们相应地称为下统、中统和上统。

各个代、纪延续时间不一,总趋势是年代越老延续时间越长,年代越新延续时间越短;年代越新保留下来的地质事件记录越全,划分越细;同时,年代越新,生物进化速度越快,其地质演化速度也越快。

表 3-1　地质年代表

相对年代				同位素年龄(Ma)	生物		地壳运动
宙(宇)	代(界)	纪(系)	世(统)		植物	动物	
显生宙(宇)	新生代(界)Kz	第四纪(系)Q	全新世	0.012	被子植物	哺乳动物	喜马拉雅运动
			更新世	1.64(2.48)			
		第三纪(系)R	上新世（晚第三纪(系)N）	5.3			
			中新世	23.3(25)			
			渐新世（早第三纪(系)E）	36.5			
			始新世	53			
			古新世	65			
	中生代(界)Mz	白垩纪(系)K	晚(上)	135(140)	裸子植物	爬行动物(恐龙)	燕山运动
			早(下)				
		侏罗纪(系)J	晚(上)	208(195)			
			中(中)				
			早(下)				
		三叠纪(系)T	晚(上)	250(230)		爬行动物	
			中(中)				
			早(下)				
	古生代(界)	晚古生代(界)Pz₃／二叠纪(系)P	晚(上)	290(280)	孢子植物		海西运动
			早(下)				
		石炭纪(系)C	晚(上)	362(355)		两栖动物	
			早(下)			鱼类	
		中古生代(界)Pz₂／泥盆纪(系)D	晚(上)	409(410)			
			中(中)				
			早(下)				
		志留纪(系)S	晚(上)	439(440)		无脊椎动物	加里东运动
			中(中)				
			早(下)				
		早古生代(界)Pz₁／奥陶纪(系)O	晚(上)	510(500)			
			中(中)		藻类		
			早(下)				
		寒武纪(系)∈	晚(上)	570(600)			
			中(中)				
			早(下)				

续表

相 对 年 代				同位素年龄(Ma)	生物		地壳运动
宙(宇)	代(界)	纪(系)	世(统)		植物	动物	
隐生宙(宇)	元古代(Pt)	震旦纪(系)Z	泰山	800		菌藻类	吕梁运动
			晚(上)	2 500			
	太古代(Ar)						五台运动

2. 地层产状

由地壳运动形成的地质构造,无论其形态多么复杂,它们总是由一定数量和一定空间位置的岩层或岩石中的破裂面构成的。因此,研究地质构造的一个基本内容就是确定这些岩层及破裂面的空间位置以及它们在地面上表现的特点。

1)岩层的产状

岩层的产状是指岩层的空间位置,它是研究地质构造的基础。产状用走向、倾向和倾角来表示,三者称为产状的要素(见图 3-6)。

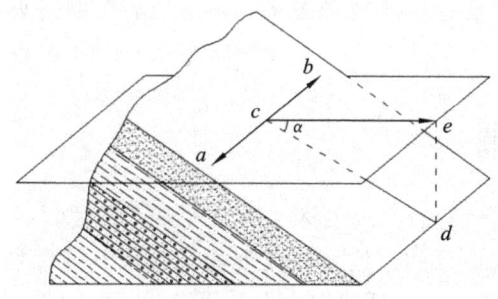

图 3-6　岩层的产状要素

ab—走向;*cd*—倾斜线;*ce*—倾向;*α*—倾角

(1)走向

走向指层面与水平面交线的延伸方向。走向线就是层面上的水平线,走向线与地理子午线间所夹的方位角就是走向方位角。岩层的走向用走向线的方位角表示。同一岩层的走向有两个值,相差 180°。

(2)倾向

倾向指岩层倾斜的方向。层面上与走向垂直并指向下方的直线称为倾斜线,它的水平投影所指的方向即为倾向。倾向方位角与走向方位角相差 90°。

(3)倾角

倾角是倾斜线与其在水平面上的投影线间的夹角,也就是层面与假想水平面的最大夹角。沿倾向方向测量的倾角,称为真倾角;在不垂直岩层走向线的任何方向上测量的倾角,叫视倾角。视倾角总是小于真倾角。

岩层的产状要素可以用地质罗盘进行测量。在野外记录或报告中,岩层产状三要素表示方法如下。

①方位角表示法:只记倾向和倾角,如 200°∠30°。

②象限角表示法:记录走向/倾向(象限)、倾角,如 330°/WS∠30°。

2)水平岩层、倾斜岩层和直立岩层

由于形成岩层的地质作用、形成时的环境和形成后的构造运动的不同,岩层在地壳中的空间方位也各不一样,主要有水平、倾斜和直立三种基本情况。

(1)水平岩层

一个地区出露的水平或近似水平的岩层称为水平岩层。一般认为沉积岩的原始产状都是接近水平的(倾角小于 5°)。水平岩层多局限于受构造运动影响比较轻微的地区,或只发生了大面积地块均衡上升或下降的地区。对于水平岩层,一般岩层时代越老,出露位置越低、越新,则分布的位置越高。

(2)倾斜岩层

除了某些原始倾斜岩层外,绝大多数倾斜岩层都是由于构造运动使原来的水平岩层发生倾斜的结果。如果在一定地区内一套岩层的倾斜方向和倾角基本一致,则称为单斜岩层。倾斜岩层在大范围内,常常是褶皱的一翼或断层的一盘。岩层顺序正常时,地面出露的顺序为顺倾斜方向由老到新变化。如果地层顺序是倒转的,则地层出露的新老次序与上述情况相反。

(3)直立岩层

岩层层面与水平面相垂直时,称为直立岩层。直立岩层的露头宽度与岩层厚度相等,与地形特质无关。

任务 2 褶皱构造

在构造作用下地层发生弯曲的现象称为褶皱现象。褶皱的一个弯曲叫作褶曲,是褶皱的基本单位。使岩层形成一系列连续弯曲变形而未丧失其连续性的构造,称为褶皱构造。褶皱规模大小悬殊,巨大的褶皱可延伸数十至数百公里,而小的褶皱在标本上即可见到,具体如图 3-7 所示。

(a)   (b)

图 3-7 褶皱构造示意图

(a)大型褶皱构造;(b)小型褶皱构造

1.褶皱的基本类型

褶皱的基本类型有两种,分别是背斜和向斜,如图 3-8 所示。

（1）背斜

岩层向上弯曲,中心向两侧倾斜,其中心部位岩层相对较老,两翼岩层较新。其在地面的出露特征是从中心到两侧岩层由老到新对称重复出现。

（2）向斜

岩层向下弯曲,两侧向中心倾斜,其中心部位岩层相对较新,两翼岩层相对较老。其在地面的出露特征是从中心到两侧岩层由新到老对称重复出现。

2. 褶皱要素

褶皱的各部分组成,称为褶皱要素。为了正确地描述和研究褶皱,必须弄清褶皱各个组成部分及其相互关系。主要褶皱要素如图 3-9 所示。

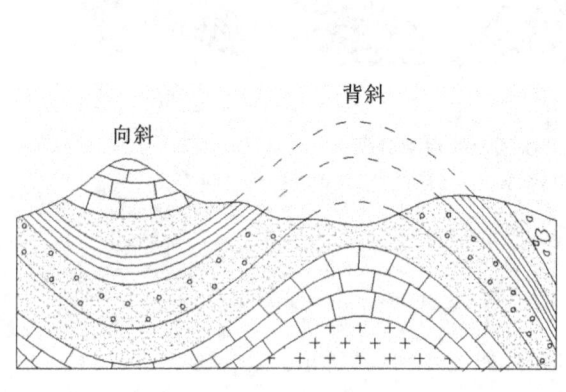

图 3-8 背斜和向斜

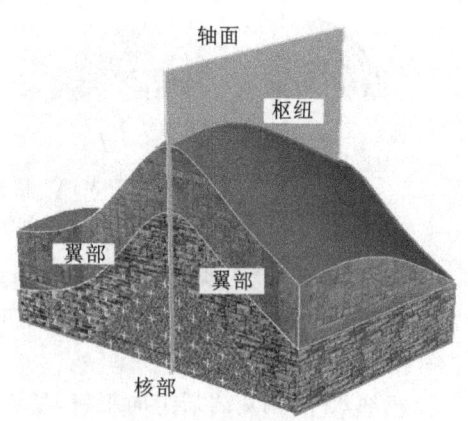

图 3-9 褶皱要素示意图

（1）核部

核部是褶皱的中心部位。风化剥蚀后,出露在地面的褶皱中心部分地层称为核。

（2）翼部

翼部为褶皱核部两侧地层。

（3）轴面

轴面将褶皱分为两部分假想面。其可以为平面,也可以为曲面。其产状随着褶曲的形态变化而变化,可以是直立的,也可以是倾斜的或平卧的。

（4）枢纽

轴面与岩层面的交线称为枢纽,其可以为直线,也可以为曲线;可以为水平线,也可以为倾斜线。

3. 褶皱的形态

褶皱具有不同的形态,为了便于描述和研究,可以从不同角度进行分类。

1）按轴面产状分类

褶皱根据轴面产状可以分为以下几类。

（1）直立褶皱

轴面直立,两翼岩层倾向相反,倾角大致相等,为典型的对称褶皱,如图 3-10(a)所示。

（2）倾斜褶皱

轴面倾斜,两翼岩层倾向相反,倾角不相等。轴面与褶皱平缓,两翼倾向相同,如图 3-10(b)所示。

（3）倒转褶皱

轴面倾斜，两翼岩层倾向相同，倾角不相等，其中一翼岩层层序正常，另一翼岩层层序倒转。若倾角大小相等，则为同斜褶皱，如图 3-10(c)所示。

（4）平卧褶皱

轴面近似于平面，一翼伏于另一翼上，故有上、下翼之分。下翼岩层层序倒转，如图 3-10(d)所示。

（5）翻卷褶皱

轴面为曲面的平卧褶皱，如图 3-10(e)所示。

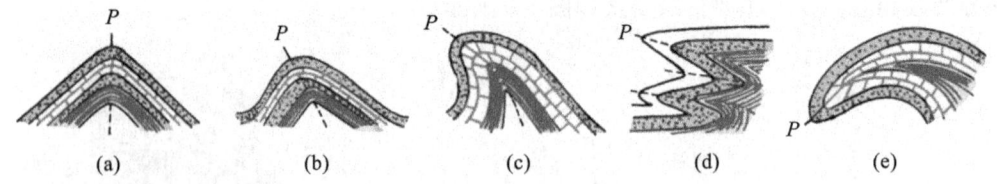

（a）　　　　（b）　　　　（c）　　　　（d）　　　　（e）

图 3-10　根据轴面产状划分的褶皱类型

（a）直立褶皱；（b）倾斜褶皱；（c）倒转褶皱；（d）平卧褶皱；（e）翻卷褶皱

2）按枢纽产状分类

褶皱根据枢纽产状可以分为以下两类。

（1）水平褶皱

枢纽水平，两翼岩层走向平行，呈不封闭状态，如图 3-11(a)所示。

（2）倾伏褶皱

枢纽倾伏，两翼岩层走向不平行，逐渐汇合形成弧形转折端。对背斜而言，弧形的尖端指向枢纽倾伏方向；对向斜而言，弧形的开口方向指向枢纽倾伏方向，如图 3-11(b)所示。

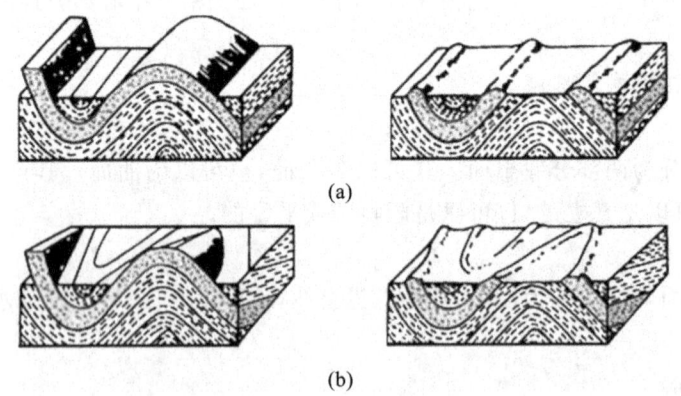

(a)

(b)

图 3-11　根据枢纽产状划分的褶皱类型

（a）水平褶皱；（b）倾伏褶皱

4. 褶皱的野外识别

一般情况下，人们常认为背斜为山，向斜为谷，但实际情况远比这复杂得多。背斜长期遭受剥蚀，不但可以逐渐被夷为平地，而且往往由于背斜轴部的岩层遭到构造作用的强烈破坏，在一定的外力条件下，甚至可以发展成谷地。所以向斜山与背斜谷的情况，在野外也比较常见。因此，不能完全以地形的起伏情况作为识别褶皱构造的主要标志。

褶皱的规模有大有小。小型的褶皱可以在小范围内，通过几个出露在地面的基岩露头进行观察。规模大的褶皱，一则分布范围大，二则常受到地形高低起伏的影响，既难一览无余，也不可能通过少数几个露头就能窥其全貌。对于大型褶皱构造，野外需要采用穿越法和追索法进行观察。

（1）穿越法

穿越法就是沿着选定的调查路线，垂直岩层走向进行观察。用穿越的方法，便于了解岩层的产状、层序及其新老关系。如果在路线通过地带的岩层呈有规律的重复出现，则必为褶皱构造。再根据岩层出露的层序及其新老关系，判断是背斜还是向斜。然后进一步分析两翼岩层的产状和两翼与轴面之间的关系，这样就可以判断褶皱的形态类型。

（2）追索法

追索法就是沿平行岩层走向进行观察的方法。平行岩层走向进行追索观察，便于查明褶皱延伸的方向及其构造变化的情况。当两翼岩层在平面上彼此平行展布时，为水平褶皱；如果两翼岩层在转折端闭合或呈"S"型弯曲时，则为倾伏褶皱。

穿越法和追索法，不仅是野外观察褶皱的主要方法，同时也是野外观察和研究其他地质构造现象的基本方法。在实践中一般以穿越法为主，追索法为辅，根据不同情况，两者穿插运用。

5.褶皱构造的工程地质评价

褶皱构造对工程建筑有以下两方面的影响。

①褶皱的核部是岩层剧烈变化的部位，其岩石破碎、裂隙发育，岩体完整性差，对工程施工和供水影响巨大。例如，由于构造作用，褶皱核部岩石破碎风化严重，施工过程中极易坍塌；同时褶皱裂隙发育，遇地下水时，地下水在向斜处汇集流通，因此，向斜在施工时应注意漏水、涌水问题。而背斜地下水向两侧流失，会造成供水困难。

②褶皱的翼部以倾斜岩层为主，在褶皱翼部布置时，应注意岩层的产状。若边坡走向、倾向与岩层一致，则当岩层倾角小于边坡坡角时，易发生顺层滑动；若边坡走向与岩层走向呈40°角，而且倾向与岩层相反，或倾向相同但岩层倾角大于边坡坡角，则对边坡稳定性有利。

任务 3　断裂构造

构成地壳的岩体，受构造应力作用发生变形，当变形达到一定程度后，岩体的连续性和完整性遭到破坏，产生各种大小不一的断裂，称为断裂构造。断裂构造常成群分布，形成断裂带。根据断裂两侧岩块沿断裂面有无明显位移，断裂构造分为两大类：节理和断层。

1.节理

岩石中沿破裂面没有明显位移的裂缝称为节理，也称裂隙。节理分布广泛，长度相差较大，细微节理肉眼不可见，一般节理长度为几十厘米至几米，长的可延伸至几百米，甚至上千米。节理面的张开程度不一，有的闭合，有的张开。节理面可以是平坦光滑的，也可以是粗糙的。

节理的空间位置采用走向、倾向、倾角三要素来表示。节理常常有规律、成群地出现。成因相同且相互平行的节理称为节理组，成因有联系的几个节理组构成节理系。

1）节理的类型

按照节理的成因分，节理包括原生节理、构造节理和次生节理。

（1）原生节理

原生节理指岩石形成过程中所产生的节理,如火山熔岩冷凝收缩的柱状节理,沉积岩中的泥裂等。

（2）构造节理

构造节理分布较为广泛,具有明显的方向性和规律性,是岩层中的破裂结构面,对地下水活动和工程建筑影响很大。构造节理又分为张节理和剪节理(见图 3-12)。

①张节理:张拉应力作用下形成的裂缝。其特点为:裂口张开,呈上宽下窄的楔形;节理面粗糙,产状不稳定,无滑动擦痕和摩擦镜面;多发育在脆性岩石,尤其在褶皱转折处拉应力集中的位置;节理稀疏,间距大;在砾岩或砂岩中发育的张节理常常绕过砾石、结核或粗砂粒,张裂面明显凹凸不平或弯曲。

②剪节理:由剪应力作用形成的裂缝,常常成对出现,因此又称为共轭剪节理(见图 3-13)。其特点为:节理方向与最大剪应力方向一致,共轭剪节理的交线与中间主应力平行,两面节理面交角等分线常与最大主应力平行;节理面光滑,有滑动擦痕和摩擦镜面;节理面产状稳定,其倾向、走向延伸较远;在砾岩和粗砂岩中,剪节理能较平整地切割砾石和粗砂碎屑。

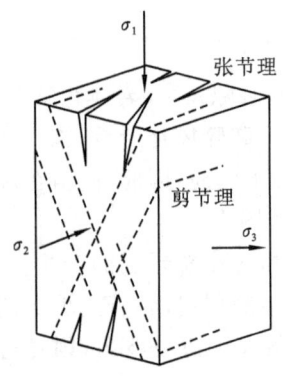

图 3-12 剪节理(虚线)、张节理与主应力之间的关系

图 3-13 共轭剪节理野外示意图

（3）次生节理

次生节理指岩石形成后产生的节理。次生节理又可以分为非构造节理和构造节理两类。非构造节理指因风化作用、崩塌、滑坡、冰川以及人为因素等外力作用形成的裂缝;构造节理为受构造运动作用产生的节理,常与褶皱、断层相伴出现,并在成因上有一定联系。

根据节理与所在岩层或其他构造的几何关系,节理可以分为如下几类。

（1）按节理与岩层产状的关系分类(见图 3-14)

①走向节理:节理延伸方向大致与岩层走向平行。

②倾向节理:节理延伸方向大致与岩层走向垂直。

③斜交节理:节理延伸方向与岩层走向斜交。

④顺层节理:节理面与岩层面平行。

（2）按节理与褶皱轴的关系分类(见图 3-15)

①纵节理:节理走向与褶皱轴向平行。

②横节理:节理走向与褶皱轴向直交。

③斜节理:节理走向与褶皱轴向斜交。

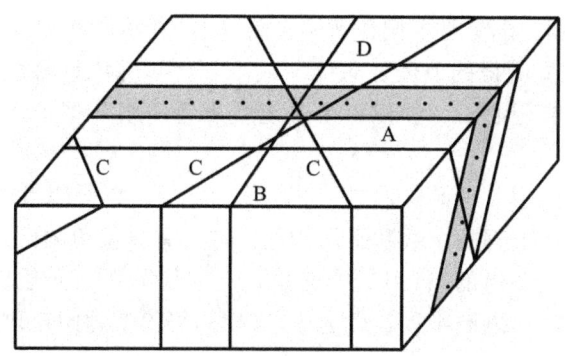

图 3-14　按节理与岩层产状的关系分类
A—走向节理；B—倾向节理；C—斜交节理；D—顺层节理

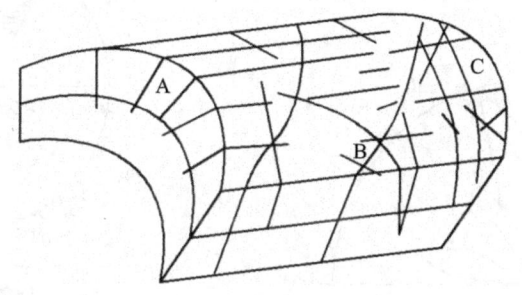

图 3-15　按节理与褶皱轴的关系分类
A—纵节理；B—横节理；C—斜节理

2)节理的观测与统计

为弄清工程场地节理的分布规律及其对工程岩体稳定性的影响,在进行工程勘察时,都要对节理裂隙进行详细现场调查和室内资料整理工作,并用统计玫瑰图的形式把岩体裂隙分布情况表示出来。

(1)节理观测内容

①观察地层岩性及地质构造,测量地层产状以及测点所在构造部位。观察点数目依据地质构造复杂程度而定。

②观察节理性质及发育规律,首先区别非构造与构造节理,然后区分其力学性质是张节理还是剪节理。

③测量与登记,包括测量节理的产状、粗糙度、节理线密度,观察节理充填物和节理含水状态、裂隙张开程度以及节理持续性。节理粗糙度一般有平直、波状、阶梯状三种形态,并进一步有光滑、平滑、粗糙三种分级。节理线密度为垂直节理走向 1 m 距离内节理的数目,线密度的倒数为节理的平均间距,二者都是评价岩体质量的重要指标。节理的充填物一般有泥土、方解石脉、石英脉。除泥土外,其余充填物一般对节理裂隙起胶结作用,有利于节理的稳定。而泥土遇水软化起润滑作用,不利于岩体稳定。同时还应观察、统计节理的含水状态(干、湿、滴水、流水)和裂隙张开程度,后者对估计地下水涌水量非常重要。节理持续性指节理裂隙的延伸程度,分为差(小于 1 m)、一般(1~3 m)、中等(3~10 m)、好(10~30 m)、很好(大于 30 m)。节理持续性越好,对工程越有利。

(2)节理资料统计整理

节理资料统计整理常用的方法是制作节理玫瑰图,节理玫瑰图主要有两类。

①节理走向玫瑰图:用节理走向编制,如图 3-16 所示。在一半圆上分画 0°～90°和 270°～360°的方位。把所测得的节理走向按 5°或 10°分组,并统计每组节理的个数和平均走向。按各组平均走向,自圆心沿半径以一定长度代表每一组节理个数,然后用折线相连,即可得到走向玫瑰图。

②节理倾向玫瑰图:用节理倾向编制,如图 3-17 所示。把所测得的节理倾向按 5°或 10°间隔进行分组,统计每组节理的个数和平均倾向。在注有方位角的圆周上,以节理个数为半径,按各组平均倾向定出各组的点,用折线连接各点即得节理倾向玫瑰图。同理,对各组资料的平均倾向和倾角作图,以圆半径长度为平均倾角,可得节理倾角玫瑰图。

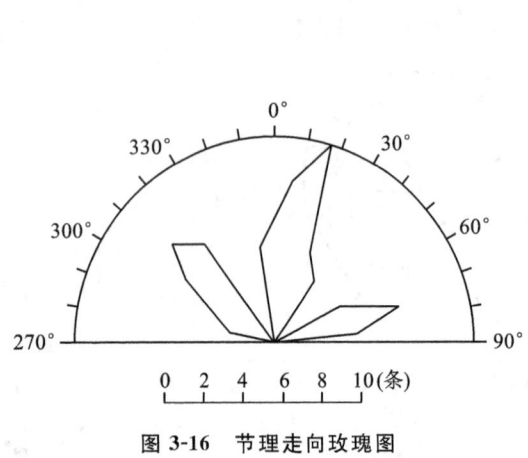

图 3-16 节理走向玫瑰图

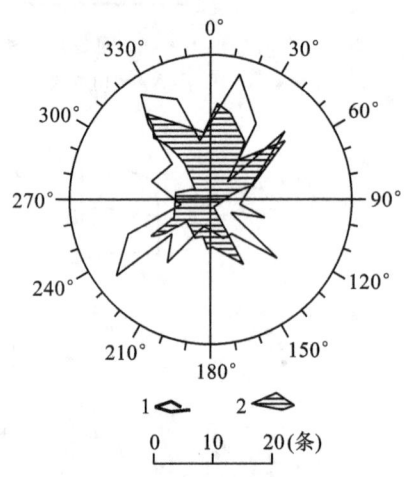

图 3-17 节理倾向、倾角玫瑰图
1—倾向玫瑰图;2—倾角玫瑰图

3)节理的工程地质评价

节理破坏了岩石的完整性,给风化作用创造了有利条件,加快了岩石的风化速度。节理降低了岩石强度、地基承载力、稳定性。当裂隙主要发育方向与路线走向平行,倾向与边坡一致时,不论岩体的走向如何,路堑边坡都容易发生崩塌等不稳定现象。节理的存在有利于挖方采石,但影响爆破作业的效果。节理是地下水良好的通道,能加快可溶岩的溶蚀,对工程不利,会在施工中造成涌水,节理发育的岩层是良好的供水水源点。

2. 断层

破裂面两侧发生明显位移的断裂构造称为断层。断层的形态和类型多样,规模有大有小。断层破坏了岩体的连续完整性,它不仅对岩体的稳定性和渗透性、地震活动和区域稳定性有着重要的影响,而且还是地下水运动的良好通道和汇集场所。在规模较大的断层附近或断层发育地区,常存在丰富的地下水。

1)断层的几何要素

断层的组成部分称为断层要素(见图 3-18),断层要素包括断层面及断层破碎带、断层线、断层盘和滑距及断距等。

(1)断层面及断层破碎带

将岩体断开,或岩块沿着其滑动的破裂面称为断层面。断层面是一种面状构造,和岩层产状一样,其产状也用走向、倾向和倾角来表示。规模较大的断层面常由一系列断裂面和次级破裂面组成,称为断层破碎带。一般断层规模越大,形成的断层破碎带越宽。

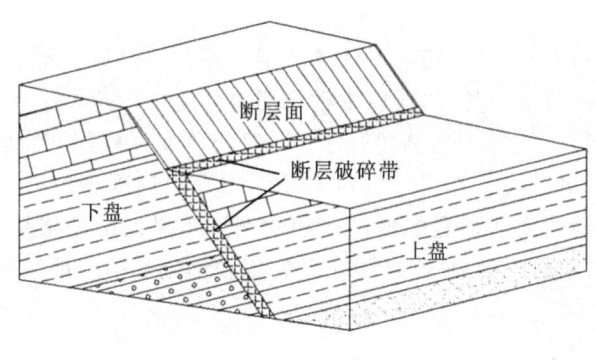

图 3-18 断层要素

（2）断层线

断层面与地面的交线叫作断层线，它是断层面在地表的出露线。和岩层的地质界线一样，断层线的形态受地形、断层面产状的影响。

（3）断层盘

断层盘是指在断层面两侧沿断层面发生明显位移的岩块。断层盘有上、下盘之分。如果断层面是倾斜的，则位于断层面上侧的一盘为断层的上盘，位于断层面下侧的一盘为断层的下盘。如果断层面是直立的，则可按断盘相对于断层线的方位来描述，如北东盘、南西盘、东盘、西盘等，无上、下盘之分。

（4）滑距及断距

断层两盘的实际位移距离叫作滑距。断层错动前的同一岩层称为相当层，断层发生后，相当层沿断层面移动的距离称断距。不同方位剖面上的断距值不同。

2）断层的类型

断层的分类方法较多，根据断层两盘的相对位移的关系特点（见图 3-19），可分为以下三种类型。

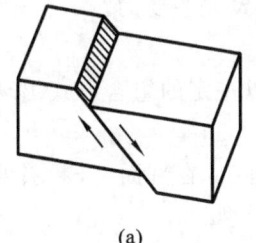 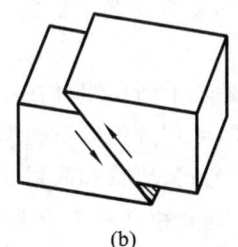 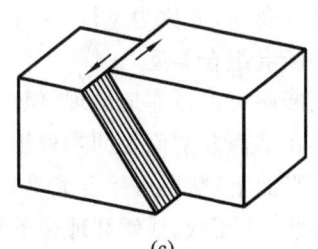

(a)　　　　　　　　　　(b)　　　　　　　　　　(c)

图 3-19 按断层两盘相对位移划分的断层

(a)正断层；(b)逆断层；(c)平移断层（箭头代表滑动方向）

（1）正断层

正断层为上盘相对下降、下盘相对上升的断层。正断层在水平张力作用或重力作用下形成，一般断层面倾角较陡，往往大于 45°。同时研究表明，某些断层面陡立的大型正断层，随着深度逐渐变缓。在地壳受水平张力作用的地区，伸展构造发育。正断层向深处变缓呈梨状。若干个高角度正断层在深处合成一个规模巨大的低角度正断层，最后由于断层滑动造成上部浅层的新地层以断层形式直接覆盖在深层古老岩层上，这种断层称为剥离断层，它是一种延伸构造。

(2)逆断层

逆断层为上盘相对上升、下盘相对下降的断层。逆断层一般在水平挤压力作用下形成，由于其形成的力学条件与褶皱类似，所以常常与褶皱伴生。倾角大于 45°的逆断层称为高角度逆断层，常与正断层发育在一起；倾角小于 45°的低角度逆断层，称为逆冲断层或逆掩断层。规模巨大，同时上盘沿波状起伏的低角度断层面发生远距离推移，此时称为推覆构造。推覆构造通常出现在地壳活动强烈的地区。如欧洲阿尔卑斯山的格拉鲁斯推覆构造，其上盘推覆距离达 40 km，四川彭县地区(见图 3-20)，以及河南嵩山等地区都有推覆构造。

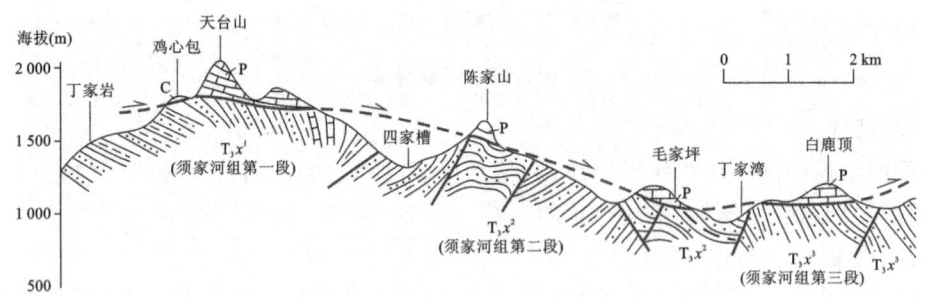

图 3-20　四川彭县逆冲的推覆构造

(3)平移断层

平移断层的两盘沿断层面走向方向发生水平位移。平移断层的倾角较陡，近于直立。平移断层根据断层两盘相对位移方向，又可进一步划分为右行(右旋)、左行(左旋)。

大型平移断层称为走滑断层，其规模巨大，延伸长达数百千米甚至数千千米。如北美西部圣安德列斯走滑断层，延伸约 2 000 km，右行平移距离 500 km，从白垩纪至今仍在活动，是世界著名的断层活动带。

断层两盘相对移动并非单一向上、向下或者沿水平方向进行，而是经常出现沿断层面做斜向滑动。这时断层兼具正、逆、平移断层的性质。斜向滑动断层根据位移特点分出主次，采取复合命名，如称为左行-逆-平移断层，复合命名中最后一种运动是主要的。

3)断层组合类型

正断层可以孤立地出现，但更多的是若干断层组合在一起，以一定的组合形式出现。按照断层在平面和剖面上的排列组合形式，可划分为以下类型。

在平面上，断层可组合成平行式、斜列式、环状和放射状等形式。在剖面上，断层可组合成阶梯状、叠瓦状、地堑和地垒等形式。现介绍几种主要的组合类型。

(1)阶梯状断层

由若干产状基本一致的正断层组成，各断层的上盘依次向同一方向断落，在剖面上看作阶梯状的断层组合形态，叫作阶梯状断层(见图 3-21)。

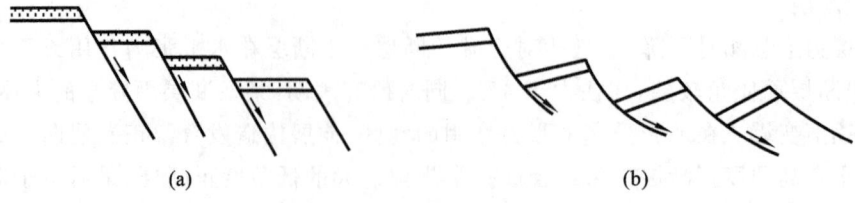

(a)　　　　　　　　　　　　　(b)

图 3-21　阶梯状断层

（2）地堑和地垒

①地堑。地堑主要由两条走向基本一致的相向倾斜的正断层构成,两条断层之间有一个共同的下降盘,如图 3-22(a)所示。构成大中型地堑边界的正断层往往不只是一条单一的断层,而是由数条产状相似的正断层组成一个同向倾斜的阶梯式断层系列。多数地堑是由正断层组成的,但也有少数地堑是由逆断层,甚至逆冲断层组成的。巨型地堑系应属裂谷,它常控制着沉积盆地的发育(如华南地区的一些第三纪红色盆地),有的还是板块间的分界线,是板块扩张的发源地。

②地垒。地垒主要由两条走向基本一致、倾斜方向相反的正断层构成,两条正断层之间有一个共同的上升盘,如图 3-22(b)所示。组成地垒两侧的正断层可以单条产出,也可由数条产状相似的正断层组成,形成两个依次向两侧断落的阶梯状断层带。

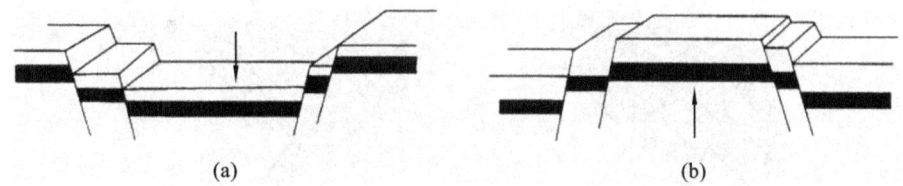

图 3-22　地堑和地垒

(a)地堑;(b)地垒

（3）叠瓦状构造

叠瓦状构造主要由一系列大致平行的逆断层组成,且这些逆断层倾向相同。一般是老岩层依次冲压新岩层构成,各断层上盘依次逆冲形成如瓦片般的叠覆,如图 3-23 所示。叠瓦状构造中各断层面的倾角向下变缓,在深处有时形成一个主干大断层。

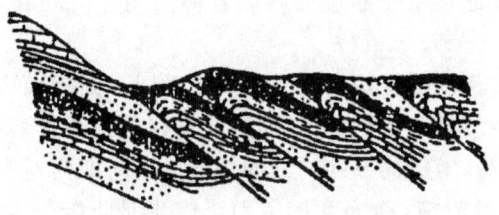

图 3-23　叠瓦状构造

4)断层的野外识别标志

自然界中的大部分断层,由于受到剥蚀破坏和覆盖作用,在地表出露得不明显。因此,需要根据地层、构造等直接证据和地貌、水文等方面的间接证据来判断断层及断层的类型。

（1）构造线和地质体的不连续

任何线状或面状的地质体,如地层、岩脉、岩体、变质岩的相带、不整合面、侵入体与围岩的接触界面、褶皱的枢纽及早期形成的断层等,在平面或剖面上的突然中断、错开等现象,是判断断层存在的一个重要标志。如图 3-24 所示,断层横切岩层走向时,岩层沿走向突然中断。又由于该断层横切褶皱,导致核部地层的宽度变化,背斜核部相对变窄的为下降盘,而向斜核部相对变窄的为上升盘。

（2）地层的重复与缺失

在层状岩石分布地区,沿岩层的倾向,原来层序连续的地层发生不对称的重复或是某些层位缺失现象,一般是由倾向正(逆)断层造成的,如图 3-25 所示。

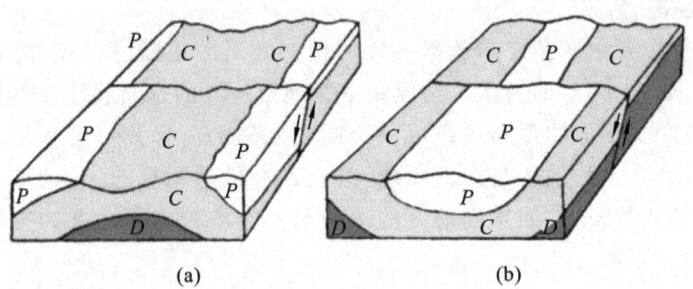

图 3-24 断层横切褶皱核部立体示意图

(a)背斜核部下降变窄；(b)向斜核部下降变宽

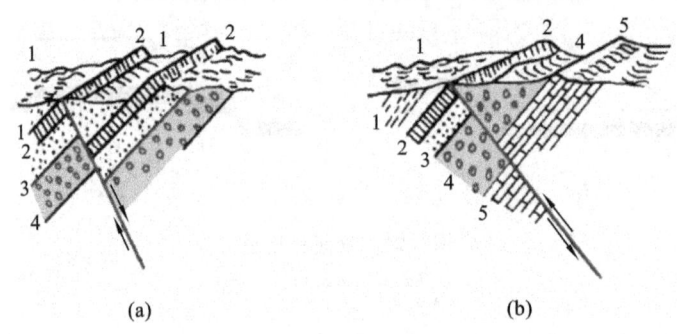

图 3-25 断层引起的地层重复和缺失

(a)正断层岩层重复；(b)逆断层岩层缺失

(3)断层面(带)的构造特征

断层面(带)的构造特征指由于断层面两侧岩块的相互滑动和摩擦,在断层面上及其附近留下的各种证据。

①擦痕和阶步。两者都是断层两盘岩块相对错动时在断层面因摩擦和碎屑刻画而留下的痕迹。擦痕常表现为一组彼此平行且比较均匀、细密的相间排列的脊和槽,有时可见擦痕一端粗而深,另一端细而浅,由粗的一端向细的一端的指向即为对盘的运动方向。在硬而脆的岩石中,有的摩擦面光滑如镜,称为摩擦镜面。阶步是指断层面上与擦痕垂直的微小陡坡,在平行运动方向的剖面上,其形状特征呈不对称波状,陡坡倾斜方向指示对盘错动方向。

②牵引构造。牵引构造是指断层两盘沿断层面做相对滑动时,断层附近的岩层因受到断层面摩擦力的拖曳而产生的弧形弯曲现象。岩石弧形弯曲突出的方向大体指示本盘错动方向,如图 3-26 所示。

图 3-26 牵引构造和两盘运动方向

③构造透镜体。构造透镜体是指断层带中生长发育规模不等,并呈一定方向排列的透镜状岩块。部分构造透镜体是由于断层形成时的挤压作用所产生的共轭剪节理把岩石切割

成菱形岩块,再进一步挤压研磨而成的。

④断层岩。断层岩是断层带中因断层动力作用被破碎、研磨,有时甚至发生重结晶作用而形成的岩石。断层岩主要有断层角砾岩、碎裂岩及糜棱岩等。

(4)地貌及其他标志

断层的断距较大时,上升盘的前缘所形成的陡立峭壁称为断层崖。断层崖遭受与崖面垂直的水流侵蚀切割后,可形成一系列的三角形陡崖,叫作断层三角面。断层的存在常常控制和影响水系的发育,并可引起河流遇断层面而急剧改向。温泉和冷泉呈带状分布往往也是断层存在的标志。线状分布小型侵入体也常反映断层的存在。

5)断层的工程地质评价

断裂构造是影响岩体稳定性的重要因素。断裂构造的存在,破坏了岩体的完整性,加速了风化作用、地下水的活动及岩溶发育,从而在以下几个方面对工程建筑产生影响。

①降低了地基岩体的强度和稳定性。断层破碎带强度低,压缩性大,建于其上的建筑物容易因为地基的承载能力不足、变形较大而发生断裂或倾斜。工程建设应尽量避开断裂破碎带。

②跨越断层构造带的建筑物,由于断裂带及其上、下两盘的岩性均有可能不同,易产生不均匀沉降。

③隧道通过断层破碎带时,容易引发坍塌。当隧道必须要通过断层时,应垂直断层走向穿越,并且做好支护和加固措施。

任务 4 地质图

地质图是指用一定的符号、色谱与花纹将某一地区的各种地质体(如地层、岩体、地质构造单元、矿床等)与地质现象按一定比例尺综合概括地投影到地形图上的一种图件。它反映该地区各种地质体与地质现象的形态、产状、规模、时代及其分布和相互关系,是工程实践中需要搜索和研究的一项重要地质资料。

1. 地质图的类型

地质图的种类有很多。除普通地质图(反映一个地区的地层、岩性与地质构造条件的图件,简称地质图)外,还有专门地质图,用来反映某一方面的地质现象,如第四纪地质图、水文地质图、工程地质图、地震地质图、矿产图、矿区地质图等。

一幅完整的地质图应包括地质平面图、地质剖面图和地层柱状图。

1)地质平面图

地质平面图是全面反应地表地质条件的图件,是最基本的图件。反应地表地质现象,是通过野外地质勘测工作,直接在地形图上绘制而成的。平面图中应标记出图名、图例、比例尺、编制单位和编制日期等。

2)地质剖面图

正规地质图常附有一幅或几幅切过图区主要构造的剖面图,置于地质图的下方。在地质图上应该标注切图位置,用细线标出,两端注上剖面代号。剖面图所用的地层符号、色谱与地质图一致,且图例可以省去。剖面图的比例尺与地质图的比例尺一致,附在地质图下方的剖面图可不标明水平比例尺,但应标明垂直比例尺(线条法)。图切剖面可选比本区最低点更低的某一标高作为基线,然后以基线为起点在竖直线上注明各高程数。若比例尺有变,则必须标明。

在剖面图的两端同一高度标明剖面方位。剖面所经过的山岭、河流、城镇等应标注在剖面图的上面。剖面图布置时，北端、西端、北西、南西在左边；南端、东端、北东、南东在右边。若剖面图为单独绘制，则应标明图名、比例尺、图例等。

3）地层柱状图

区域地质图或地质报告中常附有工作区的地层综合柱状图。地层柱状图可以附在地质图的左边，也可单独绘制。比例尺根据反映地层的详细程度的要求与地层总厚度而定。综合地层柱状图是按工作区所有出露地层的新老叠置关系恢复成水平状态切出的一个具有代表性的柱子。在柱状图中表示出各地层单位、厚度、时代及各地层间的接触关系等。

地质平面图、剖面图及地层柱状图中的符号、花纹、色谱等均应一致。

2. 地质图的规格

地质图应该有图名、比例尺、图例与责任表（包括编图单位及人员、编图日期与资料来源）等。

1）图名

图名表明图幅所在地区与图的类型。一般采用图区内主要城镇、居民点或主要山岭、河流等来命名。对于比例尺大、图幅小、地名小的地质图，则要在地名前加上所属的省（自治区）、市或县名。

图名要用端正、美观的字体书写在图幅上端正中或图内适当位置。

2）比例尺

比例尺用来表明图幅反映实际地质情况的详细程度。比例尺一般标注在图框外上方图名之下或下方正中位置。

地质图比例尺有如下三种表示方法。

①用 1 cm＝500 m 类似的方法表示。

②线条比例尺，用线条刻度表示图中与实地长度。

③数字比例尺，即用 1∶5 000 或 1∶200 000 等方法表示。

按地质图件的精度要求规定比例尺的大小，地质图一般可分为小比例尺地质图（1∶100 000～1∶500 000 或更小）、中比例尺地质图（1∶200 000～1∶50 000）、大比例尺地质图（大于 1∶25 000）。小比例尺地质图没有等高线，只概括反映较大范围的区域构造特征，适用于区域大地构造的分析与研究；中比例尺地质图有较简明的地形等高线与重要的地形、地物标志，所表示的地质现象较全面，是开展各项地质工作的重要基础图件，一般称为"区域地质图"，适用于区域构造的分析与研究；大比例尺地质图着重反映小范围内的专门地质现象与多种构造细节，可用它来分析矿区构造、布置勘探工程及进行专题研究。

3）图例

图例是地质图不可缺少的一部分，一般放在图框外的右边或下边。普通地质图的图例用各种规定的颜色与符号来表明地层、岩体的性质与时代。图例一般自上而下或自左向右按地层（上新下老或左老右新）、岩石、构造顺序排列。图例一般画成适当的长方形格子，并排成整齐的行列，方格内的颜色与符号和地质图上同层位的颜色和符号相同，并在方格外注明地层的时代与岩性。

凡图内表示出的地层、岩石、构造及其他地质现象应该全有图例，图内没有的图例上也不应标注。

3. 地质构造在地质图上的反映

地质图上一般反映地层岩性和地质构造等条件。地质图通过地层分界线(同一岩层层面和地面的交线)、地层年代符号、岩性符号和地质构造符号,把不同地层岩性和地质构造的形态特征和分布情况反映出来,综合在一幅图中。下面介绍不同情况下的构造形态在地质图上的反映。

1)地层岩性

(1)水平岩层

在地质平面图上,水平构造的地层分界线与地形等高线一致或平行,并随地形等高线的弯曲而弯曲。通常较新的岩层分布在地势较高处,较老的岩层出露于地势较低处(见图3-27)。

(2)直立岩层

直立岩层分界线沿岩层走向延伸,不受地形影响,是一条与地形等高线相交的直线,只有当其岩层走向改变或弯曲时,它才相应地转折或弯曲(见图3-28)。

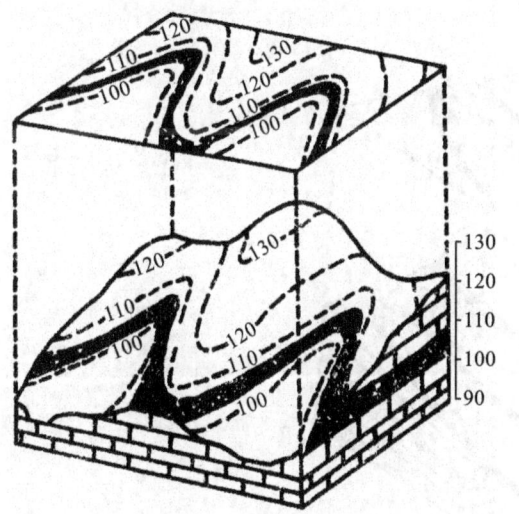

图 3-27　水平岩层在地质图上的表现图

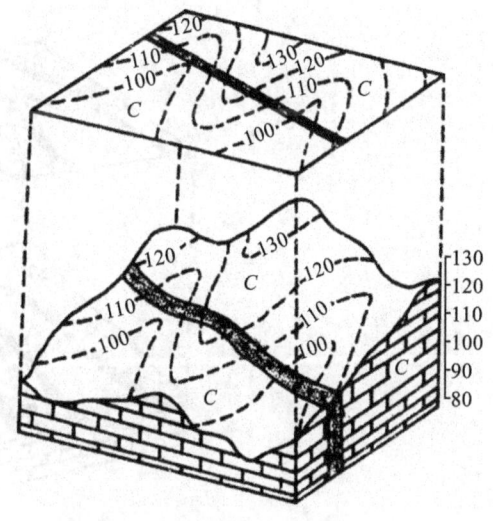

图 3-28　直立岩层在地质图上的表现

(3)倾斜岩层

倾斜岩层分界线在地质图上是一条与地形等高线相交的"V"字形曲线。但"V"字形的弧顶朝向、两侧张开和关闭程度都受岩层倾向与地形坡向、倾角与坡角的制约。倾斜岩层走向与山脊或沟谷延伸方向垂直时,露头线"V"字形有以下三种分布规律。

①当岩层倾向与坡面倾斜方向相反时,则岩层分界线弯曲方向和地形等高线弯曲方向相同,如在沟谷处"V"字形曲线的尖端指向坡顶。但岩层界线的弯曲度比地形等高线的弯曲度要小,如图3-29(a)所示。

②当岩层倾向与坡面倾斜方向一致时,若岩层倾角大于地面坡角,则岩层分界线弯曲方向和地形等高线弯曲方向相反。即在沟谷中,岩层界线"V"字形尖端指向坡脚,如图3-29(b)所示。

③当岩层倾向与坡面倾斜方向一致时,若岩层倾角小于地面坡角,则岩层分界线弯曲方向和地形等高线弯曲方向相同,但岩层界线的弯曲度明显大于地形等高线的弯曲度。如在沟谷处观察,"V"字形露头线尖端指向沟谷上游,如图3-29(c)所示。

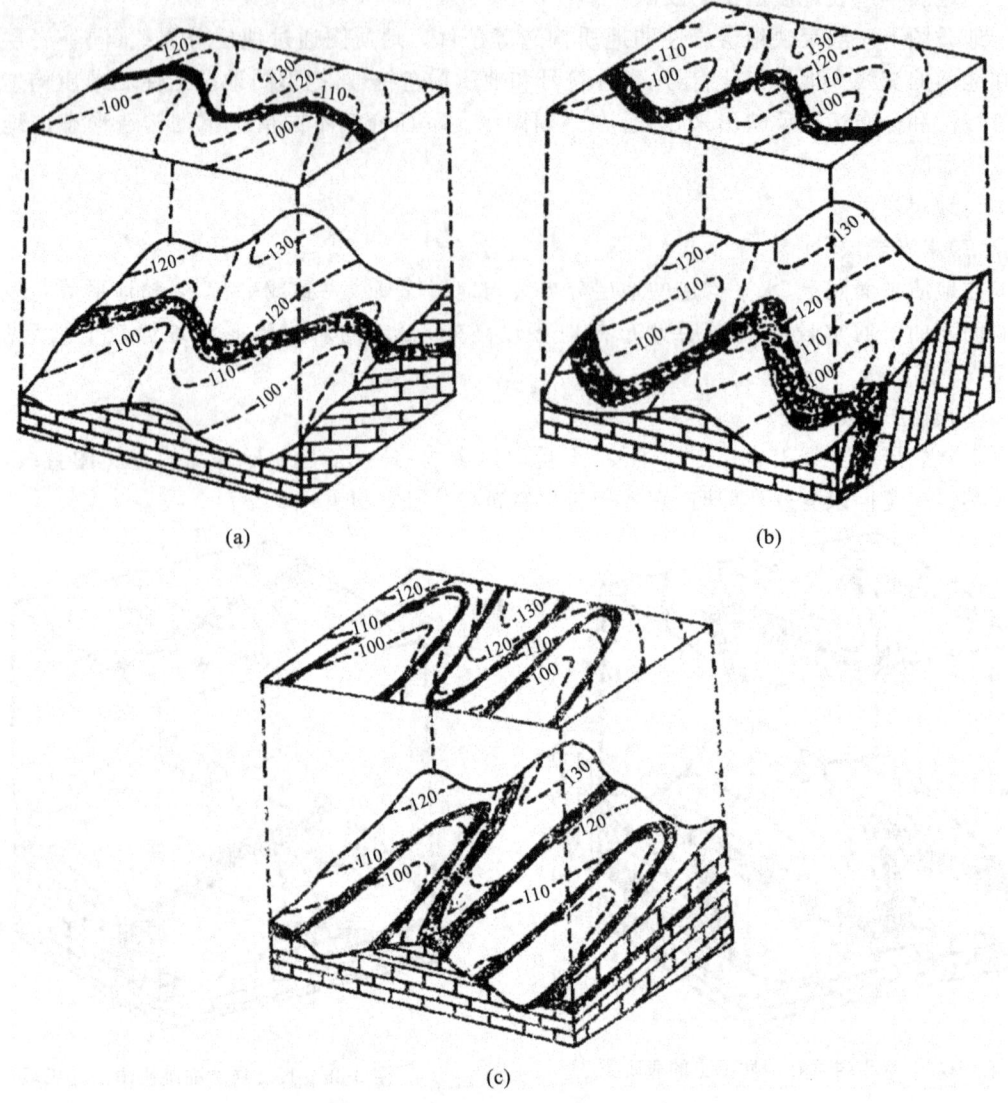

(a)　　　　　　　　　　　　　　(b)

(c)

图 3-29　倾斜岩层在地质图上的表现

(a)岩层倾向与坡面倾斜方向相反；(b)岩层倾向与坡面倾斜方向一致且岩层倾角大于地面坡角；

(c)岩层倾向与坡面倾斜方向一致且岩层倾角小于地面坡角

2)地质构造

褶皱和断层在地质图上的表示方法如下。

(1)褶皱

水平褶皱的地层在地质图上呈带状分布,岩层新老分布对称于褶皱轴;倾伏褶皱的两翼呈不平行对称分布,似抛物线形,可根据核部和两翼地层的新老关系来判断是向斜还是背斜。

(2)断层

除平移断层外,符号中的长线表示断层的出露位置和断层面走向,垂直于长线带箭头的短线表示断层面的倾向,数值表示断层面的倾角。平移断层中是用平行于长线带箭头的短线来表示断层两盘的相对运动方向的。若无图例符号,则根据岩层分布重复、缺失、中断、宽窄变化或错动现象来识别。

3）岩层接触关系

整合接触的岩层产状一致，地层分界线是各时代地层连续无缺失，平行呈带状分布。平行不整合是上、下岩层产状一致，地层分界线彼此平行，但有地层缺失。不整合接触，不仅上、下两套地层的地质年代不连续，缺失了地层，而且上、下岩层产状呈一定角度斜交，新岩层的分界线遮断了老岩层的分界线（见图3-30）。侵入接触使沉积岩层分界线在侵入体出露处中断，但在侵入体两侧无错动；沉积接触表现出侵入体被沉积岩层覆盖中断。

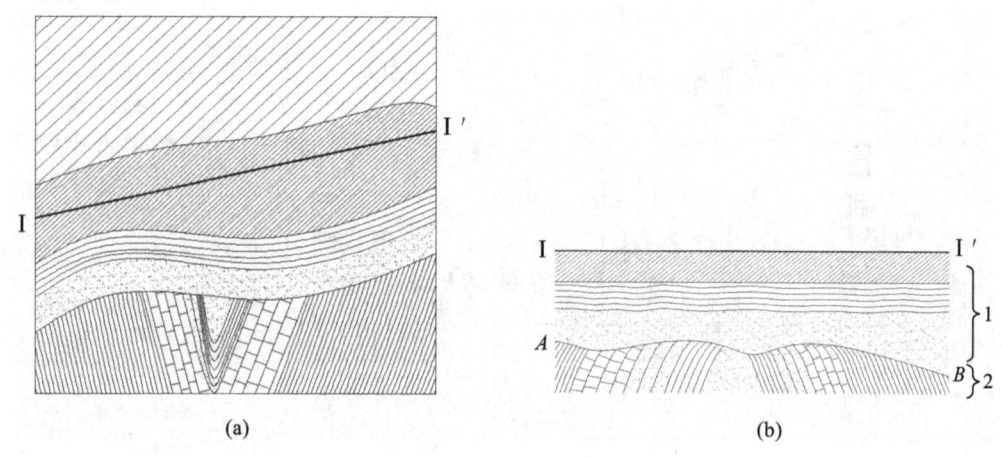

图 3-30　不整合接触在地质图上的表现

(a)平面图；(b)剖面图

1—新岩层；2—挤压成褶皱的古老岩系；A、B 为不整合面

4. 阅读地质图

1）读图步骤

地质图上线条多、符号杂，阅读时必须遵循由浅入深、循序渐进的原则，一般步骤如下。

①读地质图时首先要看图名、比例尺和方位。从图名、图幅代号和经纬度可以了解图幅的地理位置和图的类型。从比例尺可以了解图上线段长度、面积大小和地质体大小及地质图的详略程度。

②在阅读地质内容之前，应先分析一下图区的地形特征。在大比例尺地质图上，从等高线形态和水系分布可了解图区的地形特点。在中、小比例尺地质图上，可根据水系分布、山峰标高和分布的症化等认识地形特点。

③熟悉图例是读图的基础，最好与图幅地区的综合地层柱状图结合起来，以了解地层时代顺序和它们之间的接触关系。

④读图时先分析地层时代、层序和岩石类型、岩层和岩体的产状、分布及其相互关系等，其次分析地质构造，主要是褶皱的形态特征、空间分布、组合情况和形成时代、断裂构造的类型和规模、空间组合、分布和形成时代或先后顺序，还要了解火成岩体产状、原生及次生构造及变质岩区所表现的构造。

2）图例

现以宁陆河地区地质图作为读图实例。宁陆河地区地质图由地形地质图和Ⅰ-Ⅰ地质剖面图组成（见图3-31）。本区东部为红石岭，西南为扁担峰，高程均在700 m以上；北部为二龙山，南部为白云山，中部地势较低。宁陆河自西北流向东南，全区最高点的二龙山（高程

800多米）与最低点的河谷（高程300多米）最大相对高差约500 m。区内地形明显受地层、构造、岩性的控制，山脉延伸与地层走向一致，大体呈南北向延伸。石灰岩、石英砂岩及白垩纪细砂岩常形成高山。宁陆河沿断层带发育。

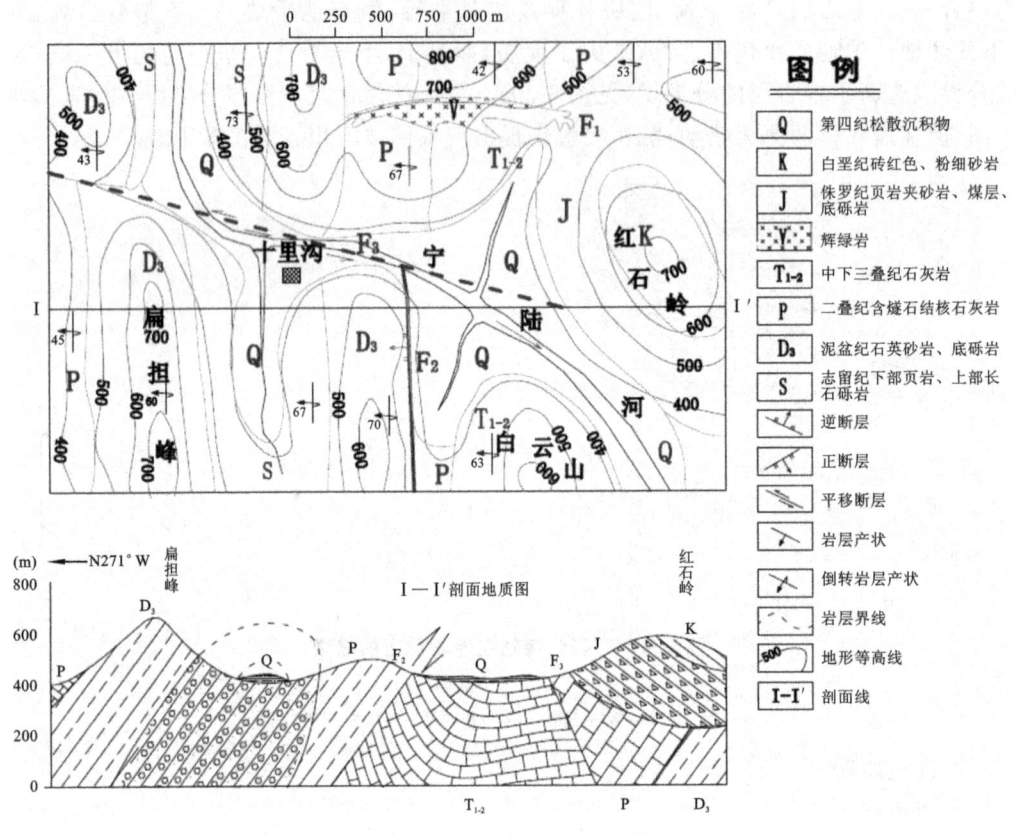

图3-31 宁陆河地区地质图

本区出露地层包括志留纪（S）、泥盆纪上统（D₃）、二叠纪（P）、中下三叠纪（T₁₋₂）、侏罗纪（J）、白垩纪（K）及第四纪（Q）。其中泥盆纪主要分布在西部扁担峰一带，侏罗纪与白垩纪分布在东部红石岭周围，第四纪主要沿河谷发育。

区内泥盆纪上统与志留纪地层产状一致，但期间缺失泥盆纪下中统沉积且在泥盆纪上统底部有底砾岩存在，二者呈假整合接触。二叠纪与泥盆纪之间缺失石炭纪地层，二者也为假整合接触。图上侏罗纪与下伏泥盆纪上统、中下三叠纪、二叠纪三个时代地层相接触，故为不整合接触，第四纪与下伏地层也为不整合接触，其余地层均为整合接触。

北部出露的辉绿岩岩体因受F₁断层控制，大体呈东西向延伸，其入于二叠纪与中下三叠纪石灰岩中，而伏于侏罗纪之下，故其侵入时代应在三叠纪之后、侏罗纪之前。

褶皱构造十里沟至扁担峰为倒转背斜，大致呈南北向延伸，轴部出露地层为志留纪页岩及长石砂岩，两翼由泥盆纪上统及二叠纪石英砂岩、石灰岩所组成。两翼地层对称分布，均向西倾，西翼倾角约45°；东翼倒转，倾角较陡，约70°。

图幅东南部为白云山倒转向斜，轴向接近南北，轴部由中下三叠纪石灰岩组成，两翼为二叠纪、泥盆纪上统地层组成。西翼倒转，倾角较陡；东翼倾角较缓。

上述倒转向斜之东为红石岭向斜，大体呈北西-南东向延伸，两翼相向倾斜，倾角约30°，为一直立向斜褶曲,由侏罗纪、白垩纪地层所组成。

本区较大断层有 3 条,其中 F_1 断层大致呈东西向延伸,断层面倾向为南,倾角约 70°,沿断层有辉绿岩岩体侵入,断层南盘(上盘)相对下降,北盘(下盘)相对上升,故 F_1 断层为正断层。

F_2 断层大致呈南北向延伸,断层面倾向为西,倾角 44°,由断层两盘出露地层时代可以看出,西盘属上升盘,东盘属下降盘,故 F_2 断层为逆断层,该断层与倒转背斜轴向基本一致。由于断层影响,下盘地层明显变窄。

F_3 断层大体呈北西-南东向延伸,断层倾角近于直角,又从断层两侧志留纪与上泥盆纪地层界线可以看出,东北盘地层界线明显向西错动,故 F_3 断层为平移断层。

任务 5　活断层的工程地质研究

活断层(active fault),即活动断层,又叫活动断裂,是指目前正在活动着的,或近期曾有过活动而不久的将来可能会重新活动的断层,后一种情况也可称为潜在活断层(potentially active fault)。活断层可使岩层产生错动移位或引发地震,对工程造成很大的甚至是无法挽回的损失。

活断层定义中的"近期"有不同的标准,有的行业规范定义为晚更新世(约 12 万年)以来。在我国国家标准《岩土工程勘察规范》(GB 50021—2001)中将在全新世地质时期(一万年)内有过地震活动或近期正在活动,在今后一百年可能继续活动的断裂叫作全新活动断裂。全新活动断裂中,近期(近 500 年来)发生过地震震级 $M=5$ 级的断裂,或是在今后一百年内,可能发生 $M=5$ 级的断裂,可定为发震断裂。一万年以前活动过,一万年以来没有发生过活动的断裂称为非全新活动断裂。

1. 活断层的特性

根据断层面位移的矢量方向与水平面的关系,可将活断层划分为走向滑动性断层(平移断层)与倾向滑动性断层(逆断层和正断层)。其中以走向滑动性断层最为常见。逆断层、正断层和平移断层,它们的构造应力状态、几何特征和运动特性不同,所以对工程场地的影响也各异。走向滑动性断层的特点是断层面陡倾或直立,部分规模很大,断层中常积蓄有较高的能量,能引发高震级的强烈地震。倾向滑动性断层以逆断层更为常见,多数是受水平挤压形成,断层倾角较缓,错动时由于上盘为主动盘,故上盘地表变形开裂较严重,岩体较下盘破碎,对建筑物的危害较大。倾向滑动性的正断层的上盘也为主动盘,故上盘岩体也较破碎。

活断层的活动方式基本有两种:一种是以地震方式产生间歇性的突然滑动,这种断层称为地震断层或黏滑型断层;一种是沿断层面两侧岩层连续缓慢地滑动,这种断层称为蠕变断层或蠕滑型断层。黏滑型断层的围岩强度高,断裂带锁固能力强,能不断地积累应变能;当应力达到一定强度极限后产生突然滑动,迅速而强烈地释放应变能,造成地震,所以沿这种断层往往有周期性的地震活动。蠕滑型断层主要发育在围岩强度低、断裂带内含有软弱充填物,或孔隙水压、地温的高异常带内,断裂的锁固能力弱,不能积累较大的应变能,在受力过程中易于发生持续而缓慢的滑动,断层活动一般无地震发生,有时可伴有小震。

活断层往往是继承老的断裂活动的历史而继续发展的,而且现今发生地面断裂破坏的地段过去曾多次反复地发生过同样的断层运动。一些活动构造带的古地震震中,总是沿活动性断裂有规律地分布,岩性和地貌错位反复发生,累积叠加,其中尤以走滑断层最为明显。

例如,新疆喀依尔特-二台活断裂带在地质时期内长期活动,其右旋走滑运动幅度的最大值为 26 km,上更新世早期形成的水系被错移的最大值达 2.5 km。根据大量古地震现象、不同期次断层错动、不同层序沉积物的资料和 C14 年代测定等综合分析,可初步确定该断裂带上有 3~5 次古地震事件,各次地震位移累积叠加。说明该断裂带在相当长的地质历史时期内,在差不多同一构造应力条件下以同一机制沿着已经发生错动的断裂带继续活动,主要活动方式是黏滑。现今的富蕴地震断裂带是该断裂带继承性活动和发展的产物,它的分布范围与该活动断层完全一致。

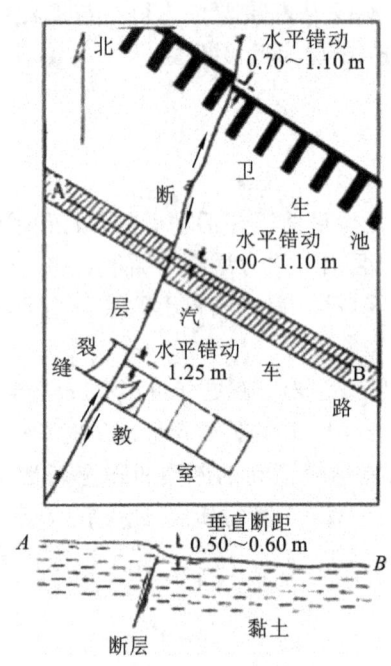

图 3-32 唐山大地震地表断层错动

活动断裂的活动特性不同,或持续蠕动,或断续周期性活动。其错动速率一般相当缓慢,两盘相对位移平均达到每年 1 m 以上已属于相当强的活动断裂。有些间断活动的断层,在非活动期,断层两盘既无相对位移,也无小地震产生,但在活动期,其某一点会发生强烈地震,还伴有位移达几米的地表错断。

活动断层对工程建筑物的影响表现为两个方面。一方面是由于活动断层的地面错动直接损害跨越该断层修建的建筑物;有些活动层错动时附近有伴生的地面变形,也会影响到邻近的建筑物。另一方面是伴有地震发生的活动断层,强烈的地震对较大范围内建筑物产生损害。从工程地质观点出发,这两方面的问题均与工程的区域稳定性或地壳稳定性密切相关。1976 年我国唐山大地震时有一条长 8 km、走向 N30°E 的地表断层,正好由市区通过,最大水平错距 3 m,垂直断距 0.7~1 m。该断层穿过的道路、房屋、围墙等一切建筑物全被错开(见图3-32)。

我国活断层的分布,主要继承了中生代和第三纪以来断裂构造的格架。在现代地应力场的作用下,东部以正断层和走滑正断层为主,西部则以走滑正断层和逆冲走滑断层为主。

2. 活断层的鉴别标志

活断层是活动在最新地质时期内的断层,因而较之老断层来说,在地质、地貌和水文地质方面的特征更为明显。人们根据这些特征就可以鉴别它们。

1)地质方面

最新沉积物中的地层错开,是鉴别活断层的最可靠依据。这种现象在一些活动构造带中较多见到,如图 3-33 所示。一般地说,只要见到第四纪中、晚期的沉积物被错断,无论是新断层还是老断层的复活,均可判定该断层的活动性。应注意与地表滑坡产生的地层错断的区别。

活断层的断层带(面)一般都由松散的破碎物质所组成,而非复活老断层的破碎带均有不同程度的胶结,所以松散、未胶结的断层破碎带,也可作为鉴别活断层的地质特征。

2)地貌方面

一般地说,活断层的构造地貌格局清晰,其许多方面的标志都可作为鉴别依据。活断层分布地段往往是在两种截然不同的地貌单元直线相接的部位,其一侧为断陷区,堆积了很厚

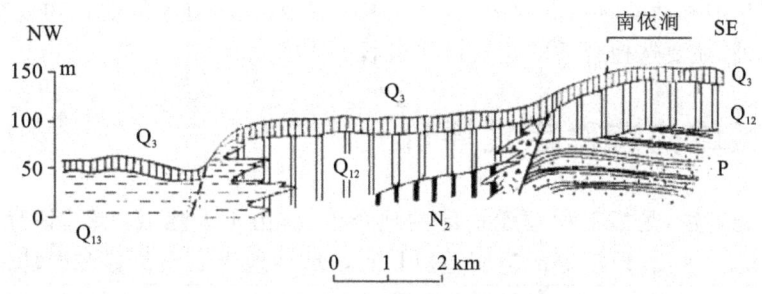

图 3-33 平遥活断层剖面图

的第四纪沉积物;而另一侧为隆起区,高耸的山地,叠次出现的断层崖、三角面、断层陡坎等呈线性分布。由于在近期地质时期内断块的长期活动,高耸区和低洼的平原、盆地分化幅度很大。

走滑型的活断层,常使通过它的河流、沟谷方向发生明显的变化;当一系列的河谷向一个方向同步移错时,即可作为确定活断层位置和错动性质的佐证,如图 3-34 所示。水系移错距离有时可达数公里。根据水系移错的距离和堆积物的绝对年龄,即可推算该活断层的错动速率。山脊、山谷、阶地和洪积扇等的错开,也是鉴别走滑型活断层的标志。

此外,在活动断裂带上滑坡、崩塌和泥石流等工程动力地质现象常呈线形密集分布。

3)水文地质方面

活动断裂带的土石裂隙和孔隙发育,使得岩性透水性和导水性增强,常形成脉状含水层,因而当地形、地貌条件合适时,沿断裂带泉水呈线状分布,植被发育。由于有些老断层的破碎带导水性也较强,泉水也有线状分布的特征,故以此鉴别活断层时应慎重。此外,由于断层活动时产生的机械能转化成了热能的缘故,许多活断层沿线常有温泉出露,并表现出沿断裂带呈线状分布的特点。我国东南地区的温泉大体上是沿活动断裂带呈串珠状分布的。由于活断层一般比较深,地下水在循环交替过程中能携带深部的某些化学成分,主要表现为某些微量元素含量的显著增加,如氡、氦、硼、溴等。因此,也可根据地下水中这些微量元素的异常探测活断层。

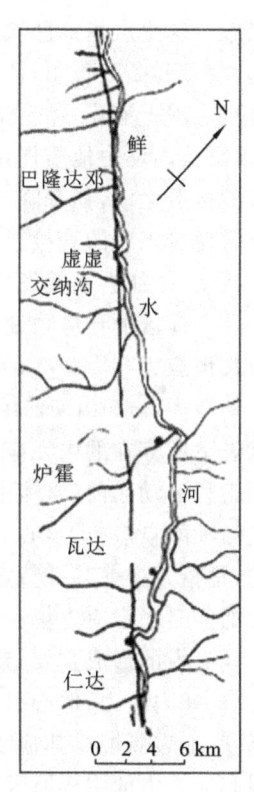

图 3-34 四川鲜水河断裂带

4)地震方面

历史上有关地震和地表错断的记录,也是鉴别活断层的证据。在断层带附近地区有现代地震、地面位移和地形变形以及微震发生。

3. 活断层的工程地质评价

建筑场地选择要尽量避开活动断裂带,若必须在活断层区域修建建筑物时,需要对场地进行危险性分区评价,以便根据各区危险性大小和建筑物的重要程度合理配置。

蠕变型的活断层,相对位移速率较大时,可能导致建筑物拉裂破坏。黏滑型活断层伴随地震产生的错动通常很大,造成的危害较大,任何建筑物原则上都应避免跨越。通常选择低级别的活断层场地和活动时期老的场地,避开主断层带,比较重大的建筑物放在断层的下盘较为妥善。此外,还要选择合适的建筑物结构形式和尺寸。

任务6　区域构造稳定性评价

区域构造稳定性,是指工程建设地区的现今地壳,由于天然或工程因素引起地应力变化,主要产生构造、火山、地震等活动所造成具有区域性地壳表层位移和破坏的程度。为了保证建筑物的安全和正常使用,工程场地应尽可能地选择在区域稳定性较好的地方,尽量避开那些构造、火山、地震活动影响强烈的地带。为此,就要在研究建筑地区工程地质条件的基础上,分析其地质构造发育历史及近期构造活动情况,了解其有没有火山及火山活动,从而预测判断与之有关的地震活动,可能的震中位置、震级及发震时间。

一个地区的区域稳定性,大都可以直接通过这个地区的地壳表层的位移和破坏情况反映出来。这里所指的区域性地壳表层的位移和破坏,主要包括正在发生、发展的地壳升降、翘起、褶皱和断裂现象;还有区域性有规律分布的物理地质作用,如大面积有规律分布的岩崩、滑坡、砂土液化、黏土塑流和地面不均匀沉降等。它们都是地应力变化而造成的构造、火山、地震等内动力地质作用的结果和反映,是"区域性效应",可统称为"区域稳定性效应"。一般的构造运动,如升降、翘起、褶皱等活动,都是在较长的地质年代里或大范围内进行的,可以避免对工程的直接影响;而活断层则对工程建筑产生严重威胁。地震活动,特别是强烈地震活动,往往会突然发生,波及范围大,会造成巨大的损失,严重威胁建筑物的安全。这些均与一个地区的地应力变化有关。

1.地应力

地应力(in-situ stress),又称原岩应力,也称岩体初始应力或绝对应力,指地壳岩体在天然状态下所存在的内在应力,在工程上通常称作初始应力。它是指在没有进行任何地下或地面工程活动之前,岩体中各个位置及各个方向所存在的应力的空间分布状态,是不取决于人类活动的自然应力场。初始地应力是相对于施工开挖后造成的应力重分布(二次应力)而言的,是指开挖前某一特定时间的地应力场。对于工程建设,初始地应力场可视为忽略时间因素的相对稳定应力场。

地应力的形成主要与地球的各种动力运动过程有关,其中包括:板块边界受压、地幔热对流、地球内应力、地心引力、地球旋转、岩浆侵入和地壳非均匀扩容等。另外,温度不均、水压梯度、地表剥蚀或其他物理化学变化等也可引起相应的地应力。而重力作用和构造运动是引起地应力的主要原因,其中尤以水平方向的构造运动对地应力的形成影响最大,重力应力和构造应力是地应力的主要来源。

1)自重应力场

地心对岩体的引力,使地壳岩体始终处于自重应力场中,由自重产生的应力称为自重应力。假定岩体为均质半无限体的连续弹性介质,忽略地质构造和地形变化对地应力的影响,岩体自重应力可以由上覆岩体的自重求得。其自重应力场如图3-35所示。

对于单一岩层,其自重应力场如图3-35(a)所示。

$$\sigma_z = \gamma H \tag{3-2}$$

式中　γ——岩层的重度,kN;

H——覆土深度,m;

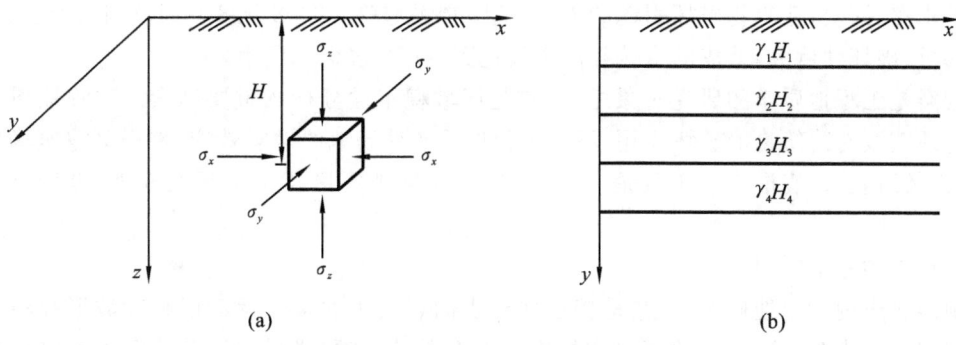

图 3-35 忽略地形时的自重应力场

（a）覆土为单一岩层；（b）覆土为多个岩层

对于多岩层，其自重应力场如图 3-35（b）所示。

$$\sigma_z = \sum_{i=1}^{n} \gamma_i H_i \qquad (3\text{-}3)$$

式中 γ_i——第 i 岩层的重度，kN；

       H_i——第 i 岩层的厚度，m；

       σ_z——自重应力，kN·m。

岩层的 σ_x、σ_y 由泊松比效应引起，根据弹性力学，有

$$\sigma_x = \sigma_y = \frac{\mu}{1-\mu}\sigma_y \qquad (3\text{-}4)$$

式中 μ——泊松比。

2）构造应力场

在地质构造过程中形成的应力称为构造应力场，其是动态的，形成原因十分复杂，在空间中分布极为不均，而且随着时间的推移不断发生变化，属于非稳定的应力场，但相对于工程的使用寿命而言，可以视为相对稳定。许多学者对构造应力场的成因以及它的驱动力提出了自己的理论，其中以板块运动（大陆漂移）学说比较得到地学界的支持。一般认为，构造应力主要是水平向的作用力 σ_x，但目前还很难用函数形式将其表现出来，只能通过实测的方法找到一些规律性。根据一些相关资料，我国的构造应力场分布特点如下。

①构造作用仅改变了自重应力，而且除了以各种构造形态释放以外，还有部分残留在岩体内，其将对工程产生重大影响。

②垂直应力量值随深度增大而增大，且水平应力普遍大于自重应力，即构造应力起主要作用。

③水平主应力具有明显的各向异性，具有很强的方向性，一般总以一个方向的主应力占优，很少出现几个方向的主应力相等的时候。

2. 地震

地震是一种地球内部应力突然释放的表现形式，同台风、暴雨、洪水、雷电一样，是一种自然现象。据不完全统计，地壳上每年发生的地震有 500 万次以上，人们能感觉到的约 5 万次，其中，能造成破坏作用的约 1 000 次，7 级以上的大地震会有十几次。

一次强烈地震，会造成种种灾害，我们一般将其分为直接灾害和次生灾害。直接灾害是指地震发生时直接造成的灾害损失，地震可导致建筑物直接破坏和地基、斜坡的振动破坏（地裂、地陷、砂土液化、滑坡、崩塌等）；次生灾害则是指大震时造成的河水倾溢、水坝崩塌等

引起的水灾、海啸,建筑物破坏引起的火灾、危险物爆炸等。2008年8.0级汶川大地震,人员伤亡惨重,破坏性巨大,造成的直接经济损失达到8 000多亿人民币。

地震是工程地质学的研究对象之一,它是区域稳定性分析的重要因素。工程地质学着重研究地震波对建筑物的破坏作用,不同工程地质条件场地的地震效应、地震区建筑场地的选择,以及防震、抗震措施的工程地质论证等,为不同地震区各类工程的规划、设计提供依据。

1)地震的基本知识

地震属于内动力地质作用,它是接近地球表面岩层中的构造运动以弹性波形式释放应变能引起地壳表层快速振动的现象或作用。火山爆发、溶洞或采空区陷落等也可以引起地震,但所占比例较小。

我国地处环太平洋地震带和地中海-喜马拉雅地震带这两大地震带的交接地区,是世界上最大的一个大陆地震区,地震活动具有分布广、频度大、震源浅的特点。我国已有3 000多年较可靠的地震记录历史,也是世界上最早发明地震仪的国家。

地壳内部因岩石破裂发生震动的地方称为震源。震源在地面的垂直投影称为震中。震中可以看作地面上震动的中心,围绕震中一定范围的地区称为震中区,其表示一次地震中震害最严重的地区。强烈地震的震中区常被称为极震区。

震源与震中之间的距离称为震源深度,通常震源深度在70 km以内的地震称为浅源地震,70～300 km的称为中源地震,300 km以上的称为深源地震。深度超过100 km的地震,在地面上不会引起灾害,多数破坏性地震是浅源地震。

在同一次地震影响下,地面上的破坏程度相同的各点的连线称为等震线,每次等震线上的地震往往不是只震动一次,而是连续震动多次,其中最大的一次震动叫作主震,主震之前发生的震动叫作前震,主震之后发生的震动叫作余震。震源、震中、等震线的关系如图3-36所示。

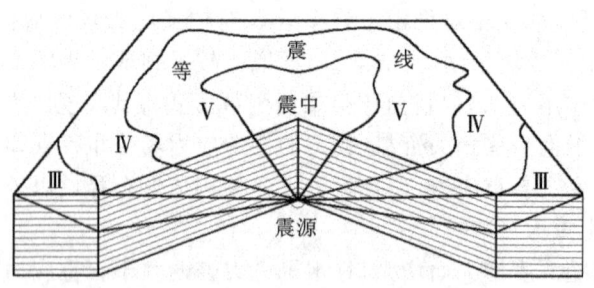

图3-36　震源、震中、等震线示意图

地震时从震源释放的能量以弹性波的形式向四周传播,称为地震波。地震波有振幅和周期(见图3-37),震源越远,振动越小,在地面表现为距震中越远,震动强度越小,地面破坏程度越轻的等震线。地震波通过地球内部介质传播的波称为体波。体波经过反射、折射后沿地面附近传播的波称为面波。

体波分为纵波(P波)和横波(S波),纵波质点振动方向与地震波传播方向一致,即由介质扩张及收缩而传播。纵波在固态、液态及气态物质中均能传播。纵波最先到达,其传播速度是所有地震波中最快的,平均7～13 km/s。横波质点振动方向与传播方向垂直,其传播速度较小,平均4～7 km/s,约为纵波的0.5～0.6,横波只能在固体中传播。

面波又分为瑞利波（R 波）和勒夫波（L 波），是体波到达地面后激发的次生波，它只在地表传播，地面以下部分迅速消失。面波波长大、振幅大，传播速度最慢。图 3-38 中仪器记录的地震波，最先到达的是纵波，其次是横波，最后才是面波。当横波和面波同时到达时，地面振动最为强烈，对建筑物的破坏力也最大。

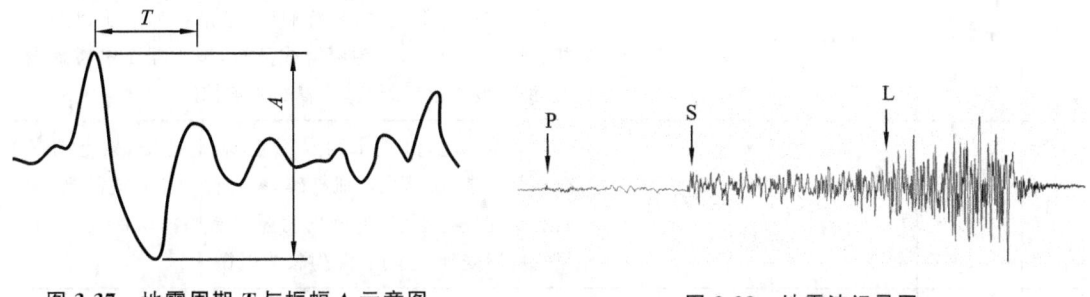

图 3-37　地震周期 *T* 与振幅 *A* 示意图

图 3-38　地震波记录图

P—纵波；S—横波；L—面波

2）震级和烈度

地震震级是表示地震释放能量大小的指标，释放的能量（E）越大，震级（M）就越高。两者的关系为 $\lg E = 11.8 + 1.5M$。5～6 级以上的地震称为破坏性地震，7 级以上的地震称为强烈地震。目前记录到的最大地震震级是 8.9 级（1960 年智利大地震）。

地震烈度是地震产生破坏程度的指标，它与距震中的距离密切相关。地震烈度不仅与震级有关，还和震源深度、距震中距离以及地震波通过的介质条件（岩石性质、地质构造、地下水埋深）等多种因素有关。一次地震只能有一个震级，但震中周围地区的破坏程度则随震中距的加大而逐渐减小，形成多个不同地震烈度区。

地震烈度鉴定表（见表 3-2），是根据地震发生后，地面的宏观破坏现象和大量的实际地震观测总结出的地震加速度与地震烈度的关系，根据我国的实际情况编制而成。表中地震系数（K）是地震时地面最大加速度与重力加速度之比。

表 3-2　中国地震烈度鉴定标准表

地震烈度	名称	加速度	地震系数 K	地震情况
Ⅰ	无震感	<0.25	$<\dfrac{1}{4\,000}$	无震感，仅仪器可以记录
Ⅱ	微震	0.26～0.5	$\dfrac{1}{4\,000} \sim \dfrac{1}{2\,000}$	少数在休息中的极宁静的人能感觉到，住在楼上者更容易感觉到
Ⅲ	轻震	0.6～1.0	$\dfrac{1}{2\,000} \sim \dfrac{1}{1\,000}$	少数人感觉地动（如轻车从旁经过），不能立即判定是否为地震，震动来源方向和继续时间有时可定
Ⅳ	弱震	1.1～2.5	$\dfrac{1}{1\,000} \sim \dfrac{1}{400}$	少数在室外的人和绝大多数在室内的人都有感觉，家具等有些摇动，盘、碗及玻璃有震动声，屋梁天花板等有响声，缸里的水或敞口皿中的液体有些微荡漾，个别情形会惊动睡着的人

地震烈度	名称	加速度	地震系数 K	地 震 情 况
V	次强震	2.6~5.0	$\frac{1}{400} \sim \frac{1}{200}$	差不多人人能感觉到,树木摇晃,像有风吹动,房屋及室内物件全部震动,并有响声,悬吊物如帘子、灯笼、电灯等来回摆动,挂钟停摆或乱打,满水器皿中略微溅水,窗户玻璃出现裂纹,睡着的人被惊醒
VI	强震	5.1~10.0	$\frac{1}{200} \sim \frac{1}{100}$	人人有感觉,缸里水剧烈荡漾,墙上挂图、架上的书都会落下来,碗、碟、器皿打碎,家具移动位置或翻倒,墙上的灰泥发生裂缝,坚固的房屋也有些掉落泥灰,不牢固的房屋受到一定损坏,但较为轻微
VII	损害震	10.1~25.0	$\frac{1}{100} \sim \frac{1}{40}$	室内陈设物品和家具损坏甚大,池塘里腾起波浪并翻出浊泥,河岸砂砾处有些崩塌,井泉水位改变,房屋有裂缝,灰泥和雕塑大量脱落,烟囱破裂,骨架建筑的隔墙亦有损坏,不牢固的房屋严重损坏
VIII	破坏震	25.1~50.0	$\frac{1}{40} \sim \frac{1}{20}$	树木发生摇摆,有时摧折,重的家具物件移动很远或抛翻,纪念碑或人像从座上扭转或倒下,建筑较坚固的房屋,如庙宇等也发生损坏,墙壁间出现裂缝或部分破坏,建筑隔墙倾倒,塔或工厂烟囱倒塌,建筑特别牢固的烟囱顶部亦发生破坏,陡坡或潮湿的地方发生小裂缝,有些地方涌出泥水
IX	毁坏震	50.1~100	$\frac{1}{20} \sim \frac{1}{10}$	建筑较坚固的房屋,如庙宇等损坏颇重,一般砖砌房屋严重破坏,有相当数量的房屋倒塌,不能居住,骨架建筑根基移动,骨架歪斜,地上裂缝很多
X	大毁坏震	100.1~250	$\frac{1}{10} \sim \frac{1}{4}$	大的庙宇、大的砖墙及骨架建筑连基础遭受破坏,坚固的砖墙发生危险的裂缝,河堤、坝、桥梁、城垣均严重损坏,个别被破坏,钢轨亦挠曲,地下输送管破坏,马路及柏油街道出现裂缝或皱纹,松散、软湿处发生宽而深的长沟,且有局部崩滑,崖顶岩石有部分崩落,水边惊涛拍岸
XI	灾震	250.1~500	$\frac{1}{4} \sim \frac{1}{2}$	砖砌建筑物全部坍塌,大的庙宇与骨架建筑亦只有部分保存,坚固的大桥破坏,桥柱崩坏,钢梁弯曲(弹性大的木桥损坏较轻),城墙开裂崩坏,路基堤坝断开,移错很远,钢轨弯曲且凸起,地下运输线完全破坏,不能使用,地面开裂大,纵横错乱,到处土滑崩塌,地下水夹泥、砂,地下涌水
XII	大灾震	500.1~1 000	$>\frac{1}{2}$	一切人工建筑物无不摧毁,物件抛掷空中,山川风景变异,范围广大,河流堵塞,造成瀑布,湖底升高,地崩山摧,水道改变等

震级与地震烈度既相互联系又有所区别,一次地震只有一个震级,但不同地区烈度大小不相同。在部分浅源地震(震源深度 $10\sim30$ km)中,震级与震中烈度(最大烈度)的关系可以根据经验得知,大致如表 3-3 所示。

表 3-3　震级与震中烈度关系表

震级(级)	3 以下	3	4	5	6	7	8	8 以上
震中烈度(度)	$1\sim2$	3	$4\sim5$	$6\sim7$	$7\sim8$	$9\sim10$	11	12

地震烈度可分为基本烈度、建筑场地烈度和设防烈度。

基本烈度为一个地区在今后 100 年内,在一般场地条件下可能遇到的最大地震烈度。基本烈度是根据区域内毗邻地区的地震活动规律,对地震危险性作出的综合平均估计和对未来地震破坏程度的预报。

建筑场地烈度又称小区域烈度,是建筑场地内因地质条件、地貌和地形条件及水文地质条件的不同而引起的基本烈度的降低或提高后的烈度。通常建筑场地烈度比基本烈度提高或降低 $0.5\sim1$ 度。

设防烈度即设计烈度,指抗震设计所采用的烈度。考虑建筑的重要性、永久性、抗震性,以及工程经济性等条件,对基本烈度进行调整,调整后设计采用的烈度称为设防烈度。大多数建筑物不需要调整,基本烈度即设计烈度。特别重要的工程提高 1 度时,应按规定报请有关部门批准。对次要建筑,如仓库或辅助建筑,设防烈度可降低 1 度,但基本烈度为 7 度以上时,不应折减。

3)地震效应

在地震作用下,地面出现的各种震害称为地震效应。地震效应主要有地震力效应、地震破裂效应、地震液化与震陷效应,以及地震激发的地质灾害效应等。

(1)地震力效应

地震力即地震波传播时,施加于建筑的惯性力。假设建筑物重力为 G,质量为 G/g(g 为重力加速度),则在地震波作用下,建筑物所受到的最大惯性力,即地震力 P 为

$$P = a_{\max} \cdot \frac{G}{g} = \frac{a_{\max}}{g} \cdot G = K \cdot G \qquad (3\text{-}5)$$

式中　$a_{\max}$——地面最大加速度,m/s²;

　　　G——建筑物重力,N;

　　　g——重力加速度,m/s²;

　　　K——地震系数,$K = \dfrac{a_{\max}}{g}$;

　　　P——地震力。

地震时,地震速度为矢量,有水平分量与垂直分量,所以地震有水平方向和垂直方向。从震源发射出来的体波传播到震中位置时,垂直方向的地震最大。到达地表的振波传播越远,则垂直方向的地震力越小,直到距震中某一距离为 0。此外,面波的质点在地平面内呈表面波动,其水平方向的分量相应地超过垂直分量。所以在地震区离震中越远,作用于建筑物的地震力就以水平方向为主。因此,一般抗震设计应考虑水平作用力的影响,同时地震烈度表所示加速度也为水平加速度值。

从震源发出的地震波在土中传播时,经过不同介质界面的多次反射将产生不同周期的地震波。若某一地震波周期与场地土层周期接近,则由于共振作用,地震波振幅被放大,这

个周期被称为卓越周期。卓越周期按地震记录统计，即统计一定时间间隔内不同周期地震波的频数，以出现频数最多的振动周期为卓越周期。

根据地震记录统计，随地基土软硬不同，卓越周期不同，可划分为 4 级。

①Ⅰ级——稳定岩层，卓越周期为 0.1～0.2 s，平均 0.15 s。

②Ⅱ级——一般土层，卓越周期为 0.21～0.4 s，平均 0.27 s。

③Ⅲ级——松软土层，卓越周期在Ⅱ～Ⅳ之间。

④Ⅳ级——异常松软土层，卓越周期为 0.3～0.7 s，平均 0.5 s。

地震时由于地面运动的影响，建筑物发生自由振动。一般低层建筑物刚度大，自由振动周期较小，大多小于 0.5 s。高层建筑物刚度小，自由振动周期一般在 0.5 s 以上。实际情况表明：软土场地上的高层建筑（柔性）与坚硬场地上的刚性建筑的震害严重，主要因为上述场地的卓越周期与建筑刚度不同的自振周期相近有关。为了防止这类震害发生，必须使工程设施的自振周期避开场地的卓越周期。

（2）地震破裂效应

地震引发岩石地层破裂位移，形成地震断裂和地裂缝，对建筑物、道路造成极大危害。2008 年，汶川地震发生时，映秀镇至北川的龙门山主断裂带产生巨大的垂直和水平破裂，最大错距 4.5～5 m，平均 2 m。

（3）地震液化与震陷效应

对于饱和粉细砂土，在地震过程中，振动使得饱和砂土中的孔隙水压力骤然上升，在地震的短暂时间内，骤然上升的孔隙水压力来不及消散，从而使得有效应力降低。当有效应力完全消失时，砂土完全丧失抗剪强度和承载能力，呈液态特征。这就是砂土液化现象。

地震液化的宏观表现有喷砂冒水和地下砂层液化两种，这两种液化会导致地表沉陷和变形。

（4）地震激发的地质灾害效应

地震作用使得斜坡上岩土松动、失稳，发生滑坡、泥石流和崩塌等不良地质现象，特别是震前久雨，更容易发生。例如，2008 年汶川地震造成唐家山大量山体崩塌，泥土冲向湔江河道，形成巨大的堰塞湖。

3. 工程建设中考虑区域构造稳定性的原则

区域构造稳定性影响着工程建筑物的安全、可靠，以及正常运营。工程场地应尽可能选择在区域稳定性良好的地区或地带。为此，工程施工前必须进行大量工程地质研究工作。

首先应调查研究区域的工程地质条件，特别是区域构造及其应力场，查明最新的构造体系、构造带和最大主压应力的方向和活动特征。

其次应仔细研究地震的历史、震级、烈度、震中分布、震源深度、发震机制，以及地震活动规律，并注意特殊地区诱发地震的研究。

最后研究由于构造、地震及火山活动所产生的区域稳定性效应，如地壳升降、褶皱和活动断层，以及规律分布的物理地质现象，如岩崩、滑坡、砂土液化、黏土塑流、地面不均匀沉降等。

在此基础上，便可进行区域稳定性分析分区，划分不稳定的地区、地带、地段和地点。不稳定地点包括现代强烈活动及构造应力集中处，历史上强震震中按其活动周期于 50～100年内可能重复活动的不稳定地区。地震烈度 6 度以上可以划为不稳定区，震级 6 级以上震中带划分为不稳定带；有明显活动的地方划分为不稳定带。但不稳定带中存在次一级的不稳定,甚至稳定地带、地段或地点。这些未被划为危险地区,而被划为次一级稳定或稳定的地区,称为"安全岛"。工程建设的场地和地基应选择在这些区域稳定性好的"安全岛"。同时,工程场地或地基应避开活断层带的影响,在构造地震地区应避开极震区,而采取与等震线椭圆轴相平行的方向进行建设布局。

【思考题】

1. 如何确定岩石的相对地质年代?
2. 地层的接触关系有哪些? 该如何进行判断?
3. 岩层的产状要素有哪些? 如何在野外测定?
4. 简述褶皱的基本形态和褶皱野外识别的方法。
5. 构造节理分为几种类型? 每种类型的主要特征是什么?
6. 简述断层的基本类型、特征和工程地质意义。
7. 如何阅读一幅地质图?
8. 什么是活断层? 它有哪些特征? 如何进行鉴别?
9. 区域构造稳定性分析需要考虑哪些内容?

模块四 水的工程性质及工程地质作用

【学习目的与要求】

1. 掌握河流地貌及地质作用。
2. 掌握地下水的类型及其对工程的影响。
3. 了解空隙水与岩石的水理性质。

以地表面为界,水可以分为地表水和地下水两大类。其中地表水主要为地面以上的水,如河流、洪水等;地下水主要为地面以下的水,包括空隙、裂隙、溶隙中的水等。

任务 1 地表水的地质作用

地表水可分为暂时流水和经常流水两类。暂时流水是一种季节性、间歇性的流水,它主要以大气降水为水源,所以一年中有时有水,有时干枯,如大气降水后沿山坡坡面或山间沟谷流动的水。经常流水在一年中流水不断,它的水量虽然也随季节发生变化,但不会干枯无水,就是通常所说的河流。一条暂时流水的沟谷,若能不间断地获得水源的供给,就会变成一条河流。

1. 暂时流水的地质作用

暂时流水是大气降水后短暂时间内在地表形成的流水,因此雨季是它发挥作用的主要时间,特别是在强烈的集中暴雨点,它的作用特别显著,往往会造成较大灾害。

1)淋滤作用及残积层

在大气降水渗入地下的过程中,渗流水不仅能把地表附近的细小破碎物质带走,还能把周围岩心中的易溶成分溶解带走。经过渗流水的这些物理和化学作用后,地表附近的岩石逐渐失去完整性、致密性,残留在原地的则为未被冲走又不易溶解的松散破碎物质,这个过程称为淋滤作用,残留在原地的松散破碎物质称为残积层。根据形成过程可知,残积层有下述特征。

①残积层是位于地表以下、基岩风化带以上的一层松散破碎物质。其破碎程度为地表最大,愈向地下愈小,逐渐过渡到基岩风化带。基岩全风化带经过淋滤作用后应当包括在残积层之内。

②残积层的物质成分与下伏基岩成分密切相关,因为残积层就是下伏基岩经过风化淋滤之后残留下来的物质。

③残积层的厚度与地形、降水量、水中化学成分等多种因素有关。若地形较陡,则被破坏的物质容易冲走,残积层就薄;若降水量大,水中 CO_2 多,则化学风化作用强烈,残积层可能较厚。各地残积层厚度相差很大,厚的可达数十米,薄的只有数十厘米,甚至完全没有残积层。

④残积层具有较大的孔隙率、较高的含水量,作为建筑物地基,强度较低。特别是当残

积层下伏基岩面倾斜、残积层中有水流动或近于饱和时，在残积层内开挖边坡，或把建筑物置于残积层之上，均易发生残积层滑动。

　　2）洗刷作用及坡积层

　　大气降水沿地表流动的部分，在汇入洼地或沟谷以前，往往沿整个山坡坡面漫流，把覆盖在坡面上的风化破碎物质洗刷到山坡坡脚处，这个过程称为洗刷作用，在坡脚处形成的新的沉积层称为坡积层，如图 4-1 所示。坡积层具有下述特征。

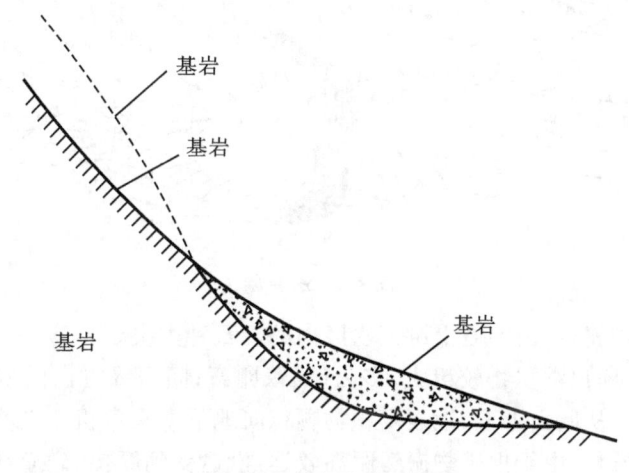

图 4-1　坡积层的形成

　　①坡积层位于山坡坡脚处，其厚度变化较大，一般是坡脚处最厚，向山坡上部及远离山脚方向均逐渐变薄尖灭。

　　②坡积层多由碎石和黏土组成，其成分与下伏基岩无关，而与山坡上部基岩成分有关。

　　③由于从山坡上部到坡脚搬运距离较短，故坡积层层理不明显，碎石棱角清楚。

　　④坡积层松散、富水，作为建筑物地基强度很差。坡积层很容易发生滑动，坡积层下原有地面愈陡，坡积层中含水愈多，坡积层物质粒度愈小、黏土含量愈高，则愈容易发生坡积层滑坡。

　　3）冲刷作用及洪积层

　　地表流水逐渐向低洼沟槽中汇集，水量渐大，携带的泥砂石块也渐多，侵蚀能力加强，使沟槽向更深处下切，同时使沟槽不断变宽，这个过程称为冲刷作用。冲刷作用使地面进一步遭到破坏，形成很多冲沟。

　　集中暴雨或积雪骤然大量融化，都会在短时间内形成巨大的地表暂时流水，一般称为洪流。洪流所携带的大量泥砂石块被搬运到一定距离后沉积下来，形成洪积层。

　　（1）冲沟

　　如果地表岩石或土比较疏松、裂隙发育，地面坡度较陡，再加上地面缺少植物覆盖，则该地区极易形成冲沟。经常、反复进行的冲刷作用，先在地表低洼处形成小沟，小沟又不断被加深、扩宽形成大沟，大沟两侧及上游又形成许多新的小支沟。随着冲沟的形成和不断发展，当地产生大量水土流失现象，地表被纵横交错的大、小冲沟切割得支离破碎。

　　（2）洪积层

　　洪流携带大量被剥蚀的泥砂石块沿沟谷流动，当流到山前平原、山间盆地或沟谷进入河流的谷口时，流速显著降低，携带的大量泥砂石块沉积下来，形成洪积层。洪积层有下述特征。

①洪积层多位于沟谷进入山前平原、山间盆地、流入河流处。从外观看,洪积层多呈扇形,称为洪积扇(见图 4-2)。扇顶位于较高处的沟谷内,扇缘在陡坡与缓坡交界处成一弧形。

图 4-2　洪积扇

②洪积层成分较复杂,由沟谷上游汇水区内的岩石种类决定。

③从平面上看,扇顶洪积物较粗大,多为砾石、卵石;间扇缘方向洪积物愈来愈细,由砂土至粉土直至黏土。从断面上看,地表洪积物颗粒向地下愈来愈粗。也就是说,洪积层初始较细,向地下愈来愈粗。由于携带物搬运距离较远,沿途受到摩擦、碰撞,因此洪积物具有一定磨圆度。

④在洪积扇上修筑道路,首先要注意洪积扇的活动性。正在活动的洪积扇,每当暴雨季节,仍将发生新的洪积物沉积。对于已停止活动的洪积扇,应充分查清其物质成分及分布情况、地表水及地下水情况,以便对道路通过洪积扇不同部位的工程地质条件作出评价。

2. 河流的地质作用

1)河谷要素

一条河流在地面上是沿着狭长的谷地流动的,这个谷地称为河谷。河谷在平面上呈线状分布,在剖面上一般为近"V"字形。河谷主要由河床、谷底、谷坡组成(见图 4-3),这三者常称为河谷要素。

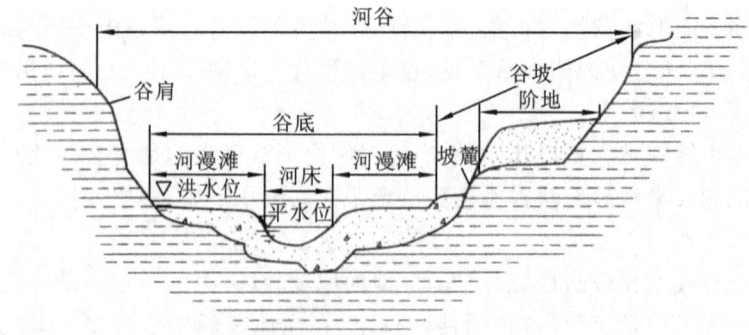

图 4-3　河谷要素

(1)河床

河床是在平水期间为河水所占据的部分,或称为河槽。

(2)谷底

谷底是河谷地貌的最低部分,地势一般比较平坦,其宽度为两侧谷坡坡麓之间的距离。

谷底上分布有河床及河漫滩,河漫滩是在洪水期间被河水淹没的河床以外的平坦地,其中每年都能被洪水淹没的部分称为低河漫滩,仅被周期性多年一遇的最高洪水所淹没的部分称为高河漫滩。

（3）谷坡

谷坡是高出于谷底的河谷两侧的坡地。谷坡上部的转折处称为谷缘或谷肩,下部的转折处称为坡麓或坡脚。

2）河流的侵蚀、搬运与沉积作用

（1）侵蚀作用

河水在流动的过程中不断加深和拓宽河床的作用称为河流的侵蚀作用。河流的侵蚀作用按其作用的方式,可分为化学侵蚀和机械侵蚀两种。河流的侵蚀作用按照河床不断加深和拓宽的发展过程,可分为下蚀作用(或底蚀作用)和侧蚀作用两种。

①下蚀作用。

河水在流动过程中使河床逐渐下切加深的作用,称为河流的下蚀作用。河水夹带固体物质对河床的机械破坏,是使河流下蚀的主要因素。其作用强度取决于河水的流速和流量,同时,也与河床的岩性和地质构造有密切的关系。很明显,河水的流速和流量大时,则下蚀作用的能量大,如果组成河床的岩石坚硬并且无构造破坏现象,则会抑制河水对河床的下切速度。反之,如岩性松软或受到构造作用的破坏,则下蚀作用易于进行,河床下切过程加快。

河流的侵蚀过程总是从河的下游逐渐向河源方向发展的,这种溯源推进的侵蚀过程称为溯源侵蚀,又称向源侵蚀。向源侵蚀在急流和瀑布地段作用显著,河床坡降大、岩性坚硬不平的河段河流湍急,称为急流;而在河床下具有陡坎的地方形成明显的跌水,称为瀑布。

河流的下蚀作用并不是无止境地继续下去,而是有它自己的基准面。因为随着下蚀作用的发展,河床不断加深,河流的纵坡逐渐变缓,流速降低,侵蚀能量削弱,达到一定的基准面后,河流的侵蚀作用将趋于消失,该面就称为河流的侵蚀基准面。大陆上的河流绝大部分都流入海洋,而且海洋的水面也较稳定,所以又把海平面称为基本侵蚀基准面。

②侧蚀作用。

河水在流动过程中,一方面不断冲刷加深河床,另一方面也不断地冲刷河床两岸,使河床加宽。这种使河床不断加宽的作用,称为河流的侧蚀作用。河水在运动过程中横向环流的作用,是促使河流产生侧蚀作用的主要因素。在天然河道上能形成横向环流的地方很多,在河湾部分最为显著(见图 4-4(a))。当运动的河水进入河湾后,由于受离心力的作用,表层流水以很大的流速冲向凹岸,产生强烈冲刷,使凹岸岸壁不断坍塌后退,并将冲刷下来的碎屑物质由底层流水带向凸岸堆积下来(见图 4-4(b))。由于横向环流的作用,凹岸不断受到强烈冲刷,凸岸不断发生堆积,结果河湾的曲率增大,并且受纵向流的影响,河湾逐渐向下游移动,因而导致河床发生平面摆动。古语说"三十年河东,三十年河西",描述的就是这种现象。这样天长地久,整个河床就被河水的侧蚀作用逐渐拓宽。

平原地区的河流对河床凹岸的破坏更大。由于河流侧蚀的不断发展,河流一个河湾接着一个河湾,河湾的曲率越来越大,河流的长度越来越长,河床的比降(河床比降就是单位水平距离内铅直方向的落差,即高差和相应的水平距离之比)逐渐减小,流速不断降低,侵蚀能量逐渐削弱,直至常水位时其再无能量继续发生侧蚀为止。这时河流所特有的平面形态,称为蛇曲。有些处于蛇曲形态的河湾,彼此之间十分靠近。一旦流量增大,会截弯取直,流入新外拓的局部河道,而残留的原河湾的两端因逐渐淤塞而与原河道隔离,形成一个封闭的静

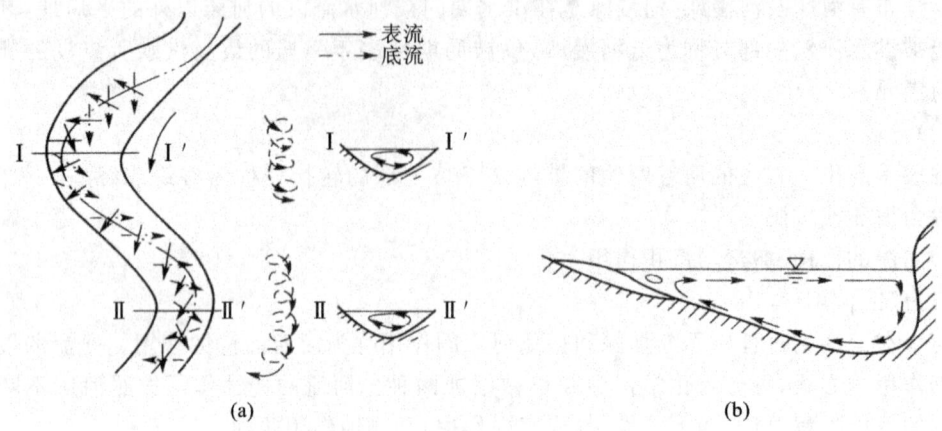

图 4-4 横向环流示意图
(a)河流横向环流;(b)河曲处横向环流断面图

水湖泊,称为牛轭湖(见图 4-5)。受淤积影响,牛轭湖最终将逐渐成为沼泽,以至消失。

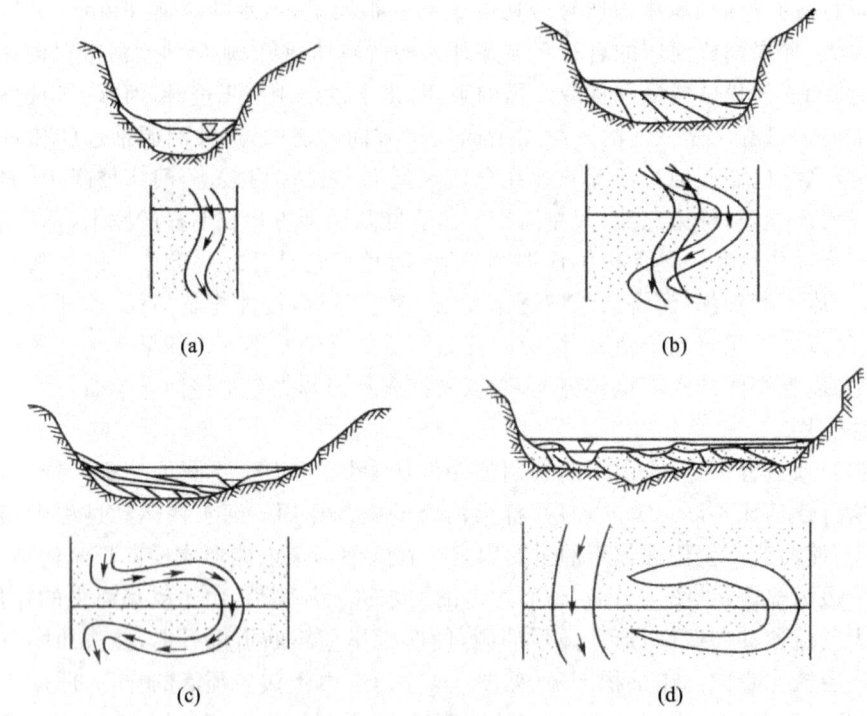

图 4-5 河漫滩的形成
(a)小边滩;(b)大边滩;(c)河漫滩;(d)形成牛轭湖

下切侵蚀、侧向侵蚀和向源侵蚀常常共同存在,只是在不同时期的不同河段这三种侵蚀作用的强度不同。一般上游以下切侵蚀和向源侵蚀为主,侧向侵蚀相对缓慢,河床横剖面常为深而窄的"V"字形;而中、下游则以侧向侵蚀为主,河谷多浅、顺、宽。

由于河湾部分横向环流作用明显加强,易发生坍岸,并产生局部剧烈冲刷和堆积作用,河床易发生平面摆动,对桥梁建筑很不利。山区河谷中,河道弯曲产生"横向环流",对于沿凹岸所布设的公路,其边坡常因"水毁"而导致"局部断路"的现象。

(2)搬运作用

河流在流动过程中夹带沿途冲刷侵蚀下来的物质(泥砂、石块等)离开原地的移动作用,称为搬运作用。河流的侵蚀和沉积作用,在一定意义上都是通过搬运过程来进行的。河水搬运能量的大小,取决于河水的流量和流速。在流量相同时,流速是影响搬运能量的主要因素。河流搬运物的粒径与水流流速的大小成正比。

河流搬运的物质,主要来源于河谷坡冲刷、崩落、滑塌下来的产物和冲沟内洪流冲刷出来的产物,其次是河流侵蚀河床的产物。河流的搬运作用有推运、悬运和溶运三种形式。

推运主要针对比较粗大的砂粒、砾石等,它们受河水冲动,沿河底推移前进。悬运是指一些颗粒细和比重小的物质悬浮于水中随水搬运,我国黄河中的大量黄土物质就是通过悬浮的方式进行搬运的。溶运是指河水中大量处于溶液状态的被溶解物质随水流流走的现象。

(3)沉积作用

河流搬运物在河水中沉积下来的过程称为沉积作用。河流在运动过程中,其能量由于受到损失而逐渐减小。当河水夹带的泥砂、砾石等搬运物超过了河水的搬运能力时,被搬运的物质便在重力作用下逐渐沉积下来,形成松散的沉积层,称为河流沉积层。河流沉积物主要以泥砂、砾石等为主,而化学溶解的物质则主要进入湖泊或海洋等特定的环境后才开始发生沉积。

河流沉积物一般都具有明显的分选性。粗大的碎屑物先沉积,细小的碎屑在搬运比较远的距离后沉积。同时,由于河水的流量、流速及搬运物质补给的动态变化,河流沉积层明显具有层理特征。从总的情况看,河流上游的沉积物比较粗大,而河流下游的沉积物的粒径逐渐变小。流速较大的河床的部分沉积物的粒径比较粗大,河床外围沉积物的粒径逐渐变小。

3)河谷的类型

(1)按河谷的发展阶段分类

河谷按照发展阶段可分为未成形河谷、河漫滩河谷、已成形河谷三种类型。

(2)根据河谷形态特征分类

①峡谷:多见于坡降较大、下蚀作用强烈的山区,河谷深而窄,呈"V"字形分布。

②宽谷:亦称河漫滩河谷,为"U"字形河谷,此河谷呈浅槽形,河漫滩分布较广,阶地发育。

(3)按河谷走向与地质构造的关系分类

①纵谷:伸展方向与岩层纵向或构造线方向一致的河谷。

②横谷:河谷的走向与构造线垂直的河谷。

③斜谷:河谷的走向与构造线斜交的河谷。

就岩层的产状条件来说,横谷和斜谷对谷坡的稳定性是有利的。在坚硬岩石分布地段,河谷多呈峭壁悬崖地形。

4)河流阶地

过去不同时期的河床及河漫滩,由于地壳上升运动,河流下切使河床抬升,被抬升到现今洪水位之上,呈阶梯状分布于河谷谷坡之上的地貌形态,称为河流阶地。

(1)阶地的成因

原来的河谷河床或河漫滩,因地壳运动或气候变化等原因导致河流下切而高出一般洪水位,呈阶梯状沿谷坡分布,成为阶地。每一级阶地包括阶地面、阶地斜坡、阶地前缘、阶地后缘和阶地坡麓等形态要素(见图4-6)。一般河谷中都发育有多级阶地,高于河漫滩的最低一级阶地称为一级阶地,依次向上为二级阶地、三级阶地等。一般来说,阶地愈高,时代愈老,阶地形态保存越差。

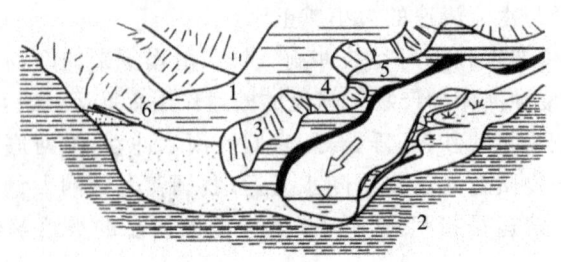

图4-6 河流阶地的要素

1—阶地面;2—底岩;3—阶地斜坡;4—阶地前缘;5—阶地坡麓;6—阶地后缘

河流阶地是一种分布较普遍的地貌类型。阶地下保留着大量的第四纪冲积物,包括泥砂、砾石等碎屑物,颗粒较粗,磨圆度好,并且有良好的分选性,是建筑的良好地基。

(2)阶地的类型

根据阶地的成因、结构和形态特征,阶地可分为侵蚀阶地、基座阶地、嵌入阶地、内叠阶地、上叠阶地和埋藏阶地六种类型,如图4-7所示。

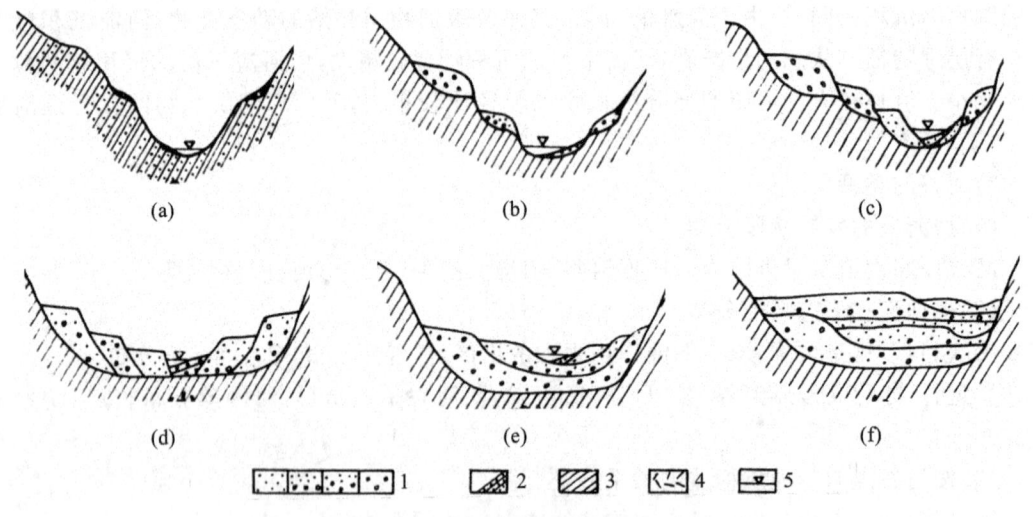

图4-7 河流阶地类型图

(引自武汉地质学院《地貌及第四纪地质学》,1981)

1—不同时代冲积层;2—现代河漫滩;3—基岩;4—坡积物;5—河水位

(a)侵蚀阶地;(b)基座阶地;(c)嵌入阶地;(d)内叠阶地;(e)上叠阶地;(f)埋藏阶地

①侵蚀阶地。

侵蚀阶地(见图4-7(a))发育在地壳上升的山间河谷中,因河流的侵蚀作用,河床底部基岩裸露,并拓宽河谷,致使地壳上升、河流下切而形成。阶地上面没有或很少有冲积物覆盖,且阶地形成后也易因地表流水冲刷而消失。

②基座阶地。

基座阶地(见图4-7(b))是在河流的沉积作用和下切作用交替进行下,侵蚀阶地上覆盖着的一层冲积物,经地壳上升、河水下切而形成的。基岩上部冲积物覆盖厚度一般比较小,整个阶地主要由基岩组成,所以称作基座阶地。

③堆积阶地。

堆积阶地是由河流的冲积物组成的,所以又称冲积阶地。这种阶地多见于河流的中、下游地段。当河流侧向侵蚀时河谷拓宽,同时,谷底发生大量堆积,形成宽阔的河漫滩,然后由于地壳上升、河水下切而形成了堆积阶地。堆积阶地根据形成方式的不同可以分为上叠阶地(见图 4-7(c))和内叠阶地(见图 4-7(d))两种。上叠阶地的特点是新阶地的冲积物完全叠置在老阶地上,说明河流后期下蚀深度及堆积规模都在逐渐减小。内叠阶地的特点是新一级阶地套在老的阶地之内,每次河流下蚀深度都达基岩,而后期堆积作用逐渐减弱。

④嵌入阶地。

嵌入阶地(见图 4-7(e))从外表看全部由冲积物组成,而从横剖面上看新老阶地呈嵌入关系,新的谷底低于老的谷底,新冲积层顶面高于老冲积层的基座。

⑤埋藏阶地。

埋藏阶地(见图 4-7(f))早期形成的阶地被近期冲积层掩埋,老的阶地称为埋藏阶地,如南京古长江两岸在晚更新世末期时形成的 2～3 级阶地。

任务 2　地下水的地质作用

地下水的分类方法很多,归纳起来可分为两类:一类是按地下水的某一特征进行分类,另一类是综合考虑了地下水的某些特征进行分类。地下水按埋藏条件分为包气带水、潜水、承压水;按含水层的空隙性质又分为孔隙水、裂隙水和岩溶水。

1. 含水层、隔水层与透水层

含水层是指在正常水力梯度下,饱水、透水并能产出一定水量的岩土层。在正常水力梯度下不透水或透水相对微弱的岩土层称为隔水层,有时也把弱透水层称为滞水层。隔水层可以含水甚至饱水(如黏土),也可以不含水(如致密的岩石)。

含水层的形成必须具备的条件有:岩土层中有较大(指能透水)的空隙;含水层要为隔水层所限,以便地下水汇集不致流失;含水层要有充分的补给来源。

含水层(广义)在空间分布的几何形态是多样的,但多为层状、似层状,故称为含水层(狭义),如砾石含水层、细砂含水层等。此外,有些含水层还呈带状、脉状分布,此类含水层宜称为含水带,如断层含水带、裂隙含水带等。

2. 地下水的埋藏类型

地下水的埋藏类型是按含水层在地质剖面中所处的部位和受隔水层限制的情况来划分的,可分为包气带水、潜水和承压水(见图 4-8)。

1)包气带水

包气带含有结合水、毛细水和气态水,又称为非饱和带。包气带水受颗粒表面吸附力和孔隙中毛细张力的作用,因此孔隙水压力为负值,其绝对值大小与含水量成反比。在包气带下部地下水面以上,存在毛细饱和带,孔隙水压力为零。

包气带中存在局部隔水层时,降水入渗的重力水可在局部隔水层的上部聚集起来,形成上层滞水(见图 4-8)。上层滞水接近地表,接受大气降水补给,以蒸发形式或向隔水底板边缘排泄。雨季时获得补给,赋存一定水量,旱季时水量逐渐消失。因此,上层滞水变化很不稳定。另外,输水管渗漏也可能形成上层滞水,其动态较稳定。上层滞水危害工程建设,常常突然涌入基坑危害基坑施工安全。上层滞水的供水意义不大。

2)潜水

潜水是埋藏在地面以下第一个稳定隔水层之上具有自由水面的重力水。潜水主要分布于松散土层中。

潜水的自由水面称为潜水面。潜水面上任一点的高程称为该点的潜水位;自地面某点至潜水面的距离称为该点潜水的埋藏深度,潜水到隔水底板的距离称为潜水含水层的厚度(见图4-9)。

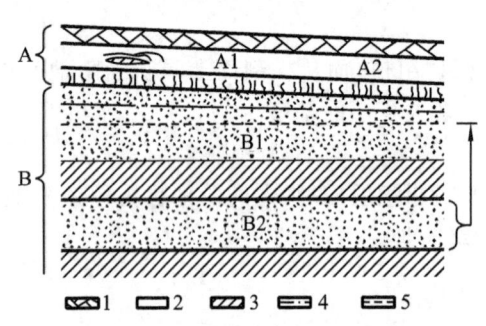

图 4-8　包气带水、潜水和承压水

1—土壤;2—含水层;3—隔水层;4—潜水面;5—承压水面;
A—包气带;B—饱水带;A1—上层滞水;
A2—毛细水带;B1—潜水;B2—承压水

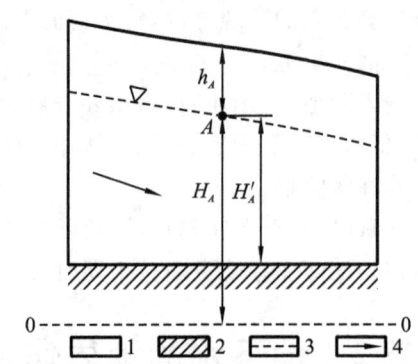

图 4-9　潜水的埋藏

1—含水层;2—隔水层;3—潜水面;4—潜水流向;
h_A—A 点的潜水埋藏深度;H_A—A 点的潜水位;
H'_A—A 点潜水层的厚度

潜水具有如下特征。

①潜水与大气相通,具有自由水面,为无压水。当潜水被不稳定的隔水层覆盖时,如水位超过其底面,局部会承受压力。

②潜水的补给区与分布区一致,直接接受大气降水补给。旱季时,潜水常以蒸发的形式排入大气中。

③潜水动态受气候影响较大,具有明显的季节性变化特征。

④潜水易受地面污染的影响。

潜水面的形状主要受地形控制,基本上与地形倾斜一致,但比地形平缓。河旁平原地区潜水面平缓,微向河流倾斜,潜水流向河流。

潜水面常以潜水等水位线图表示。所谓潜水等水位线图,就是潜水面上高程相等点的连线图,它可解决如下问题。

①确定潜水流向。潜水自水位高的地方向水位低的地方流动,形成潜水流。在等水位线图上,垂直于等水位线的方向即为潜水的流向,如图4-10箭头所示的方向。

②计算潜水的水力坡度。在潜水流向上取两点的水位差除以两点间的距离,即为该段潜水的水力坡度(近似值)。

③确定潜水与地表水之间的关系。如果潜水流向指向河流,则潜水补给河水;如果潜水流向背向河流,则潜水接受河水补给。

④确定潜水的埋藏深度。等水位线图应绘于附有地形等高线的图上。某一点的地形标高与潜水位之差即为该点潜水的埋藏深度。

水量丰富的潜水是良好的供水水源；邻河平原地区的潜水埋藏浅，不利于工程建设。

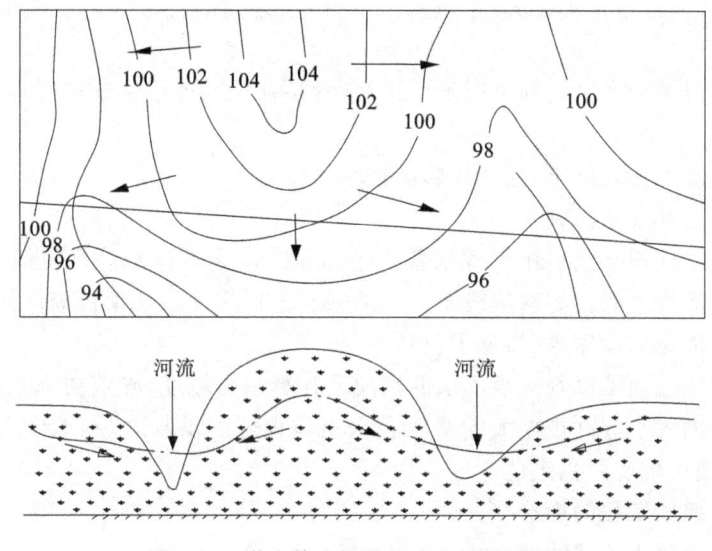

图 4-10　潜水等水位线及水文地质剖面图

3）承压水

承压水是充满两个隔水层之间的含水层中的重力水。如图 4-11 所示，埋藏于向斜盆地中的承压水，承压含水层出露地表较高的一端为补给区 a，较低的一端为排泄区 c，承压含水层上覆隔水层的地区为承压区 b。承压含水层的上覆隔水层称为隔水顶板，下伏隔水层称为隔水底板。隔水顶、底板间的距离为承压含水层的厚度（M）。在承压区，钻孔钻穿隔水顶板后才能见到地下水，此见水高程（H_1）（即隔水顶板底面的标高）称为初见水位。

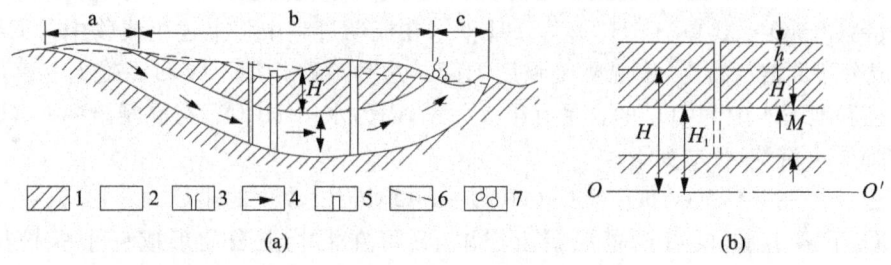

(a)　　　　　　　　　　　　　　(b)

图 4-11　承压水的埋藏

（a）承压水盆地；（b）承压含水层局部

a—补给区；b—承压区；c—排泄区；

1—隔离层；2—含水层；3—钻孔；4—地下水流向；5—测压水位；6—承压水等水位线；7—上升泉

此后，承压水在静水压力作用下沿钻孔上升到一定高度停止下来，此高程称为承压水位或测压水位（H_2）。承压水位高出隔水顶板底面的距离（H），称为承压水头。承压水位高于地表的地区称为自流区，在此区，凡钻到承压含水层的钻孔都形成自流井，承压水沿钻孔上升喷出地表。各井点承压水位连成的面称为承压水面。承压水面不是真正的地下水面，它只是一个压力面。

承压水具有如下特征。

①承压水的重要特征是不具自由水面，并能承受一定的静水压力。承压水承受的压力来自补给区的静水压力和上覆地层压力。由于上覆地层压力是恒定的，故承压水压力的变

化与补给区水位的变化有关。当接受补给水位上升时,静水压力增大。水对上覆地层的浮托力随之增大,从而承压水头增大,承压水位上升;反之,补给区水位下降,承压水位随之降低。

②承压含水层的分布区与补给区不一致,常常是补给区远小于分布区,一般只通过补给区接受补给。

②承压水的动态比较稳定,受气候影响较小。

④承压水不易受地面污染。

承压水面在平面图上用承压水等水位线图表示。所谓承压水等水位线图,就是承压水面上高程相等点的连线图。等水位线图上必须附有地形等高线和顶板等高线。后者表明钻孔钻到什么深度能见到承压水(初见水位)。

承压水等水位线图可以判断承压水的流向及计算水力坡度,确定初见水位、承压水位的埋深及承压水头的大小等。规模大的承压含水层是很好的供水水源;承压水的水头压力能引起基坑突涌,破坏坑底的稳定性。

3. 地下水对建筑工程的影响

1)地下水对混凝土的侵蚀性

土木工程建筑物,如房屋桥梁基础、地下洞室衬砌和边坡支挡建筑物等,都要长期与地下水接触,地下水中各种化学成分与建筑物中的混凝土发生化学反应,使混凝土中某些物质被侵蚀,混凝土强度降低,结构遭到破坏;或者在混凝土中生成某些新的化合物,这些新化合物生成时体积膨胀,使混凝土开裂破坏。

地下水对混凝土的侵蚀有以下几种类型。

(1)溶出侵蚀

硅酸盐水泥遇水硬化,生成氢氧化钙($Ca(OH)_2$)、水化硅酸钙($2CaO \cdot SiO_2 \cdot 12H_2O$)、水化铝酸钙($2CaO \cdot Al_2O_3 \cdot 6H_2O$)等。地下水在流动过程中将上述生成物中的 $Ca(OH)_2$ 及 CaO 成分不断溶解带走,使混凝土强度下降。这种溶解作用不仅和混凝土的密度、厚度有关,而且和地下水中 HCO_3^- 的含量有很大关系,因为水中 HCO_3^- 与混凝土中 $Ca(OH)_2$ 化合生成 $CaCO_3^-$ 沉淀,反应如下。

$$Ca(OH)_2 + Ca(HCO_3)_2 \rightarrow 2\ CaCO_3 \downarrow + 2\ H_2O$$

$CaCO_3$ 不溶于水,既可充填混凝土空隙,又可在混凝土表面形成一个保护层,防止 $Ca(OH)_2$ 溶出,因此,HCO_3^- 含量愈高,水的侵蚀性愈弱,HCO_3^- 含量低于 2.0 mg/L、暂时硬度小于 3 时,地下水发生溶出侵蚀。

(2)碳酸侵蚀

几乎所有的水中都含有以分子形式存在的 CO_2,常称游离 CO_2,水中 CO_2 与混凝土中 $CaCO_3$ 的化学反应是一种可逆反应,反应如下。

$$CaCO_3 + CO_2 + H_2O \leftrightarrow Ca(HCO_3)_2 \leftrightarrow Ca^{2+} + 2HCO_3^-$$

当 CO_2 含量过多时,反应向右进行,$CaCO_3$ 不断被溶解;当 CO_2 含量过少时,或水中 HCO_3^- 含量过高时,反应向左进行,析出固体的 $CaCO_3$。只有当 CO_2 与 HCO_3^- 的含量达到平衡时,化学反应停止进行,此时所需的 CO_2 含量称为平衡 CO_2。若游离 CO_2 含量超过平衡 CO_2 所需的含量,则超出的部分称为侵蚀性 CO_2,它使混凝土中 $CaCO_3$ 被溶解,直到形成新的平衡为止。可见,侵蚀性 CO_2 愈多,其对混凝土的侵蚀性愈强。当地下水流量、流速都较大时,CO_2 容易不断得到补充,平衡不易建立,侵蚀作用不断进行。

（3）硫酸盐侵蚀

水中 SO_4^{2-} 含量超过一定数值时，对混凝土造成侵蚀破坏。SO_4^{2-} 含量超过 250 mg/L 时，就可能与混凝土中的 $Ca(OH)_2$ 作用，生成石膏。石膏在吸收 2 分子结晶水、生成二水石膏（$CaSO_4 \cdot 2H_2O$）的过程中，体积膨胀到原来的 1.5 倍。SO_4^{2-}、石膏还可以与混凝土中的水化铝酸钙作用，生成水化硫铝酸钙结晶，其中含有多达 31 分子的结晶水，又使新生成物增大到原来体积的 2.2 倍，反应如下。

$$3(CaSO_4 \cdot 2H_2O) + 3CaO \cdot Al_2O_3 \cdot 6H_2O + 19H_2O \longrightarrow 3CaO \cdot Al_2O_3 \cdot 3CaSO_4 \cdot 31H_2O$$

水化硫铝酸钙的形成使混凝土严重溃裂，现场称之为水泥细菌。

当使用含水化铝酸钙极少的抗酸水泥时，可大大提高抗硫酸盐侵蚀的能力，SO_4^{2-} 含量低于 3 000 mg/L 时，都不具有硫酸盐侵蚀性。

（4）一般酸性侵蚀

地下水的 pH 值较小时，酸性较强，这种水和混凝土中 $Ca(OH)_2$ 作用生成 $CaCl_2$、$CaSO_4$ 等各种钙盐。若生成物易溶于水，则混凝土被侵蚀。一般认为 pH 值小于 5.2 时具有一般酸性侵蚀。

（5）镁盐侵蚀

地下水中的镁盐（$MgCl_2$、$MgSO_4$ 等）与混凝土中的 $Ca(OH)_2$ 作用生成易溶于水的 $CaCl_2$ 及易产生硫酸盐侵蚀的 $CaSO_4$，使 $Ca(OH)_2$ 含量降低，引起混凝土中其他水化物的分解破坏。一般认为 Mg^{2+} 含量大于 1000 mg/L 时具有侵蚀性。通常地下水中 Mg^{2+} 含量都低于此值。

2）基坑沉降

在松散沉积层中进行深基础施工时，往往需要人工降低水位。若降水不当，会使周围地基土层产生固结沉降。轻者造成邻近建筑物或地下管线的不均匀沉降，重者使建筑物基础下的土体颗粒流失，甚至掏空，导致建筑物开裂甚至危及安全。

附近抽水井滤网和砂滤层的设计不合理或施工质量差，则抽水时会将软土层中的粘粒、粉粒、甚至细砂等细小颗粒随同地下水一起带出地面，使周围地面土层很快发生不均匀沉降，造成地面建筑物和地下管线不同程度的损坏。另一方面，井管开始抽水时，井内水位下降，井外含水层中的地下水不断流向滤管，经过一段时间后，在井周围形成漏斗状的弯曲水面——降水漏斗。在这一降水漏斗范围内的软土层会发生渗透固结，从而造成地基土沉降。而且，由于土层的不均匀性和边界条件的复杂性，降水漏斗往往是不对称的，因而使周围建筑物或地下管线产生不均匀沉降，甚至开裂。

3）流砂

流砂是地下水自下而上渗流时土产生流动的现象，它与地下水的动水压力有密切的关系。当地下水的动水压力大于土粒的浮容重或地下水的水力坡度大于临界水力坡度时，就会产生流砂。这种情况的发生是由于在地下水位以下开挖基坑、埋设地下水管、打井等工程活动而引起的，所以流砂是一种工程地质现象，易发生在细砂、粉砂、粉质黏土等土中。流砂在工程施工中能造成大量的土体流动，致使地表塌陷或建筑物的地基破坏，给施工带来很大困难，或直接影响建筑工程及附近建筑物的稳定，因此，必须进行防治。

在可能产生流砂的地区，若其上面有一定厚度的土层，应尽量利用上面的土层作为天然地基，也可用桩基穿过流砂。总之，尽可能地避免开挖。如果必须开挖，可用下列方法处理流砂。

①人工降低水位:使地下水位降至可能产生流砂的地层以下,然后开挖。

②打板桩:在土中打入板桩,板桩一方面可以加固坑壁,另一方面可以增加地下水位的渗流路程,以减小水力坡度。

③冻结法:用冻结方法使地下水结冰,然后开挖。

④水下挖掘:在基坑(或沉井)中用机械在水下挖掘,避免因排水而造成产生流砂的水头差,为了增加砂的稳定,也可向基坑中注水并同时进行挖掘。

此外,处理流砂的方法还有化学加固法、爆炸法及加重法等。在基槽开挖的过程中,局部地段出现流砂时,立即抛入大块石头等,可以克服流砂的活动。

4)潜蚀

潜蚀作用可分为机械潜蚀和化学潜蚀两种。机械潜蚀是指土粒在地下水的动水压力作用下受到冲刷,将细粒冲走,使土的结构破坏,形成洞穴的作用;化学潜蚀是指地下水溶解土中的易溶盐分,使土粒间的结合力和土的结构破坏,土粒被水带走,形成洞穴的作用。这两种作用一般是同时进行的。在地基上层内如具有地下水的潜蚀作用时,将会破坏地基土的强度,形成中洞,产生地表塌陷,影响建筑工程的稳定。在我国的黄土层及岩溶地区的土层中,常有潜蚀现象产生,修建建筑物时应予以注意。

对潜蚀的处理可以采取堵截地表水流入土层、阻止地下水在土层中流动、设置反滤层、改造土的性质、减小地下水流速及水力坡度等措施。这些措施应根据当地的地质条件分别采用或综合采用。

5)地下水的浮托作用

建筑物基础底面位于地下水位以下时,地下水对基础底面产生静水压力,即产生浮托力。如果基础位于粉性土、砂性土、碎石土和节理裂隙发育的岩石地基上,则按地下水位的100%计算浮托力;如果基础位于节理裂隙不发育的岩石地基上,则按地下水位的50%计算浮托力;如果基础位于黏性土地基上,其浮托力较难确切地确定,应结合地区的实际经验考虑。

地下水不仅会对建筑物基础产生浮托力,而且会对其水位以下的岩石、土体产生浮托力。

6)基坑突涌

当基坑下伏有承压含水层时,外挖基坑减小了底部隔水层的厚度。当隔水层较薄、不能经受住承压水头压力作用时,承压水的水头压力会冲破基坑底板,这种工程地质现象被称为基坑突涌。

任务 3 岩石中的空隙与岩石的水理性质

岩石中的空隙包括孔隙、裂隙及溶隙,它们是地下水赋存和运动的通道。空隙的大小和多少决定着岩石透水的能力和含水量。空隙大,水能自由透过的岩层称为透水层;空隙小,能含水但难于透过的岩层称为隔水层;饱含地下水的透水层称为含水层。一般来说,颗粒分选好以及排列疏松的岩石含水量较大。地下水中含有多种元素的离子、分子和化合物。

1. 岩石中的空隙

坚硬的岩石或多或少含有空隙,松散土中则有大量的空隙存在。岩石空隙是地下水赋存和运动的空间,研究地下水时必须首先研究岩石空隙。根据岩石空隙的成因不同,可把空隙分为孔隙、裂隙和溶隙三大类。

1)孔隙

松散颗粒物中颗粒或颗粒集合体之间普遍存在着呈小孔状分布的空隙,称为孔隙。衡量孔隙发育程度的指标是孔隙度 n 或孔隙比 e。土的孔隙度的参考值如表 4-1 所示。

表 4-1 土的孔隙度的参考值

土名称	砾土	砂	粉砂	黏土
孔隙度(%)	25～40	25～50	35～50	40～70

孔隙度的大小主要取决于岩石的密实程度及分选性。此外,颗粒形状和胶结程度对孔隙度也有影响。岩石越疏松,分选性越好(见图 4-12(a)),孔隙度越大;反之,土越紧密(见图 4-12(b))或分选性越差,孔隙度越小(见图 4-12(c))。土孔隙部分被胶结物充填,孔隙度变小(见图 4-12(d))。

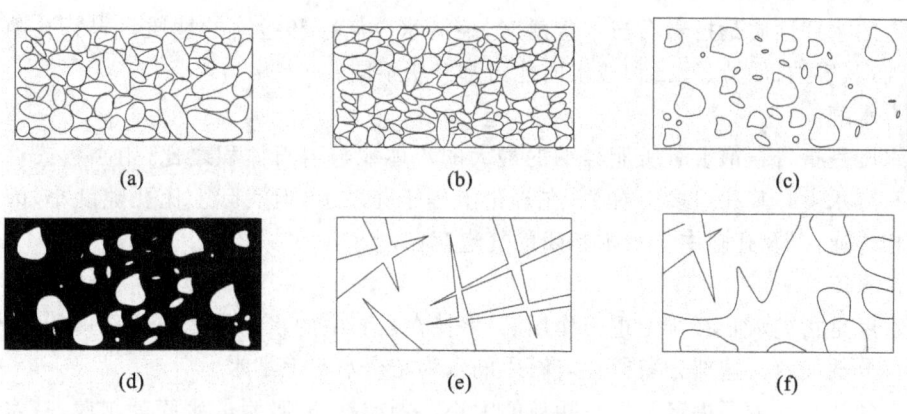

图 4-12 岩石的孔隙

(a)分选良好、排列疏松的砂;(b)分选良好、排列紧密的砂;(c)分选不好、含泥砂的砾石;
(d)部分胶结的砂岩;(e)有裂隙的岩石;(f)有溶隙的可溶岩

2)裂隙

坚硬岩石受地壳运动及其他内外地质应力作用的影响产生的空隙,称为裂隙,如图 4-12(e)所示。

裂隙的发育程度除与岩石受力条件有关外,还与岩性有关。质坚性脆的岩石,如石英岩、致密石灰岩等张性裂隙发育,透水性较好;质软具塑性岩石,如泥岩、泥质页岩等闭性裂隙发育,透水性很差,甚至不透水,构成隔水层。

衡量岩石裂隙发育程度的指标称为裂隙率(K_t),它是裂隙体积与包括裂隙体积在内的岩石总体积的比值,用小数或百分数表示,其计算式如下。

$$K_t = \frac{V_t}{V} \tag{4-1}$$

式中 K_t——裂隙率;

V_t——裂隙体积,m^3;

V——岩石总体积,m^3。

3)溶隙

可溶性岩石(如石灰岩、白云岩等)中的裂隙经地下水流长期溶蚀而形成的空隙称为溶隙(见图 4-12(f))。

衡量可溶性岩石岩溶发育程度的指标为溶隙率(K_k),其计算式如下。

$$K_k = \frac{V_k}{V} \tag{4-2}$$

式中　　K_k——溶隙率;

　　　　V_k——溶隙体积,m^3;

　　　　V——岩石总体积,m^3。

研究岩石的空隙时,不仅要研究空隙的多少,而且更重要的是还应研究空隙本身的大小、空隙间的连通性和分布规律。松散土孔隙大小和分布都比较均匀,且连通性好;岩山裂隙的宽度、长度和连通性差异很大,分布不均匀;溶隙大小相差悬殊,分布很不均匀,连通性更差。

2.岩石的水理性质

岩石的水理性质是指岩石与水接触时,控制水分储存和运输的性质。岩石孔隙大小和数量不同,其容纳、保持、释出和透水的能力都有所不同。

1)容水度

容水度是指岩石饱水时所能容纳的最大的水体积与岩石体积之比,用小数或百分数表示。岩石容水度与其孔隙多少有关,在理论上等于孔隙度,但实际上比孔隙度小,因为有些孔隙不相连通,以及孔隙中有被水封闭的气泡存在。

2)持水度

持水度是指饱水岩石在受重力作用后,保持在岩石中的水的体积与岩石体积的比值,用小数或百分数表示。这部分滞留在岩石中的水为结合水和毛细水。

岩石的持水度主要决定于岩石颗粒的大小。颗粒越细,吸附的水膜就越厚,持水度就越大;反之,持水度就越小(见表 4-2)。

表 4-2　持水度与岩石颗粒直径的关系

颗粒直径(mm)	持水度(%)	颗粒直径(mm)	持水度(%)
1.00~0.50	1.57	0.10~0.05	4.75
0.50~0.25	1.60	0.05~0.005	10.18
0.25~0.10	2.73	<0.005	44.85

3)给水度

给水度指的是潜水面下降 1 个单位深度,在重力作用下从单位含水层面积柱体所释出的水量。给水度以小数或百分数表示。

给水度等于容水度减去持水度。一般颗粒越粗,给水度越大;反之,给水度越小(见表 4-3)。

表 4-3　某些岩石的给水度

岩石名称	给水度(%)	岩石名称	给水度(%)
砾石	0.35~0.30	细砂	0.20~0.15
粗砂	0.30~0.25	极细砂	0.15~0.10
中砂	0.25~0.20		

4）透水性

岩石的透水性是指岩石允许水透过的能力。评价岩石透水性的指标是渗透系数。

岩土透水性的大小主要取决于孔隙的大小。颗粒较粗的岩土具有较大的粒间孔隙，水流受阻力较小，因此透水性好；反之，透水性差。颗粒很细的黏土，虽然孔隙度很大，但粒间孔隙极易被结合水充满，不存在水流动的空间，因而不透水。表 4-4 列出了岩土的渗透系数数量级。

表 4-4　岩土的渗透系数数量级

细粒土		粗粒土		裂隙岩体	
粉土	$10^{-3} \sim 10^{-4}$	粗粒	$>10^{-4}$	岩溶化	$>10^{-2}$
粉质黏土	$10^{-5} \sim 10^{-6}$	粗砂及细砂	$0.1 \sim 10^{-3}$	裂隙化	$10^{-2} \sim 10^{-3}$
黏土	$10^{-7} \sim 10^{-8}$	细砂、粉砂	$10^{-3} \sim 10^{-5}$	细裂隙化	$10^{-5} \sim 10^{-7}$
				黏土质	$<10^{-6}$

5）毛细性

岩石的毛细性指的是岩石中的水在毛细张力（负压）作用下，沿毛细孔隙向各个方向运动的性能。在地下水面以上，水在毛细张力作用下，沿毛细孔隙上升到一定高度停止下来，此高度称为毛细上升高度，由下式计算。

$$h_c = \frac{0.03}{D} \tag{4-3}$$

式中　h_c——毛细上升高度，cm；

　　　D——毛细孔隙平均直径，mm。

不同的土的毛细上升高度如表 4-5 所示。

表 4-5　土的毛细水上升高度　　　　　　（单位：cm）

名称	细砾	极粗砾	粗砂	中砂	细砂	粉砂
粒度	$2 \sim 5$	$1 \sim 2$	$0.5 \sim 1$	$0.2 \sim 0.5$	$0.1 \sim 0.2$	$0.05 \sim 0.1$
毛细上升高度	2.5	6.5	13.5	24.6	42.8	105.5

【思考题】

1.岩石中有哪些形式的水？各有什么特点？

2.地下水有哪些主要的化学成分？简要说明它们在水中存在的形式和来源。

3.什么是含水层？含水层划分的依据是什么？如何考虑划分的相对性？

4.地基沉降的原因是什么？

5.简述地下水对混凝土结构的腐蚀特点。

模块五　岩体稳定的工程地质分析

【学习目的与要求】

1. 了解结构面、结构体的类型和特征；
2. 了解岩体的天然应力状态；
3. 熟悉工程岩体的分类方法；
4. 掌握岩体、结构面、结构体的概念；
5. 掌握影响工程岩体分类的因素。

任务 1　岩体的结构特征

1. 岩体的概念

地质学中把具有一定化学成分及结构的化合物称为矿物。由一种或几种矿物组成的具有一定构造和结构的集合体称为岩石。由岩石组成的岩块及在结构面切割下具有一定的结构和构造、占据地球上一定空间的实体称为地质体。地质工作者把含有有用矿物的地质体作为矿床来研究时则称其为矿体。工程上把地质体作为工程作用或力学作用对象研究时则称其为岩体。狭义上,有时把工程作用涉及的地质体称为岩体。显然,岩体和地质体是同一物体的两个专用名称,它们都是地壳的一部分。当我们研究它的力学作用时则称其为岩体。岩体并不具有尺寸大小的限制,它的尺寸是相对的,视研究问题的需要来圈定。岩体和地质体的区别不在于其规模的大小不同,而在于研究的目的和内容不同。大多数情况下,岩体的规模小于地质体。从这个意义上来说,可以把岩体视为地质体的一部分。

岩体是有结构的。岩体的力学作用主要受岩体的结构面及岩体结构的控制。岩体结构是在岩体形成过程中及经过后期构造作用而形成的。岩体在其形成过程中一方面形成了它的物质建造,另一方面形成了它的原生结构;而后经过多次构造运动的改造形成了今日的岩体特征。

在认识岩体特征时,还必须与岩体赋存的地质环境,特别是地应力、地下水及地温状况,结合起来考虑。这些因素可以使具有相同结构的同一种岩石组成的岩体具有不同的力学介质特征。

因此,岩体是指地质历史过程中形成的,由岩块和结构面网络组成的,具有一定的结构并赋存于一定的天然应力状态和地下水等地质环境中的地质体。岩块是指不含显著结构面的岩石块体,是构成岩体的最小岩石单元体,也被称为结构体。结构面是指地质历史发展过程中,在岩体内形成的,具有一定的延伸方向和长度,厚度相对较小的地质界面或带。

2. 岩体的形成

岩体是在多次地质作用下形成的。总的来说,岩体是经历着建造和改造两大过程而形成的。

组成岩体的物质的形成过程称为建造过程。不同的岩石类型有不同的建造过程。沉积岩一般经过母岩破碎、搬运、沉积、压密固结及成岩过程而形成。岩浆岩一般经过侵入及喷出,将埋藏在地球深处的岩浆运移到地壳表层或地表,然后冷却、凝固和结晶,使岩浆转化成岩浆岩。变质岩的形成多为渐变的过程。它的转化与母岩所处的物理、化学环境密切相关,即与母岩所受的温度、压力及介质环境密切相关。一般来说,岩浆岩经过变质后,其力学性质向变坏的方向发展,特别是经过变质作用后增加了含水绿色矿物组分及片理构造的岩浆岩,这是使作为母岩的岩浆岩强度降低、变形增大的主要原因。而沉积岩经过变质后,其力学性质一般会变好。

岩体是经过建造作用和内外应力综合作用改造后形成的。岩体的改造作用可以分为三种类型:①风化作用;②卸荷作用;③构造作用。风化作用一方面使岩石矿物发生转化,另一方面使岩体产生裂隙,这种裂隙主要是物理风化的作用结果。地壳深部的岩体经过构造作用可以出露于地壳表层,岩体所受的温度和压力条件发生了巨大的变化,导致岩体内应力状况发生变化,从而使近地表的岩体内产生卸荷裂隙。

构造作用是岩体改造的主要方面。这一改造作用的特点是范围大、时间长、次数多,改造后的岩体变为断层、节理纵横交错的多裂隙岩体。显然,构造作用次数愈多,岩体愈破碎,岩体力学特性愈恶化。

3. 结构面

岩体内开裂和易开裂的面,如层面、片理、节理、断层、不整合接触界面等,又称为不连续面。岩体与一般物质的重大差别在于它是受结构面纵横切割、具有一定结构的多裂隙体。岩体内的结构面及在它控制下形成的岩体结构控制着岩体的变形、破坏机制及力学法则。

岩体内结构面的成因类型有如下三种。

①原生结构面:原生结构面主要指在岩体形成过程中形成的结构和结构面。如岩浆岩体冷却收缩时形成的原生节理面、流动构造面、与早期岩体接触的各种接触面;沉积岩体内的层理面,不整合面;变质岩体内的片理、片麻理构造面等。

②构造结构面:构造结构面是岩体形成后,由于地壳运动在岩体内产生的各种破裂面,如断层面、错动面、节理面及劈理面等。

③次生结构面:次生结构面是指在外应力作用下产生的风化裂隙面及卸荷裂隙面等。

结构面成因类型及主要特征如表 5-1 所示。

表 5-1 结构面成因类型及主要特征

序号	成因	地质类型	主 要 特 征
1	沉积结构面	①层面; ②软弱夹层; ③沉积间断面	①产状与岩层一致; ②一般延续性较强; ③易受构造及次生作用而恶化
	火成结构面	①火成接触面; ②岩流层面; ③冷凝节理	①产状受岩浆岩形态控制; ②接触面一般延伸较远,原生节理则较短小; ③火成岩流间可有泥质充填
	变质结构面	①片理; ②软弱夹层	①产状有区域性; ②延续一般较差; ③一般在深部闭合,在地表显现

序号	成因	地质类型	主 要 特 征
2	构造结构面	①劈理； ②节理； ③断层； ④层间破碎夹层	①产状和岩层产状有一定关系； ②特性和力学成因关系密切； ③常为原生结构面的构造演化产物
3	次生结构面	①卸荷裂隙； ②风化裂隙； ③风化夹层； ④泥化夹层； ⑤层面及裂隙夹泥	①在地表部位发育； ②延续性不强； ③产状变化大； ④结构面常有泥质物充填

一般情况下,结构面在岩体中是力学强度相对薄弱的部位。因此,岩体的力学性质及岩体的稳定性,很大程度上取决于岩体中结构面的工程性质。结构面工程性质的影响因素主要有结构面的类型、组数、密度、产状,结构面粗糙度和结构面壁强度,结构面长度、张开度,充填物性质及厚度,含水情况等。

4. 结构体

岩体中被结构面切割而产生的单个岩石块体称为结构体。前面提到,结构体是不含显著结构面的岩石块体,是构成岩体的最小岩石单元体。受结构面组数、密度、产状、长度等因素的影响,结构体可以形成各种形状。常见的有块状、柱状、板状、锥状、楔形体、菱面体等。结构体形状、大小、产状和所处位置不同,其工程稳定性大不一样。

5. 岩体结构及类型

岩体中结构面和结构体的组合关系叫作岩体结构,其组合类型叫作岩体结构类型(见表5-2)。不同结构类型的岩体,其力学性质有着明显差别。

表 5-2 岩体按结构类型分类

岩体结构类型	岩体地质类型	结构体形状	结构面发育情况	岩土工程特征	可能发生的岩土工程问题
整体状结构	巨块状岩浆岩和变质岩,巨厚层沉积岩	巨块状	以层面和原生、构造节理为主,多呈闭合型,间距大于1.5 m,一般为1～2组,无危险结构	岩体稳定,可视为均质弹性各向同性体	局部滑动或坍塌,深埋洞室的岩爆
块状结构	厚层状沉积岩,块状岩浆岩和变质岩	块状、柱状	有少量贯穿性节理裂隙,结构面间距0.7～1.5 m,一般为2～3组,有少量分离体	结构面互相牵制,岩体基本稳定,接近弹性各向同性体	

续表

岩体结构类型	岩体地质类型	结构体形状	结构面发育情况	岩土工程特征	可能发生的岩土工程问题
层状结构	多韵律薄层、中厚层状沉积岩,副变质岩	层状、板状	有层理、片理、节理,常有层间错动	变形和强度受层面控制,可视为各向异性弹塑性体,稳定性较差	可沿结构面滑塌,软岩可产生塑性变形
碎裂状结构	构造影响严重的破碎岩层	碎块状	断层、节理、片理、层理发育,结构面间距 0.25～0.50 m,一般 3 组以上,有许多分离体	整体强度很低,并受软弱结构面控制,呈弹塑性体,稳定性很差	易发生规模较大的岩体失稳,地下水加剧失稳
散体状结构	断层破碎带,强风化及全风化带	碎屑状	构造和风化裂隙密集,结构面错综复杂,多充填黏性土,形成无序小块和碎屑	完整性遭到极大破坏,稳定性极差,接近松散体介质	易发生规模较大的岩体失稳,地下水加剧失稳

注:引自《岩土工程勘察规范(2009 年版)》(GB 50021—2001)。

任务 2　岩体的天然应力状态

　　岩体的天然应力也称地应力、原岩应力、初始应力、一次应力,是指早期存在于地壳岩体中的应力。由于工程开挖,一定范围内岩体中的应力受到扰动而重新分布,则称为二次应力或扰动应力,在地下工程中称为围岩应力。

　　岩体是天然状态下长期、复杂的地质作用过程的产物,岩体中的地应力场是多种不同成因、不同时期应力场叠加的综合结果。地应力包括岩体自重应力、地质构造应力、地温应力、地下水压力以及结晶作用、变质作用、沉积作用、固结脱水作用等引起的应力。在通常情况下,构造应力和自重应力是地应力中最主要的成分和经常起作用的因素。

1. 自重应力

　　在重力场作用下生成的应力为自重应力。其中垂直应力

$$\sigma_v = \gamma h \tag{5-1}$$

式中　γ——岩石的容重,N/m;

　　　h——该点的埋深,m;

　　　σ_v——垂直应力,N。

　　另外,由于泊松效应(即侧向膨胀)造成的水平应力

$$\sigma_h = \frac{\mu}{1-\mu}\sigma_v = \lambda\sigma_v \tag{5-2}$$

式中　μ——泊松比；

　　　λ——侧压力系数；

　　　σ_v——垂直应力，N；

　　　σ_h——水平应力，N。

对于大多数坚硬岩体，μ 为 0.2～0.3，即 λ 为 0.25～0.43。对于半坚硬岩体，λ 大于 0.43，且当上覆荷载大，下部岩体呈塑流时，μ 接近 0.5，λ 接近 1，即近似静水压力状态。

2. 构造应力

地壳运动在岩体内形成的应力称为构造应力。构造应力可分为活动构造应力和剩余构造应力两类。

活动构造应力是指地壳内现在正在积累的能够导致岩石变形和破裂的应力，其与区域稳定和岩体稳定密切相关。

剩余构造应力是古构造运动残留下来的应力。

3. 地应力基本规律

从实测地应力结果中减去岩体自重应力场，便可用来评价地质构造应力特征。构造应力场多出现在新构造运动比较强烈的地区。根据国内外实测地应力资料，最大测深已超过 3 km，但大部分测点位于地下 1 km 范围之内。

从实测地应力资料分析，地应力基本规律可归纳为如下几点。

①在浅部岩层，地应力垂直应力值接近于岩体自重应力；大约 3/4 的实测资料表明，水平应力大于垂直应力。

②在深部岩层，如 1 km 以下，两者渐趋一致，甚至垂直应力大于水平应力。

③水平应力有各向异性。

④最大主应力在平坦地区或深层受构造方向控制，而在山区则和地形有关，在浅层往往平行于山坡方向。

⑤由于大多数岩体都经历过多次地质构造运动，组成岩石的各种矿物的物理、力学性质也不相同，因而地应力中的一部分以"封闭"或"冻结"状态存在于岩石中。

在岩土工程，特别是地下工程建设中，地应力有十分重要的意义。在高地应力地区修筑的隧道及地下洞库中，常遇到坚硬岩层中的岩爆现象和软弱岩层中的流变现象，给工程施工带来了危害。

任务 3　岩体质量及工程分级

影响岩体稳定性的因素很多，有岩性、岩石结构构造、结构面特征及其组合、岩体结构及其完整性、地下水、地应力，等等。为了评价各方面因素对岩体性质及稳定性的影响，为岩石工程设计和施工提供依据，并保证岩石工程建设与运营安全、经济，工程中引入了工程岩体分类（分级）。

1. 工程岩体分类的独立影响因素

1）岩石材料的质量

岩石材料的质量主要表现在岩石的强度和变形性质方面，可以通过单轴抗压强度试验以及点荷载试验结果对其进行评价。

2）岩体的完整性

岩体的完整性取决于不连续面的组数和密度，可用结构面频率、间距、岩芯采取率、岩石质量指标(RQD)以及完整性系数作为定量指标对其进行描述。这些定量指标是表征岩体工程性质的重要参数。

3)地下水的影响

地下水的影响表现为渗流、软化、膨胀、崩解、静水压力及动水压力等。

4)地应力

地应力难以测定,它对工程的影响程度也难以确定,因此,其影响一般在综合因素中反映。

2.工程岩体分类(分级)方法

工程岩体分类(分级)方法较多,有定性、半定量和定量等分类方法。考虑的因素也比较多,有考虑单因素和多因素的分类方法,还有考虑施工因素的影响的分类方法。以下给出几种国内外典型的工程岩体分类(分级)方法。

1)按岩石质量指标(RQD)分类

RQD(rock quality designation index)是指在钻孔时,用大于 75 mm 双层岩芯管、金刚石钻头获取的大于 10 cm 的岩芯段累计长度与计算总长度的百分比,即岩芯采样率。迪尔(Deer,1967)提出根据钻探得到的岩芯来定量评价岩体的质量。他认为钻探时岩芯的采取率、岩芯的平均长度和最大长度受岩体的原始裂隙、硬度、均匀性支配,岩体质量好坏取决于长度小于 10 cm 以下的细小岩块所占的比例。RQD 值定义为长度大于 10 cm 的岩芯总长度与钻进总进尺的比值,以百分数表示,即

$$RQD = \frac{L_P(> 10 \text{ cm 的岩芯断块长度})}{L_t(岩芯进尺总长度)} \times 100\% \tag{5-3}$$

用 RQD 值来描述岩石的质量分级见表 5-3。

表 5-3 按 RQD 大小来进行的岩石工程分级

等 级	RQD(%)	工程分级
Ⅰ	90~100	极好的
Ⅱ	75~90	好的
Ⅲ	50~75	中等的
Ⅳ	25~50	差的
Ⅴ	0~25	极差的

2)按岩体地质力学(RMR)分类

Bieniawski 岩体分级(RMR)法最初以 300 多条隧道的记录为基础,数据库开始主要以非洲的经验为基础,此后在世界范围内不断扩充数据,在 1976 年第 1 版得到广泛传播之后,Bieniawski 对 RMR 参数进行了多次修改。目前应用的版本是 RMR_{89}。

RMR 分级法是采用 5 个岩体特征参数量化值,即岩石强度 A_1(点荷载强度系数 I_s、单轴抗压强度 σ_c)、岩石质量指标 A_2(RQD)、结构面间距 A_3、不连续结构面特征 A_4、地下水 A_5,计算出岩体分级基数(RMR_{basic}),然后通过不连续结构面修正系数 B,综合计算出标准 RMR(或 RMR_{89})值,RMR 值为在 0~100 范围内的数值。计算如下。

$$RMR_{basic} = A_1 + A_2 + A_3 + A_4 + A_5 \tag{5-4}$$

$$RMR_{89} = RMR_{basic} + B \tag{5-5}$$

下面详细介绍各个岩体特征参数评分标准。

(1)岩石强度 A_1 和岩石质量指标 A_2

根据点荷载强度系数 I_s、单轴抗压强度 σ_c 和岩石质量 RQD 值,按照表 5-4 确定对应项的评分值。

表 5-4 岩石强度和岩石质量指标评分表

	完整岩石强度	点荷载强度系数 I_s(MPa)	>10	4~10	2~4	1~2	0~1		
A_1		单轴抗压强度 σ_c(MPa)	>250	100~250	50~100	25~50	5~25	1~5	<1
		分值	15	12	7	4	2	1	0
A_2	岩石质量 RQD		90%~100%	75%~90%	50%~75%	25%~50%	<25%		
	分值		20	17	13	8	3		

(2)结构面间距 A_3

对岩体结构面进行调查,统计结构面平均间距,按照表 5-5 进行评分。

表 5-5 结构面间距评分表

A_3	结构面间距	>2 m	0.6~2 m	200~600 mm	60~200 mm	<60 mm
	分值	20	15	10	8	5

(3)不连续结构面特征 A_4

对岩体结构面进行调查,根据不连续结构面的长度、间距、粗糙程度、填充物情况和结构面处岩石风化程度等,按照表 5-6 进行评分。

表 5-6 不连续结构面特征评分表

	不连续结构面特征	表面很粗糙、不连续、无间距、围岩没有风化	表面粗糙、间距小于 1 mm、围岩轻度风化	表面粗糙、间距小于 1 mm、围岩风化严重	擦痕面、填充物厚度小于 5 mm、结构面间距 1~5 mm、连续	低硬度、填料厚度大于 5 mm、结构面间距大于 5 mm、连续
A_4	分值	30	25	20	10	0
	不连续结构面长度	<1 m	1~3 m	3~10 m	10~20 m	>20 m
	分值	6	4	2	1	0
	不连续结构面间距	无	<0.1 mm	0.1~1 mm	1~5 mm	>5 mm
	分值	6	5	4	1	0
	粗糙程度	非常粗糙	粗糙	微粗糙	光滑	擦痕面
	分值	6	5	3	1	0
	空隙填充物	无	硬填充物小于 5 mm	硬填充物大于 5 mm	软填充物小于 5 mm	软填充物大于 5 mm
	分值	6	4	2	2	0
	岩石风化程度	未受风化	轻微风化	中等风化	严重风化	分解
	分值	6	5	3	1	0

（4）地下水 A_5

根据隧道掘进过程中地下水水量和水压的测定以及渗漏水情况的直观判断,按照表 5-7 进行评分。

表 5-7　地下水条件评分表

A_5	隧道每 10 m 的进水量(L/min)	无	<10	10～25	25～125	>125
	水压(MPa)	0	<0.1	0.1～0.2	0.2～0.5	>0.5
	总体特征	整体干燥	潮湿	湿	滴水	流水
	分值	15	10	7	4	0

（5）不连续结构面方向修正系数 B

根据不连续面的走向和隧道轴线的关系、隧道掘进方向和不连续结构面的倾角,评定不连续面的影响程度(见表 5-8),然后确定不连续结构面方向修正系数,如表 5-9 所示。

表 5-8　不连续结构面影响程度评价表

不连续结构面的走向和隧道轴线的关系			
走向垂直于隧道轴线		走向平行于隧道轴线	
隧道沿倾向方向掘进		倾角 45°～90°:很好	倾角 20°～45°:一般
倾角 45°～90°:很好	倾角 20°～45°:好		
隧道逆倾向方向掘进		倾角 0°～20°:一般(不考虑方向)	
倾角 45°～90°:一般	倾角 20°～45°:差		

表 5-9　不连续结构面方向修正系数 B 评分表

不连续结构面走向及倾向	很好	好	一般	差	极差
分值	0	−2	−5	−10	−12

（6）围岩级别划分

通过对围岩的 $A_1 \sim A_5$ 的 5 个岩体特征参数和修正系数 B 进行评分,然后计算出 $RMR_{89} = A_1 + A_2 + A_3 + A_4 + A_5 + B$ 值,按照表 5-10 可得出围岩的级别。

表 5-10　围岩级别划分表

RMR_{89} 值	100～81	80～61	60～41	40～21	<21
围岩级别	Ⅰ	Ⅱ	Ⅲ	Ⅳ	Ⅴ
评价结论	岩质非常好	岩质好	岩质一般	岩质差	岩质极差

3）我国《工程岩体分级标准》(GB 50218—1994)定级方法

根据我国国家标准《工程岩体分级标准》(GB 50218—1994),岩体基本质量分级,应根据岩体基本质量的定性特征和岩体基本质量指标(BQ)两者相结合,按表 5-11 确定。

表 5-11　岩体基本质量分级

基本质量级别	岩体基本质量的定性特征	岩体基本质量指标(BQ)
Ⅰ	坚硬岩,岩体完整	>550

基本质量级别	岩体基本质量的定性特征	岩体基本质量指标（BQ）
Ⅱ	坚硬岩，岩体较完整； 较坚硬岩，岩体完整	451～550
Ⅲ	坚硬岩，岩体较破碎； 较坚硬岩或软硬岩互层，岩体较完整； 较软岩，岩体完整	351～450
Ⅳ	坚硬岩，岩体破碎； 较坚硬岩，岩体较破碎至破碎； 较软岩或软硬岩互层，且以软岩为主，岩体较完整至较破碎； 软岩，岩体完整至较完整	251～350
Ⅴ	较软岩，岩体破碎； 软岩，岩体较破碎至破碎； 全部极软岩及全部极破碎岩	≤250

岩体基本质量的定性特征，应按表 5-12 和表 5-13 所确定的岩石坚硬程度和岩体完整程度来组合确定。

表 5-12　岩石坚硬程度的定性划分

名称		定性鉴定	代表性岩石
硬质岩	坚硬岩	锤击声清脆，有回弹，震手，难击碎；浸水后大多无吸水反应	未风化至微风化的：花岗岩、正长岩、闪长岩、辉绿岩、玄武岩、安山岩、片麻岩、石英片岩、硅质板岩、石英岩、硅质胶结的砾岩、石英砂岩、硅质石灰岩等
	较坚硬岩	锤击声较清脆，有轻微回弹，稍震手，较难击碎；浸水后，有轻微吸水反应	弱风化的坚硬岩； 未风化至微风化的：熔结凝灰岩、大理岩、板岩、白云岩、石灰岩、硅质胶结的砂岩等
软质岩	较软岩	锤击声不清脆，无回弹，较易击碎；浸水后，指甲可刻出印痕	强风化的坚硬岩； 弱风化的较坚硬岩； 未风化至微风化的：凝灰岩、千枚岩、砂质泥岩、泥灰岩、泥质砂岩、粉砂岩、页岩等
	软岩	锤击声哑，无回弹，有凹痕，浸水后，手可掰开	强风化的坚硬岩； 弱风化至强风化的较坚硬岩； 弱风化的较软岩； 未风化的泥岩等
	极软岩	锤击声哑，无回弹，有较深凹痕，手可捏碎；浸水后，可捏成团	全风化的各种岩石； 各种半成岩

表 5-13 岩体完整程度的定性划分

完整程度	结构面发育程度		主要结构面的结合程度	主要结构面类型	相应结构类型
	组数	平均间距(m)			
完整	1~2	>1.0	结合好或结合一般	节理、裂隙、层面	整体状或巨厚层状结构
较完整	1~2	>1.0	结合差	节理、裂隙、层面	块状或厚层状结构
	2~3	0.4~1.0	结合好或结合一般		块状结构
较破碎	2~3	0.4~1.0	结合差	节理、裂隙、层面、小断层	次块状或中层厚状结构
	≥3	0.2~0.4	结合好		镶嵌或碎裂结构
			结合一般		中、薄层状结构
破碎	≥3	0.2~0.4	结合差	各种类型结构面	镶嵌或碎裂结构
		≤0.2	结合一般或结合差		碎裂状结构
极破碎	无序		结合很差		散体状结构

注:平均间距指主要结构面(1~2组)间距的平均值。

岩体基本质量指标(BQ),应根据分级因素的定量指标 R_c 和岩体完整性系数 K_V 按下式计算。

$$BQ = 90 + 3R_c + 250K_V \tag{5-6}$$

式中 R_c——分级因素的定量指标;

K_V——岩体完整性系数;

BQ——岩体基本质量指标。

使用式(5-6)时,应遵守下列限制条件。

①当 $R_c > 90K_V + 30$ 时,应以 $R_c = 90K_V + 30$ 和 K_V 代入计算 BQ 值。

②当 $K_V > 0.04R_c + 0.4$ 时,应以 $K_V = 0.04R_c + 0.4$ 和 R_c 代入计算 BQ 值。

岩石坚硬程度的定量指标,应采用岩石单轴饱和抗压强度(R_c)。R_c 与定性划分的岩石坚硬程度的对应关系,可按表 5-14 确定。

表 5-14 R_c 与定性划分的岩石坚硬程度的对应关系

R_c(MPa)	>60	60~30	30~15	15~5	≤5
坚硬程度	硬质岩		软质岩		
	坚硬岩	较坚硬岩	较软岩	软岩	极软岩

岩体完整程度定量指标应采用实测的岩体完整性系数 K_V,其值按表 5-15 划分;当无条件取得实测值时,也可用岩体体积节理数 J_V,按表 5-16 确定 K_V 值。

表 5-15 岩体完整性程度定量指标

K_V	>0.75	0.75~0.55	0.55~0.35	0.35~0.15	<0.15
完整程度	完整	较完整	较破碎	破碎	极破碎

注:岩体完整性系数是 K_V 指岩体声波纵波速度与岩石声波纵波波速之比的平方。

表 5-16 J_V 与 K_V 对照表

J_V(条/m³)	<3	3~10	10~20	20~35	>35
K_V	>0.75	0.75~0.55	0.55~0.35	0.35~0.15	<0.15

注:岩体体积节理数 J_V 指单位岩体体积内的节理(机构面)数目。

对工程岩体进行初步定级时,宜按表 5-11 规定的岩体基本质量级别作为岩体级别。对工程岩体进行详细定级时,应在岩体基本质量分级的基础上,结合不同类型工程的特点,考虑地下水状态、初始应力状态、工程轴线或走向线的方位与主要软弱结构面产状的组合关系等必要的修正因素,确定各类工程岩体的基本质量指标修正值。

【思考题】

1. 岩石与岩体的区别是什么?
2. 什么是结构面和结构体?结构面按成因分为哪几种类型?
3. 什么叫地应力?地应力受哪些因素影响?其分布有何规律?
4. 影响工程岩体分类的因素有哪些?
5. 简要阐述我国《工程岩体分级标准》(GB 50218—1994)关于岩体定级方法的思路与步骤。

模块六 常见的不良地质现象

【学习目的与要求】

1. 了解地质灾害的危害；
2. 熟悉地质灾害的成因、分类以及影响因素；
3. 掌握各不良地质现象的概念、特征和形态要素；
4. 掌握各不良地质现象的野外识别方法；
5. 掌握各不良地质现象的形成条件和防治措施。

地壳上部的岩土体，在遭受各种内、外力地质作用之后，地形、地貌发生变化，形成了各种各样的地质现象。其中有些地质现象对工程建筑的安全和使用有不同程度的不良影响，有的甚至危害很大，这些地质现象称为不良地质现象。

不良地质现象是一种动力地质现象，泛指以地球外动力作用为主引起的各种地质现象，如崩塌、滑坡、泥石流、岩溶、土洞、河流冲刷以及渗透变形等，它们具有一定的突发性，对人类的生命和财产都具有一定的威胁，尤其是灾害性较强的泥石流或者大型高速滑坡现象造成的危害更大。对不良地质现象的研究是为了便于及时采取措施以做好防灾减灾工作，保障工程建筑和人类生命财产的安全。

任务 1 滑坡

1. 滑坡的概念及危害性

1）概念

斜坡上的岩土体在重力作用下失去原有的稳定状态，沿着斜坡内某些软弱面（带）整体向下滑动的现象，称为滑坡。滑坡概念的示意图如图 6-1 所示。

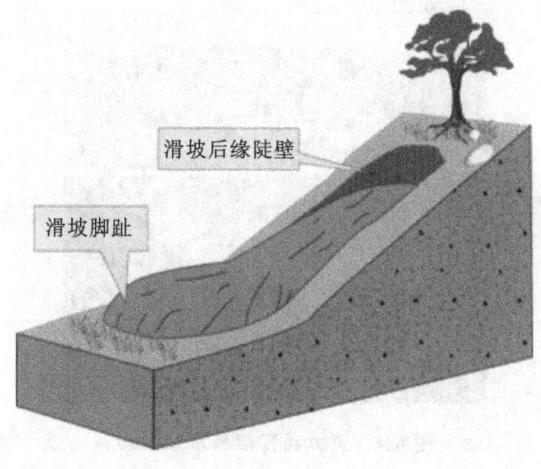

图 6-1 滑坡示意图

2)危害性

滑坡是危害性仅次于地震的地质灾害。世界上发生滑坡现象(包括崩塌)最多、损失最重的国家有中国、日本、美国、印度和欧洲阿尔卑斯山地区的一些国家。日本的滑坡点达5 584处,总面积为1 433 km²,可能发生崩塌的陡坡地带7 400处,每年滑坡损失达40亿美元;美国仅20世纪70年代10年间因滑坡造成的经济损失就达100多亿美元以上;瑞士21世纪发生的滑坡灾害,造成了至少5 000多人死亡。滑坡灾害每年给人类社会带来百亿美元以上的经济损失。

据中国科学院成都山地灾害与环境研究所提供的最新资料表明,中国已发现新老滑坡近30万处,其中灾害性滑坡1.5万处,每年因滑坡灾害造成的经济损失达10多亿元。

1972年6月18日午间,香港九龙新界观塘秀茂坪发生滑坡(见图6-2),造成71人死亡,同一天黄昏,香港岛半山区宝珊道也发生滑坡(见图6-3),推倒一幢12层的楼房,毁坏38幢楼房,造成67人死亡。一天之内,香港有138人死于滑坡灾害。

图 6-2　香港九龙新界观塘秀茂坪滑坡

图 6-3　香港半山区宝珊道滑坡

意大利瓦伊昂水库坝高267 m,修建于20世纪60年代,为当时世界上最高的双曲拱坝。1957年,在勘察与施工过程中,人们早已发现库内紧靠左坝肩山体有变形迹象,但直到1960年大坝建成以后仍未对其稳定性和发展趋势作出明确判断。1963年10月9日,由于水库蓄水造成潜在滑动面上空隙水压力增大,已发生蠕动的左岸山体突然下滑,体积达2.4亿立方米的土石迅速淤满水库,激起250 m高的巨大涌浪,高出坝顶150 m的洪波溢过坝顶冲向下游,摧毁了下游约3 km处的一个村镇——隆加罗镇,造成近3 000人死亡,整个水库变为石库,失去效用。瓦伊昂水库滑坡如图6-4所示。

图 6-4　意大利瓦伊昂水库滑坡

2. 滑坡的形态要素

滑坡具有一定的形态要素。一个发育完全的典型滑坡,具有的主要形态要素有:滑坡体、滑坡床、滑动带、滑坡周界、滑坡壁、滑坡台阶、滑动面、滑坡舌、滑坡台坎及由压性、张性、扭性裂缝组成的滑坡裂缝系统等,如图6-5所示。

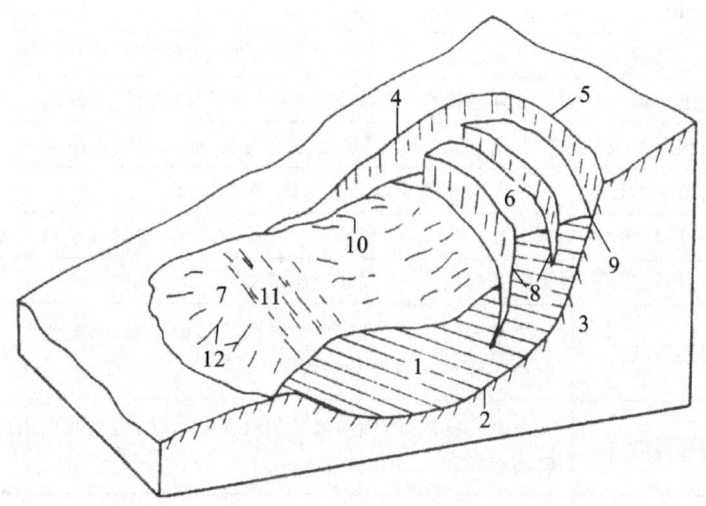

图 6-5 滑坡形态要素

1—滑坡体;2—滑动面;3—滑坡床;4—滑坡周界;5—滑坡壁;6—滑坡台阶;
7—滑坡舌;8—张裂隙;9—主裂隙;10—剪裂隙;11—鼓胀裂隙;12—扇形裂隙

图中主要形态要素含义如下。

①滑坡体:山坡上整体向下滑动的那部分土体或岩体,简称滑体。

②滑坡床:滑动面以下的稳定土体或岩体,简称滑床。

③滑动面:滑坡移动时,滑坡体与不动体之间形成一个分界面并沿其下滑,简称滑面。

④滑动带:滑动面以上受揉皱的、厚数厘米至数米的、结构扰动的软弱岩土带,简称滑带。其厚度可以有很大差别,薄的仅几厘米,厚的可达几米,常见的是十几厘米至数十厘米。

⑤滑坡周界:山坡地表上滑坡体与其周围不动体的分界线,它圈定了滑坡上下左右的范围。滑坡周界的形状,一般呈椭圆形或纵长形,但不同土石和不同深浅的滑坡又有差异,如浅层的黄土滑坡和黏土滑坡,多呈等长形和横长形。

⑥滑坡台阶:有些滑坡,整个滑坡体由坡上到坡下可分成几段整体,每段滑体由于滑动的速度不同,有的快、有的慢,形成台阶一样的地形外貌。

⑦滑坡舌:滑坡体前面延伸至沟堑或河谷中的那部分舌状滑体,也叫作滑坡前缘、滑坡头部或滑坡鼓丘。

3. 滑坡的分类

滑坡的分类方法比较多,按照《滑坡防治工程设计与施工技术规范》(DZ/T 0219—2006),滑坡的分类方法有如下几种。

1)按主要因素划分

根据滑坡体的物质组成和结构形式等主要因素,可按表6-1对滑坡进行分类。

表 6-1　按滑坡物质组成和结构因素分类

类型	亚类	特征描述
堆积层（土质）滑坡	滑坡堆积体滑坡	由前期滑坡形成的块碎石堆积体，沿下伏基岩或体内滑动
	崩塌堆积体滑坡	由前期崩塌等形成的块碎石堆积体，沿下伏基岩或体内滑动
	崩滑堆积体滑坡	由前期崩滑等形成的块碎石堆积体，沿下伏基岩或体内滑动
	黄土滑坡	由黄土构成，大多发生在黄土体中，或沿下伏基岩面滑动
	黏土滑坡	由具有特殊性质的黏土构成，如昔格达组、成都黏土等
	残坡积层滑坡	由基岩风化壳、残坡积土等构成，通常为浅表层滑动
	人工填土滑坡	由人工开挖堆填弃渣构成，次生滑坡
岩质滑坡	近水平层状滑坡	由基岩构成，沿缓倾岩层或裂隙滑动，滑动面倾角不大于 100°
	顺层滑坡	由基岩构成，沿顺层岩层滑动
	切层滑坡	由基岩构成，常沿倾向山外的软弱面滑动，滑动面与岩层层面相切，且滑动面倾角大于岩层倾角
	逆层滑坡	由基岩构成，沿倾向坡外的软弱面滑动，岩层倾向山内，滑动面与岩层层面相反
	楔体滑坡	在花岗岩、厚层灰岩等整体结构岩体中，沿多组弱面切割成的楔形体滑动
变形体	危岩体	由基岩构成，受多组软弱面控制，存在潜在崩滑面，已发生局部变形破坏
	堆积层变形体	由堆积体构成，以蠕滑变形为主，滑动面不明显

2）按其他因素划分

根据滑坡体的其他因素，可按表 6-2 对滑坡进行分类。其他因素包括滑体厚度、运移方式、发生原因、现今稳定程度和规模等。

表 6-2　按滑坡其他因素分类

有关因素	名称类别	特征说明
滑体厚度	浅层滑坡	滑坡体厚度小于 10 m
	中层滑坡	滑坡体厚度 10～25 m
	深层滑坡	滑坡体厚度 25～50 m
	超深层滑坡	滑坡体厚度大于 50 m
运移形式	推移式滑坡	上部岩层滑动，挤压下部产生变形，滑动速度较快，滑体表面波状起伏，多见于有堆积物分布的斜坡地段
	牵引式滑坡	下部先滑，使上部失去支撑而变形滑动。一般速度较慢，多具上小下大的塔式外貌，横向张性裂隙发育，表面多呈阶梯状或陡坎状
发生原因	工程滑坡	由于施工或加载等人类工程活动引起的滑坡，还可细分为 ①工程新滑坡，由于开挖坡体或建筑物加载所形成的滑坡； ②工程复活古滑坡，原已存在的滑坡，由于工程扰动引起复活的滑坡

续表

有关因素	名称类别	特 征 说 明
	自然滑坡	由于自然地质作用产生的滑坡,按其发生的相对时代可分为古滑坡、老滑坡、新滑坡
现今稳定程度	活动滑坡	发生后仍继续活动的滑坡,后壁及两侧有新鲜擦痕,滑体内有开裂、鼓起或前缘有挤出等变形迹象
	不活动滑坡	发生后已停止发展,一般情况下不可能重新活动,坡体上植被较盛,常有老建筑
	新滑坡	现今正在发生滑动的滑坡
	老滑坡	全新世以来发生滑动,现今整体稳定的滑坡
	古滑坡	全新世以前发生滑动的滑坡,现今整体稳定的滑坡
滑体体积	小型滑坡	$<10\times10^4\ m^3$
	中型滑坡	$10\times10^4\sim100\times10^4\ m^3$
	大型滑坡	$100\times10^4\sim1\ 000\times10^4\ m^3$
	特大型滑坡	$1\ 000\times10^4\sim10\ 000\times10^4\ m^3$
	巨型滑坡	$>10\ 000\times10^4\ m^3$

4. 滑坡灾害的分布

我国的滑坡灾害在时间上具有常发性,在地域上具有广泛性与相对集中性。地质构造复杂区内的滑坡多,如川滇构造带、秦岭构造带、喜马拉雅山构造带等就是滑坡多发区。按时间、空间和气候三方面来考虑,滑坡的分布具有如下特点。

1)时间

滑坡一般发生在雨季或春季冰雪融化时,尤其是大雨、暴雨、久雨中发生的滑坡更多。如1981年7月,川西北特大暴雨中就发生滑坡6万多处;1982年川东发生大暴雨,仅据忠县、万县、云阳、奉节4县统计,滑坡就有6.4万处。

2)空间

以大兴安岭—太行山—巫山—雪峰山为界线,此线以东是中国地势的第三阶梯。这一阶梯以平原、丘陵为主,滑坡较少。此线以西为中国地势的第一、二阶梯,以高原、山地为主,滑坡较多。

3)气候

以大兴安岭—河北张家口—陕西榆林—甘肃兰州—西藏昌都为界线,此线西北为干旱、半干旱地区,气候干燥少雨,滑坡分布较少,仅在高山冰缘作用带内发育有冻融滑坡;此线东南为湿润气候带,雨量丰富,滑坡分布较多。

总体而言,我国滑坡灾害主要发生在山区,西北、西南地区为我国滑坡灾害的重灾区。目前,全国有20个省、自治区的300多个县、350万人口、100多万间住房、300多万亩良田、1 000多座大小矿山、1 500多个区乡小镇遭受着滑坡灾害的袭击或直接威胁,其中四川、云南、陕西、甘肃、宁夏、青海、山西、贵州、西藏、湖北等8省2区总面积只占全国国土面积的40%,滑坡灾害却占全国的85%。以甘肃为例,全省82个县(市)中有62个有滑坡灾害,严重的有51个县(市),分布面积达20万平方公里,有滑坡点4万余处,近10年来已造成2 000

多人死亡。我国滑坡灾害空间分布如图 6-6 所示。

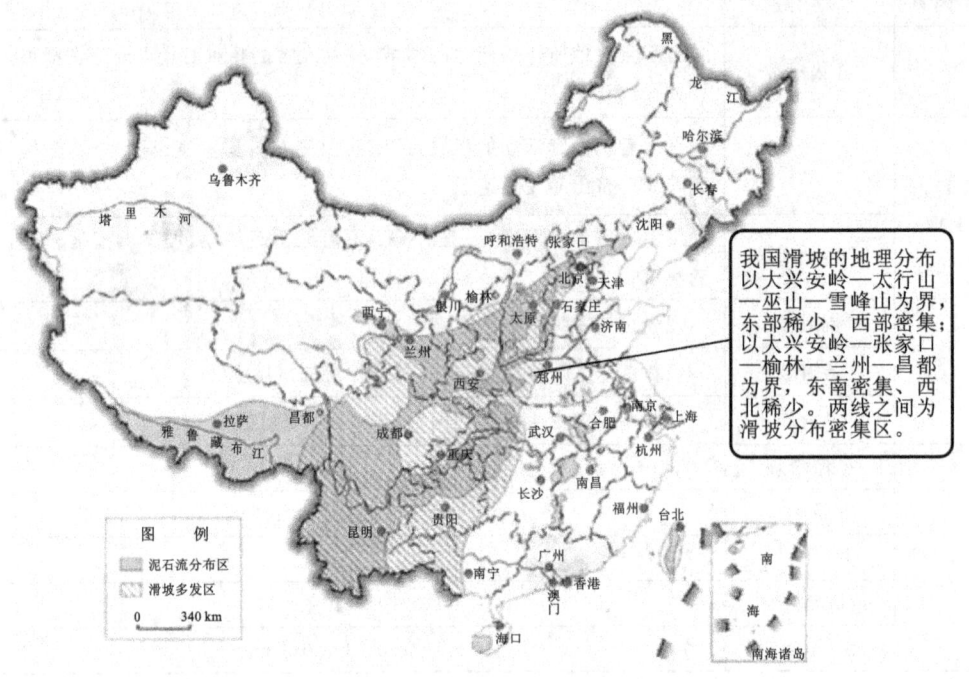

图 6-6 我国滑坡灾害空间分布

5. 滑坡灾害的成因

从力学上来分析,滑坡的发生包含两个必不可少的条件:一是下滑力超过抗滑力,二是形成一个贯通的滑动面。从滑坡条件因素来考虑,滑坡的发生可从内因和外因两个方面来分析。

1)内因

内因,即滑坡发生的环境条件。内因主要包括以下几个方面。

①岩土地质类型。结构松散,抗剪强度和抗风化能力低,在水的作用下容易发生变化的松散覆盖层、黄土、黏土、页岩、泥岩、煤系地层、凝灰岩、片岩、板岩、千枚岩等,是产生滑坡的内在物质基础。岩土力学强度较弱与较坚硬岩层互层结构的碎屑岩组亦利于滑坡的形成。

②地质构造及岩土结构。岩层中的各种节理、裂隙、层理面、岩性界面、断裂发育的斜坡,平行和垂直的陡倾构造面及顺坡缓倾的构造面是产生滑坡的内在地质环境条件。

③地形、地貌。相对高差较大,山体坡角较陡,即坡角大于 $10°$ 小于 $45°$、下陡中缓上陡、上部呈环状的坡形是产生山体滑坡的内在地貌环境条件。特别是在斜坡向与岩层结构面倾向一致时易于滑坡的形成。

④地下水作用。地下水使岩土软化,降低岩土的抗剪强度和黏结强度,产生动水压力和孔隙水压力,潜蚀岩土,增大岩土容重,对透水岩石产生浮托力等是产生滑坡的水文地质条件。

2)外因

外因,即滑坡发生的诱发因素。外因主要包括以下几个方面。

①大气降水、生产生活用水、河湖倒灌水、各种水体的渗漏、地下水等作用在山体斜坡上,能增加坡体土重量;浸泡软化易滑地层,形成粘泥薄层,使抗剪强度大幅度降低;水充满

裂隙时形成静水压力,出现水头差时形成动水压力;干湿交替导致岩土体裂开,使更多的水进入坡体促进斜坡失稳。

②沟谷、河流、湖泊、海洋水流冲刷岸坡,淘蚀坡脚、削弱支撑力,当下滑力大于抗滑力时,斜坡就会滑动,如滑体滑入沟、河湖、海洋中,则前部堆积就成为斜坡抗滑阻力,一旦这些堆积物被冲走,则斜坡将再次失去平衡而发生滑动。

③人为工程活动破坏坡体平衡作用。

a.开挖坡脚与增加荷载。建筑、填方、倾倒、筑堤等会引起边坡超载。另外,边坡削方挖土,堆积物搬迁与荷载增加使坡脚压力增大,导致坡脚下部失去支撑,在斜坡上增加荷载使斜坡支撑不了过大的重量而失去平衡,沿软弱面下滑。

b.地下采掘活动引起地表坡体失稳。地下大规模的开矿采空区及坑道密布,会造成山坡坡角增大和引起顶板岩层的变形,进而引发滑坡。

c.人为开挖形成斜坡或增大原有坡体的坡角。在采石、修路、大型建筑场地及基础开挖等工程活动中,往往有破坏坡脚岩土、人为增大斜坡角度的现象发生,或将原本不存在的斜坡的山体或平台人工开挖后形成了较陡峻的边坡,从而为滑坡创造了条件。

d.人为提高地下水及地表水位,造成斜坡失稳。当水库区蓄水后,水位升高,加之库岸边坡的再造,促使滑坡的发生。

e.爆破、重型运输等引发的动力震动促进山坡失稳滑坡。

④地震作用。地震对斜坡有两方面的作用:一是使斜坡承受的惯性力发生改变;二是造成地表形变和裂隙增加,降低岩土的力学强度,引起地下水的变化。两者在触发滑坡的滑动和促进滑坡体的形成等方面都创造了条件。

⑤乱砍滥伐等人为活动。在山坡上乱砍滥伐使坡体失去保护,便于水体的渗入而诱发滑坡。

6. 滑坡的发展阶段

滑坡在外界因素作用下突然发生变形后,在整个发展过程中要经历蠕动、挤压、微动、滑动、大滑动和滑带固结六个阶段,各阶段的特点、性质和稳定度归纳如下。

1)滑坡的蠕动阶段

对于一定的斜坡,在外界因素作用下,由于坡体内应力状态的改变或潜在的软弱结构面上土体强度降低,某一部分的平衡先遇到破坏,出现一个塑性蠕动区。此时,滑坡产生蠕动,滑体与滑带土并未分离,仅在滑坡后缘的地面上隐约可见一些不连续的张性微裂隙。该阶段观察不到滑体有变形迹象,用仪器才能量测出有微小的位移。整个滑坡的稳定系数约为1.15~1.20。

2)滑坡的挤压阶段

滑坡的前部抗滑体已受到明显挤压。此时主滑地段的滑带已基本形成,后部被牵引的滑体已产生少量移动,而主滑体也有微量移动。滑体后缘有不连续张开裂缝,后界连续主弧形张开裂缝,贯通并错开,斜坡两侧出现羽毛状张扭性裂缝,但未撕开。前缘也有隐约可见的 X 形微裂隙。整个滑坡的稳定系数约为 1.10~1.50。

3)滑坡的微动阶段

主滑体产生明显移动,抗滑地段逐渐破裂,滑带逐渐形成。此时后缘的张开裂缝继续下错,斜坡侧界有连续张扭性裂缝,边坡上有挤压横向隐闭合裂缝,鼓胀纵向张开裂缝,边坡两侧出现羽毛状压扭性裂缝等。整个滑坡的稳定系数约为 1.00~1.50。当滑坡的滑带全部形成时,其稳定系数约为1.00,此时滑坡的出口已贯通。

4)滑坡的滑动阶段

整个滑坡时滑、时停,进入缓慢移动的阶段。此时后缘的张开裂缝在不断地大量下错,后倾的张开裂缝已贯通,边坡侧界有连续压扭性裂缝,坡脚滑坡出口处出现错开压扭性裂缝等,并有少量的下错现象。两侧的剪裂缝已明显撕开,并产生相对位移。滑体上出现分条、分级和分块的裂缝,并有纵横交错的趋势,滑坡前缘及两侧坡面多产生小量坍塌。这一阶段整个滑坡的稳定系数约为0.90~1.00,当滑坡做等速移动时,其系数大于0.95,一旦变为缓慢的加速移动时,则系数小于0.95。

5)滑坡的大滑动阶段

滑坡的大滑动阶段为整个滑坡急剧滑动和变化的阶段。此时滑带土的结构和强度在不断地破坏和削弱,有的滑坡已分成几大块,各块之间产生明显的不均匀变动,彼此之间产生巨大的错距。滑体上出现次生弧形张开裂缝、次生不规则裂缝及滑舌等。整个滑坡向前运动的速率由急剧增大至逐渐减弱,由加速到等速再减速直至停止。整体稳定系数在大滑动开始时小于0.90,至滑舌完全停止向前移动时仍小于1.00。

6)滑坡的滑带固结阶段

滑带在自重作用下,以及由前向后逐次地受横向推挤而压密,并排水固结,逐渐恢复部分强度。滑体中的运动在逐渐减少,各块间的变形也逐步停止;地表上的裂缝逐渐消失为垂直受压密实下产生的不均匀沉陷裂缝。滑体裂缝逐渐闭合、充填,并逐渐消失。此阶段整个滑坡的稳定系数逐渐大于1.00,直到地表上无任何裂缝,滑体中土石已沉实达到中等密实程度和地表面及前缘的坡面均平顺而不坍塌时,滑体才达到基本压实的程度。

滑坡在发展过程中的6个阶段可用图6-7表示。

图6-7 滑坡的过程示意图

7. 滑坡与降雨的关系

降雨浸入斜坡后,主要起三个方面的破坏作用:一是雨水漫流,浸入坡体后在某一局部形成较高的水头,从而在坡体内造成较高孔隙水、静水压力和动水压力,提高了坡体下滑的能力;二是雨水浸入坡体所造成的地下水浮力,降低了滑体自重所产生的岩土抗滑摩阻力;三是浸入坡体的雨水透过滑动面岩土的软化性能和水解性能,降低了滑动面岩土的抗剪强度,有利于坡体滑动。

根据 1981 年四川省气象局的统计资料,该年 7—9 月份内四川北部以旺苍县为中心,周围诸县都是暴雨区,造成旺苍、广元、南江、苍溪、巴中、仪陇、盐亭、剑阁、南部、三台、射洪、阆中、中江等 13 个县降雨量相当于当地历年同期降雨量的 1.37～3.71 倍,相当于往年年平均降雨量的 90%,致使这 13 个县产生山地滑坡灾害达 5 万多处。这次雨季产生滑坡之多,发生的时间之集中,是与当年这些地区的降雨量和降雨强度密切相关的。

降雨与滑坡往往表现出"大雨大滑,小雨小滑,无雨不滑"的响应,表 6-3 为四川越西县的阿底滑坡位移量与降雨的关系,图 6-8 为 1975—2002 年湖北地区月降雨量和滑坡次数时间分布图。

表 6-3　四川越西县阿底滑坡位移量与降水的关系(1972 年)

观测时间(月.日)	4.20	4.21～5.23	5.24～6.24	6.25～7.27	7.28～8.26	8.27～10.7
降雨量(mm)	很少	90.0	171.1	236.5	65.5	141.3
水平位移量(mm)	0	59.0	381.5	352.5	183.0	300.0
平均速度(mm/d)	0	1.8	11.9	10.7	6.1	7.1

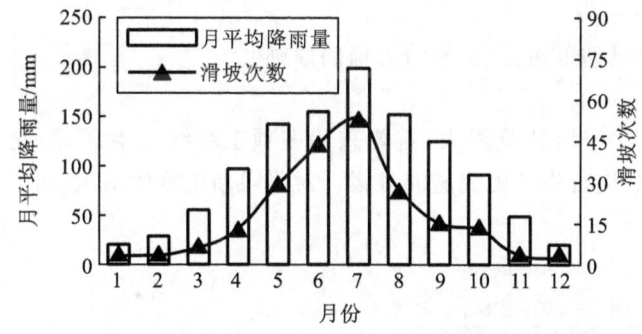

图 6-8　湖北地区月降雨量和滑坡次数时间分布图(1975—2002 年)

通过历年降雨量与产生滑坡等路基病害的关系分析,可以得到如下规律:降雨强度愈大,历时愈久,深入坡体的水就愈多,深度就愈深,产生滑坡的频率也愈高。但是,滑坡虽然和大气降雨有关,滑坡发生的时间和降雨过程却并不一定即时响应,有些可能发生在雨季结束两三个月之后,亦有在冬季发生滑坡的。如陇海线宝天段 K1357 滑坡 60 万立方米,是雨季过完两个多月后发生的。宝成线宝上段 K205 滑坡发生于 1983 年 12 月,也发生在雨季结束约 3 个月后。根据"两宝"(宝成、宝天)沿线几个著名滑坡工点,对滑坡移动规律进行分析,发现一般滑坡的最大移动,不完全发生在雨季初期,而多发生在雨季后期,这亦是病害发生、发展的一般规律。但其根本原因,还是与前期的降雨量有关。

以上就是滑坡与降雨在时间上的因果关系和时间上的分布规律。

因此,系统地分析降雨量、摸索山体变形的规律,对易发生滑坡的地区,预报边坡移动的复活,警告即将发生的危险,对铁路、公路交通运输事业具有特别的意义。

8. 山体滑坡的识别

1)地形、地貌

斜坡上发育有圈椅状、马蹄状地形或多级不正常的台坎,其形状与周围斜坡明显不协调;斜坡上部存在洼地,下部坡脚较两侧更多地伸入河床;两条沟谷的源头在斜坡上部转向并汇合等,以上地貌现象说明这些地段可能曾经发生过滑坡。斜坡上有明显的裂缝,裂缝在近期有加长、加宽现象；坡体上的房屋出现开裂、倾斜现象；坡脚有泥土挤出、垮塌频繁等，这些地貌现象是滑坡可能正在形成的依据。

2）地层

曾经发生过滑坡的地段，其岩层或土体的类型、产状往往与周围未滑动斜坡有着明显的差异。与未滑动过的坡段相比，滑动过的岩层或土体通常层序上比较凌乱，结构上比较疏松。

3）地下水

滑坡会破坏原始斜坡含水层的统一性，造成地下水流动路径、排泄地点的改变。当发现局部斜坡与整段斜坡上的泉水点、渗水带分布状况不协调，短时间内出现许多泉水或原有泉水突然干涸等情况时，可以结合其他证据判断是否有滑坡正在形成。

4）植被

斜坡表面树木东倒西歪，一般是斜坡曾经发生过剧烈滑动的表现；而斜坡表面树木主干朝坡下弯曲、主干上部保持垂直生长，一般是斜坡长时间缓慢滑动的结果。滑坡野外识别标志如图 6-9 所示。

9. 滑坡的防治

滑坡的防治，要贯彻以防为主、整治为辅的原则。

1）绕避

对于大型滑坡，由于滑坡范围大，需要采用多项工程综合治理，因此工程量大、技术复杂、所需时间较长，故应首先考虑绕避的方案。对于阻断道路的滑坡，可以采用以下方式（见图 6-10）。

图 6-9　滑坡野外识别标志

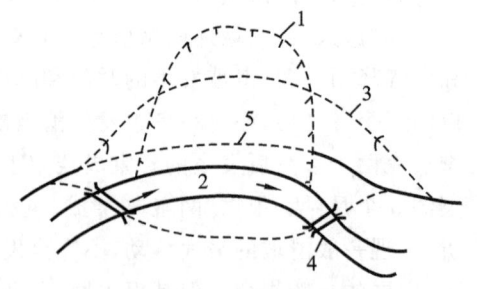

图 6-10　滑坡的绕避方案

1—滑坡；2—河流；3—隧道；

4—桥梁；5—通过滑坡方案

①以隧道方式从滑床下通过。

②以旱桥方式从滑坡前缘通过。

③跨河，将线路放在对岸稳定地段通过。

成昆铁路选线时曾绕避 100 余处滑坡。宝天铁路在葡萄园车站东、西两段分别采用两跨渭河避开滑坡群和大型滑坡区，大大改善了运营条件。

2)工程治理

如果绕避有困难,应综合各方面的情况,对绕避、整治两种方案进行比较:对中小型滑坡,一般情况下可以不绕避,但应注意调整建筑场地的平面位置,以求得工程量小、施工方便、经济合理的最优方案;对发展中的滑坡要进行治理,对古滑坡要防止复活,对可能发生滑坡的地段要防止滑坡的发生。

我国防治滑坡的工程措施有很多,无论采取哪种措施,都应先做好排水工程,然后针对形成滑坡的因素,采取相应的措施。防治滑坡的工程措施归纳起来可分为三类:一是消除或减轻水的危害;二是改变滑坡体外形,设置抗滑建筑物;三是改善滑动带土石性质。其主要工程措施简要分述如下。

(1)消除或减轻水的危害

①排除地表水。排除地表水是整治滑坡不可缺少的辅助措施,而且应是首先采取并长期运用的措施。其目的在于拦截、旁引滑坡外的地表水,避免地表水流入滑坡区;或将滑坡范围内的雨水及泉水尽快排除,阻止雨水及泉水进入滑坡体内。主要工程措施有:滑坡体外设置截水沟;滑坡体上设置地表水排水沟;开展引泉工程;做好滑坡区的绿化工作等(见图6-11)。

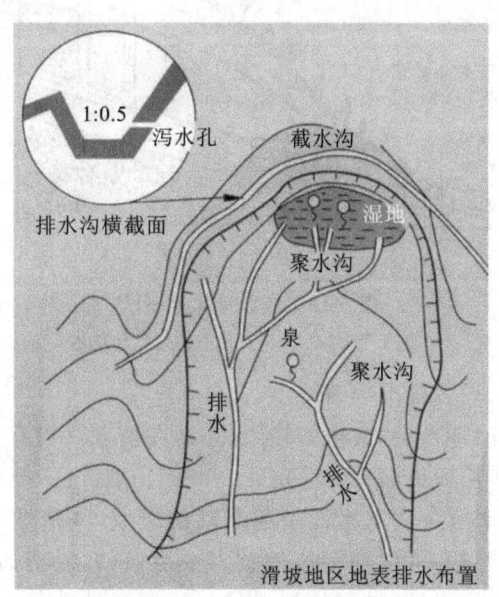

图 6-11　滑坡排除地表水

②排除地下水。对于地下水,可疏而不可堵。其主要工程措施如下。

a.截水盲沟:用于拦截和旁引滑坡外围的地下水。

b.支撑盲沟:兼具排水和支撑作用。

c.仰斜孔群:用近于水平的钻孔把地下水引出。

d.此外,还有设置盲洞、渗管、渗井、垂直钻孔等排除滑体内地下水的工程措施。

滑坡排除地下水方法如图6-12所示。

③防止河水、水库水对滑坡体坡脚的冲刷,主要工程措施如下。

a.严禁在滑坡上游的冲刷地段修筑促使主流偏向对岸的"J"坝。

b.在滑坡前缘抛石、铺设石笼、修筑钢筋混凝土块排管,以使坡脚的土体免受河水冲刷。

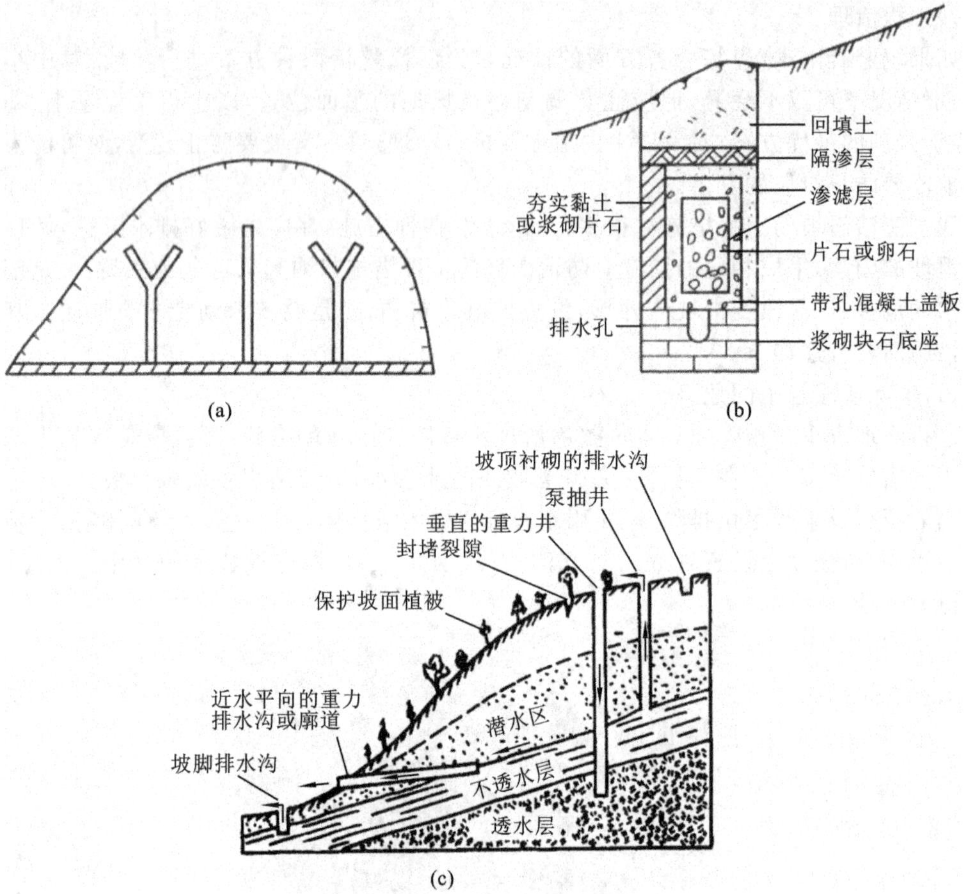

（a）

回填土
隔渗层
夯实黏土
或浆砌片石
渗滤层
片石或卵石
带孔混凝土盖板
排水孔
浆砌块石底座

（b）

坡顶衬砌的排水沟
泵抽井
垂直的重力井
封堵裂隙
保护坡面植被
近水平向的重力
排水沟或廊道
坡脚排水沟
潜水区
不透水层
透水层

（c）

图 6-12　滑坡排除地下水

（a）支撑盲沟；（b）截水盲沟；（c）其他排除地下水的方法

（2）改变滑坡体外形、设置抗滑建筑物

①削坡减重：常用于治理处于"头重脚轻"状态而在前方又没有可靠抗滑地段的滑体，使滑体外形改善、重心降低，从而提高滑体稳定性。

②修筑支挡工程：对于因失去支撑而引起滑动的滑坡，或滑坡床陡、滑动可能较快的滑坡，采用修筑支挡工程的办法，可增加滑坡的重力平衡条件，使滑体迅速恢复稳定。支挡建筑物种类有：抗滑片石垛、抗滑桩（如钢轨抗滑桩等）、抗滑挡墙等。一些滑坡治理方法如图6-13 所示。

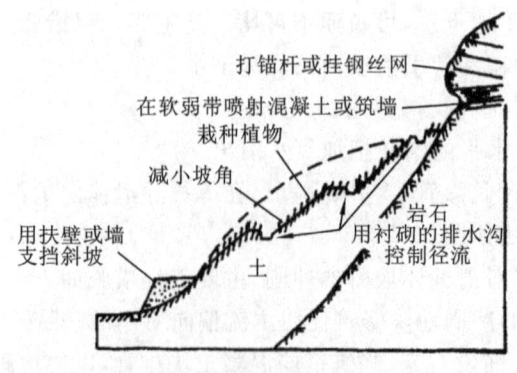

打锚杆或挂钢丝网
在软弱带喷射混凝土或筑墙
栽种植物
减小坡角
用扶壁或墙
支挡斜坡
岩石
用衬砌的排水沟
控制径流
土

图 6-13　滑坡治理的支挡工程

（3）改善滑动带土石性质

一般采用焙烧法、爆破灌浆法等物理化学方法对滑坡进行整治。由于滑坡成因复杂、影响因素多，因此常常需要同时使用上述几种方法，进行综合治理，方能达到目的。

（4）改善滑带面力学参数

采用注浆、注浆加筋、群桩、疏干滑面以及麻面爆破、焙烧等方法改善滑带土、滑面力学性质，提高滑坡稳定性，可在全部或部分滑带土、滑面中进行。该法对于提高滑坡稳定性效果有限，只宜作为辅助或应急措施。改善部位可以是全部滑面及其上下滑带土，但以改善平缓段、前缘上翘段滑面及其附近滑带土最为有效。

①注浆及注浆加筋法。

a.静压注浆法：一般用于排水条件好且阻滑段坡面较平缓的滑体破碎、节理裂隙发育的崩塌堆积体及岩质滑坡，改善深层滑面力学性质，防止在诱发因素作用下产生滑移及处理滑体裂缝。静压注浆前，宜先用堆石固脚压坡，并核算滑体处于稳定状态后，再施灌。

b.高压旋喷注浆法：一般采用沿滑坡滑移轴线方向布置旋喷孔，形成与滑坡滑移方向平行的若干连续壁状固结体，既改善滑带及滑面力学强度，又可减少对滑坡排水通道的影响，保持排水畅通。

c.深层搅拌注浆加筋法：用于处治淤泥、淤泥质土及饱和黏性土的滑体和滑带。为减少对滑体排水的影响，宜控制搅拌桩范围为淤泥、淤泥质土等弱透水部位及其上下部 2 m 范围内。

②群桩法。采用碎石桩、石灰桩等柔性桩或微型桩等小截面群桩处理滑坡，适用于治理滑带土较深厚或滑面和滑移方向不确定的中小型滑坡。进入滑床稳定土层内的桩深应不小于 1.5～2.0 m。

③碎石桩法。采用干振或沉管方法形成碎石桩，在砂性土中可挤密加固，适用于治理滑带为厚层淤泥质土、粉细砂的土质滑坡。

④微型桩法。微型桩可以在狭小的区域内施工，适于处理滑带土较厚的牵引式滑坡、处于蠕动阶段的推移滑坡。

⑤焙烧法（热加固法）。以一定的压力向预先设置在土层中的钻孔内压入灼热的气体或向孔中注入可燃液体或气体进行燃烧，使土体脱水、孔壁附近土体烧结固化，从而提高滑带土力学强度。适于治理滑带土在地下水位以上的非饱和黏性土、湿陷性黄土、加固深度8～10 m 以内的滑坡。采用焙烧法处理的滑带多为黏性土，且含水量较高，因此多采用开口式，在两个钻孔的下端采用扩扎方法使其相通，在一个孔内燃烧，由另一个孔排扎。

⑥离子交换法。在滑坡治理工程中，采用石灰、碳酸钙、磷酸铵、氧化铝、氧化钙及其他三价金属阳离子溶液，利用金属阳离子在饱和黏性土中具有扩散效应，在土结构中的迁移速度大于水的渗透性能，将其灌入饱和黏性土滑带中，交换出土中的阳离子，可使饱和黏性土的抗剪强度提高1～2倍。适用于治理滑移阶段的小型滑坡。

⑦爆破弱层法（麻面爆破）。用爆破弱层稳定边坡是以提高滑面内摩擦角为出发点，即用适当的爆破方法和药量，使滑面经松动爆破而破碎，借助于破碎的岩石内摩擦角大的原理来稳定边坡。

以上各类方法中，运用物理化学方法改善滑带土石性质借以提高滑坡稳定性的治理方法，目前尚处于试验阶段，在滑坡治理中并未被广泛采用。在实际工作中，排水和支挡是整治滑坡的两项主要措施。

10. 渠道滑坡的治理方法

水利工程是农业发展的基础,其中渠道又是水利工程的重要组成部分。渠道和渠系建筑物运行的好坏,直接关系着渠道的正常输水和灌溉效益的充分发挥。发生在渠道的滑坡就称为渠道滑坡。山区地面起伏、坡度大、灌溉渠道多、渠线长、位置分散,渠道滑坡是渠道工程中最常见的危害较大的水毁形式。

1)渠道滑坡的成因分析

渠道滑坡是具有滑动条件的斜坡在多种因素综合作用下的结果,但对某一特定滑坡,总有一个或两个因素对滑坡的发生起控制作用,称为主控因子。在滑坡防治中应着力找出主控因子及其作用的机制和变化幅度,并采取主要工程措施消除或控制其作用以稳定滑坡,对其他因素则采取一般性措施以达到综合性治理的目的。具体的原因如下。

①由于渠线经过地段的地质及土壤条件较差,如有软弱土层、断层、风化土层,岩层倾向渠内,沿层面容易产生滑坡。

②改变滑带土的性状,减小抗滑阻力,如地表水下渗、地下水位变化、灌溉用水下渗、潜蚀和溶蚀作用等降低滑带土强度的因素。

③既增加下滑力又减小抗滑力甚至造成滑带土结构破坏(如液化)的因素,如地震和爆破震动等。

④施工方法不当,加大了边坡的滑动力,容易引起滑坡,或采用不适宜的爆破方法,也容易引起滑坡。

⑤新、老土(石)结合质量不好,引起结合料的滑动。

2)渠道滑坡的处理

对于渠道滑坡的处理,首先应通过地质勘查,找出滑坡的原因,判断滑坡的稳定程度。提出滑坡的施工方案,因地制宜,寻找技术可行、经济合理、容易实施的处理方法。整治滑坡处理贵在及时,力求根治,以防后患。常用的方法有排水导渗、削坡减载、支挡、暗涵(或埋管)、渡槽等。

①排水导渗。排去地表水、疏干地下水是整治滑坡的首要措施,应根据不同情况采用不同的排水方法。

a. 地表排水。对滑坡体以外的地表水应以拦截、旁引为主,即在滑坡围界 5 m 以外修筑环形截水沟。要注意截水沟的深度和质量,力求做到滑坡体外的水不再渗入滑坡体内。对滑坡范围以内的地表水,应以防止下渗和引出为准。首先要把滑坡体内的多种裂缝回填夯实,防止地表水继续下渗,然后利用滑坡范围内的自然排水沟或新建的排水沟,把地表水迅速汇集排出滑坡体外。

b. 地下导渗。为了防止滑坡范围以外的地下水渗入滑坡体内,常用设置截水盲沟的方法,将地下水导出滑坡体外。对滑坡外的排水,可以在坡面砌筑多种形式的导渗沟,或采用干砌石护坡、水泥砂浆勾缝、底层设导滤层或排水管等方法。

c. 防止水下渗。对于无法治理的深层大滑坡体,若建筑物无法避开,就采用减少地表水及杜绝渠道下渗水入渗、在滑体上设排水沟、渠道水用钢管过渡的方法来处理。

②削坡减载。对推移式浅层滑坡,则采取"削坡减载"的方法。减小引起滑坡的滑动力,是最基本也是最有效的办法。一般采用削缓边坡,当渠道外滑坡时,还可将上部削下的土体反压在坡脚,从而达到稳定滑坡的目的。当削坡减载后仍不能达到稳定滑坡的时候,常采用减压与支挡相结合的处理措施。

③支挡。在渠道已经塌方或将要塌方的地段,如受地形限制,单纯采用削坡方法,土方量很大时,可根据具体条件,因地制宜地采用多种支挡护坡措施,如加固坡脚砌挡墙,干砌护坡等。如渠道经过小溪岸坡,坡脚受洪水冲刷,可采用加固坡脚、浆砌石挡土墙,防止冲刷淘空;对渠道上侧滑坡可采用削坡减载重力式挡墙支挡的办法处理。另外,当渠床为基岩时,可采用拱式或连拱式挡墙处理滑坡,等等。

④暗涵(或埋管)。由地上转为地下。当地质条件差、山坡陡峻,或渠段穿过覆盖很厚的土质层,岸坡难以稳定而出现严重滑坡时,从外面治理难度大的,应尽量避开滑体或转入地下,可考虑将原有明渠段改为暗涵或埋管形式较为安全可靠,同时可减少工程量。

⑤渡槽。山区渠道常在陡峻的山坡上开渠,往往容易产生山岩崩塌。限于地形条件,要维护渠道稳定十分困难,可采取改建渡槽输水。

上述是山区渠道滑坡常用处理措施,滑坡处理方法可因地制宜单独或综合采用。做到技术可行,经济合理,施工简单,整治彻底。

3)渠道滑坡的防止

①渠道滑坡的防止应从设计规划入手,摸清渠线地质结构情况,避开地质不良地段,无法避开时应采取切实可行的工程措施予以防止。选择合理的渠道结构和边坡,确保渠道稳定、安全。

②施工阶段,在平台开挖后抽沟,开挖坡度根据开挖后地质情况,对设计边坡过陡给予修正,确保边坡稳定。对施工中发现可能滑坡的地段要及时处理,减少损失。

③在日常维护管理中,渠道应严格控制在正常水位运行,要加强渠道巡视检查,检查排洪设施是否运行正常,渠道杂草淤积要及时清理,对局部渗漏破坏和集中漏水,应查明原因,堵死通道,做好渠道防渗处理。对于渠道裂缝,应查明裂缝类型并进行处理。对不太深的表层裂缝可采用开挖回填的办法处理,对较深的内部裂缝可采用灌浆法处理。

任务2　崩塌

1.崩塌的概念及运动

1)概念

崩塌是位于陡崖、陡坎、陡坡上土体、岩体及它们的碎屑物质在重力作用下失稳而突然脱离母体发生崩落、滚动、倾倒、翻转堆积在山体坡脚和沟谷的地质现象,又称崩落、垮塌或塌方(见图 6-14)。

图 6-14　崩塌示意图

2)运动

崩塌运动的形式主要有两种:一种是脱离母岩的岩块或土体以自由落体的方式坠落,另一种是脱离母岩的岩体顺坡滚动而崩落。前者规模一般较小,从不足 1 m³ 至数百立方米;后者规模较大,一般在数百立方米以上。崩塌运动的主要特征为:下落速度快、发生突然;崩塌体脱离母岩而运动;下落过程中崩塌体自身的整体性遭到破坏;崩塌物的垂直位移大于水平位移。具有崩塌前兆的不稳定岩土体称为危岩体。

崩塌运动的整个过程表现为岩块(或土体)顺坡猛烈地翻滚、跳跃,并相互撞击,最后堆积于坡脚,形成倒石堆。

2. 崩塌的成因条件

崩塌是在特定自然条件下形成的。地形地貌、地层岩性和地质构造是崩塌的物质基础;降雨、地下水作用、振动力、风化作用以及人类活动对崩塌的形成和发展起着重要的作用。

1)地形地貌

地形地貌主要表现在斜坡坡度上,如图 6-15 所示。从区域地貌条件看,崩塌形成于山地、高原地区;从局部地形看,崩塌多发生在高陡斜坡处,如峡谷陡坡、冲沟岸坡、深切河谷的凹岸等地带。崩塌的形成要有适宜的斜坡坡度、高度和形态,以及有利于岩土体崩落的临空面。这些地形地貌条件对崩塌的形成具有最为直接的作用。崩塌多发生于坡度大于 55°、高度大于 30 m 、坡面凹凸不平的陡峻斜坡上。据我国西南地区宝成线凤州工务段辖区 57 个崩塌落石点的统计数据(见表 6-4),有 75.4 ％的崩塌落石发生在坡度大于 45°的陡坡。坡度小于 45°的 14 次均为落石,而无崩塌,而且这 14 次落石的局部坡度亦大于 45°,个别地方还有倒悬情况。

图 6-15 发生崩塌的地形地貌条件

表 6-4 崩塌落石与边坡坡度关系的统计(蒋爵光,1991)

边坡坡度	<45°	45°～50°	50°～60°	60°～70°	70°～80°	80°～90°	总计
崩塌次数	14	11	7	17	6	2	57
百分率(%)	24.6	19.3	12.3	12.3	10.5	53.5	100

2)地层岩性

岩性对岩质边坡的崩塌具有明显的控制作用。

（1）岩质边坡

一般来讲，块状、厚层状的坚硬脆性岩石常形成较陡峻的边坡，若构造节理和（或）卸荷裂隙发育且存在临空面，则极易形成崩塌。相反，软弱岩石易遭受风化剥蚀，形成的斜坡坡度较缓，发生崩塌的机会要小得多。

①岩浆岩一般较为坚硬，很少发生大规模的崩塌。但当垂直节理（如柱状节理）发育并存在顺坡向的节理或构造破裂面时，易产生大型崩塌；岩脉或岩墙与围岩之间的不规则接触面也为崩塌落石提供了有利的条件。

②沉积岩岩质边坡发生崩塌的几率与岩石的软硬程度密切相关。若软岩在下、硬岩在上，下部软岩风化剥蚀后，上部坚硬岩体常发生大规模的倾倒式崩塌；含有软弱结构面的厚层坚硬岩石组成的斜坡，若软弱结构面的倾向与坡向相同，则极易发生大规模的崩塌。页岩或泥岩组成的边坡极少发生崩塌。

③变质岩中结构面较为发育，常把岩体切割成大小不等的岩块，所以经常发生规模不等的崩塌落石。片岩、板岩和千枚岩等变质岩组成的边坡常发育有褶曲构造，当岩层倾向与坡向相同时，多发生沿弧形结构面的滑移式崩塌。

坚硬岩石和软硬相间组成的岩石导致的崩塌如图 6-16 所示。

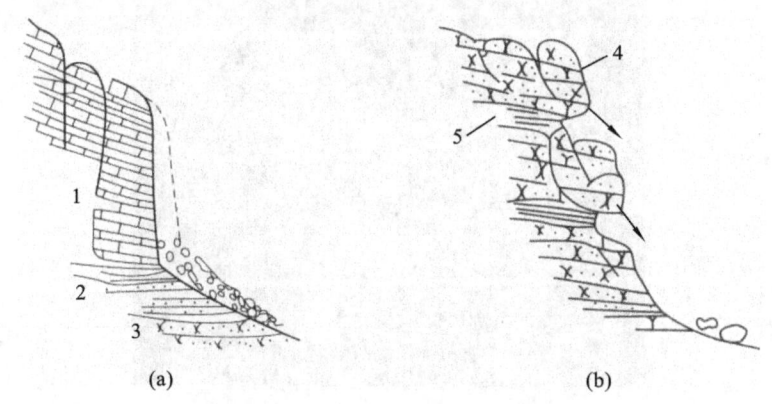

图 6-16　不同地层岩性发生的崩塌

(a)坚硬岩石组成的斜坡前缘卸载导致崩塌；(b)软硬岩性互层的陡坡局部崩塌

1—砂岩；2—砂、页岩互层；3—石英岩；4—砂岩；5—页岩

（2）土质边坡

对土质边坡而言，按土质类型，稳定性从好到差的顺序为：碎石土＞黏砂土＞砂黏土＞裂隙黏土；按土的密实程度，稳定性由大到小的顺序为：密实土＞中密土＞松散土。崩塌的类型有溜塌、滑塌和堆塌，统称为坍塌。

3）岩体结构

高陡边坡有时高达上百米甚至数百米，在不同部位、不同坡段发育有方向和规模各异的结构面，它们的不同组合构成了各种类型的岩体结构。各种结构面的强度明显低于岩块的强度；因此，倾向临空面的软弱结构面的发育程度、延伸长度以及该结构面的抗拉强度是控制边坡产生崩塌的重要因素。

4）地质构造

（1）区域性断裂构造对崩塌的控制作用

区域性断裂构造对崩塌的控制作用主要表现在以下三个方面。

①当陡峭的斜坡走向与区域性断裂平行时,沿该斜坡发生的崩塌较多。

②在几组断裂交汇的峡谷区,往往是大型崩塌的潜在发生地。

③断层密集分布区岩层较破碎,坡度较陡的斜坡常发生崩塌或落石。

（2）褶皱构造对崩塌的控制作用

位于褶皱不同部位的岩层遭受破坏的程度各异,因而发生崩塌的情况也不一样。

①褶皱核部岩层变形强烈,常形成大量垂直层面的张节理。在多次构造作用和风化作用的影响下,破碎岩体往往产生一定的位移,从而成为潜在崩塌体（危岩体）。如果危岩体受到震动、水压力等外力作用,就可能产生各种类型的崩塌落石。

②褶皱轴向垂直于坡面方向时,一般多产生落石和小型崩塌。

③褶皱轴向与坡面平行时,高陡边坡就可能产生规模较大的崩塌。

④在褶皱两翼,当岩层倾向与坡向相同时,易产生滑移式崩塌;特别是当岩层构造节理发育且有软弱夹层存在时,可以形成大型滑移式崩塌。

图 6-17 为地质构造导致的强烈变形破碎带,极易发生崩塌。

图 6-17　强烈变形破碎带易发生崩塌

5）地下水对崩塌的影响

地下水对崩塌的影响表现如下。

①充满裂隙的地下水及其流动对潜在崩塌体产生静水压力和动水压力。

②裂隙充填物在水的软化作用下抗剪强度大大降低。

③充满裂隙的地下水对潜在崩落体产生浮托力。

④地下水降低了潜在崩塌体与稳定岩体之间的抗拉强度。

边坡岩体中的地下水大多数在雨季可以直接得到大气降水的补给,在这种情况下,地下水和雨水的联合作用,使边坡上的潜在崩塌体更易于失稳。

6）振动对崩塌的影响

地震、人工爆破和列车行进时产生的振动可能诱发崩塌。地震时,地壳的强烈震动可使边坡岩体中各种结构面的强度降低,甚至改变整个边坡的稳定性,从而导致崩塌的产生。因此,在硬质岩层构成的陡峻斜坡地带,地震更易于诱发崩塌。

列车行进产生的振动诱发崩塌落石的现象在铁路沿线时有发生。1981 年 8 月 16 日,在宝成线 K293＋365m 处,当 812 次货物列车经过时,突然有 720 m³ 岩块崩落,将电力机车砸入嘉陵江中,并造成 7 节货车车厢颠覆。

7)人类活动的影响

修建铁路或公路、采石、露天开矿等人类大型工程开挖常使自然边坡的坡度变陡,从而诱发崩塌。如工程设计不合理或施工措施不当,更易产生崩塌,开挖施工中采用大爆破的方法使边坡岩体因受到振动破坏而发生崩塌的事例屡见不鲜。宝成线宝鸡至洛阳段因采用大爆破引起的崩塌落石有 7 处,其中一处是在大爆破后 3 h 产生的,崩塌体积约 2×10^5 m³。1994 年 4 月 30 日,发生于重庆市武隆县境内乌江鸡冠岭山体崩塌虽然是多种因素综合作用的结果,但在乌江岸边修路爆破和在山丘中段开采煤矿等人类活动是其重要的诱发因素。

3.崩塌形成的力学机制

1)倾倒崩塌

在河流峡谷区、黄土冲沟地段或岩溶区等地貌单元的陡坡上,经常见有巨大而直立的岩体以垂直节理或裂隙与稳定的母岩分开的现象。这种岩体在断面图上呈长柱形,横向稳定性差。如果坡脚遭受不断的冲刷掏蚀,在重力作用下或有较大水平力作用时,岩体因重心外移倾倒产生突然崩塌。这类崩塌的特点是崩塌体失稳时,以坡脚的某一点为支点发生转动性倾倒。倾倒崩塌如图 6-18 所示。

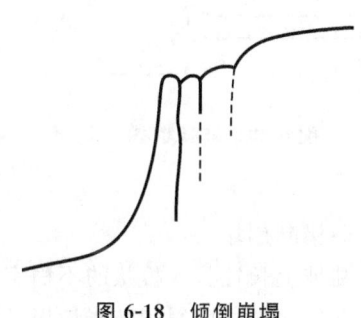

图 6-18 倾倒崩塌

2)滑移崩塌

临近斜坡的岩体内存在软弱结构面时,若其倾向与坡向相同,则软弱结构面上覆盖的不稳定岩体在重力作用下具有向临空面滑移的趋势。一旦不稳定岩体的重心滑出陡坡,就会产生突然的崩塌。除重力外,降水渗入岩体裂缝中产生的静、动水压力以及地下水对软弱面的润湿作用都是岩体发生滑移崩塌的主要诱因。在某些条件下,地震也可引起滑移崩塌。滑移崩塌如图 6-19 所示。

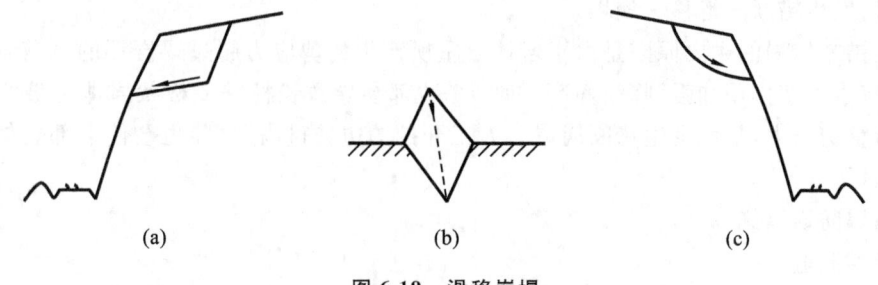

| (a) | (b) | (c) |

图 6-19 滑移崩塌

3)鼓胀崩塌

若陡坡上不稳定岩体之下存在较厚的软弱岩层或不稳定岩体本身就是松软岩层,深大的垂直节理把不稳定岩体和稳定岩体分开,当连续降雨或地下水使下部较厚的松软岩层软化时,上部岩体重力产生的压应力超过软岩天然状态的抗压强度后软岩即被挤出,发生向外鼓胀。随着鼓胀的不断发展,不稳定岩体不断下沉和外移,同时发生倾斜,一旦重心移出坡外即产生崩塌。鼓胀崩塌如图 6-20 所示。

4)拉裂崩塌

当陡坡由软硬相间的岩层组成时,由于风化作用或河流的冲刷掏蚀作用,上部坚硬岩层在断面上常常凸悬出来。在凸出的岩体上,通常发育有构造节理或风化节理。在长期重力作用下,节理逐渐扩展。一旦拉应力超过连接处岩石的抗拉强度,张拉裂缝就会迅速向下发展,最终导致凸出的岩体突然崩落。除重力的长期作用外,震动力、风化作用(特别是寒冷地区的冰劈作用)等都会促进拉裂崩塌的发生。拉裂崩塌如图6-21所示。

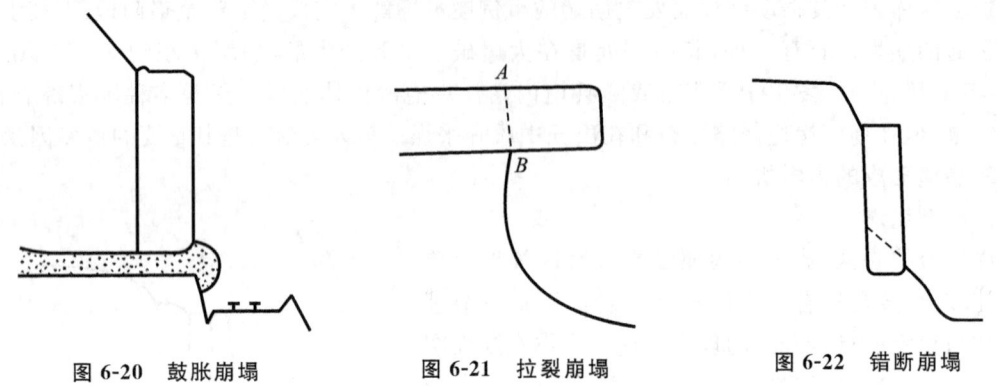

图6-20　鼓胀崩塌　　　　图6-21　拉裂崩塌　　　　图6-22　错断崩塌

5)错断崩塌

陡坡上长柱状或板状的不稳定岩体,当无倾向坡外的不连续面和较厚的软弱岩层时,一般不会发生滑移崩塌和鼓胀崩塌。但是,当有强烈震动或较大的水平力作用时,可能发生如前所述的倾倒崩塌。此外,在某些因素作用下,长柱或板状不稳定岩体的下部可能会被剪断,从而发生错断崩塌。悬于坡缘的帽檐状危岩,仅靠后缘上部尚未剪断的岩体强度维持暂时的稳定平衡。随着后缘剪切面的扩展,剪切应力逐渐接近并大于危岩与母岩连接处的抗剪强度时,则发生错断崩塌。错断崩塌如图6-22所示。

另外一种错断崩塌的发生机制是:锥状或柱状岩体多面临空,后缘分离,仅靠下伏软基支撑。当软基的抗剪强度小于危岩体自重产生的剪应力或软基中存在的顺坡外倾裂隙与坡面贯通时,发生错断—滑移—崩塌。

产生错断崩塌的主要原因是由于岩体自重所产生的剪应力超过了岩石的抗剪强度。地壳上升、流水下切作用加强、临空面高差加大等,都会导致长柱状或板状岩体在坡脚处产生较大的自重剪应力,从而发生错断崩塌。人工开挖的边坡过高、过陡也会使下部岩体被剪断而产生崩塌。

4. 崩塌防治措施

1)撤离躲避

对于比较大的崩塌灾害,难以治理或治理费用较大时,可以采取撤离、躲避的方案。

2)工程防护

采用遮拦建筑物,对崩塌运动的岩土体进行消能拦挡,限制崩塌体的运动速度,同时对建筑物进行遮拦,隔离崩塌体与受灾体,使之不能成灾。主要防护措施如下。

①在山坡设置石沟、落石沟、落石槽、落石平台。

②设置拦石桩、障桩。

③设置拦石墙(混凝土拦石墙、笼式拦石墙、钢轨拦石墙、钢丝拦石墙)、拦石网。

④设置遮挡明洞、棚洞。

拦截和遮挡分别如图6-23和图6-24所示。

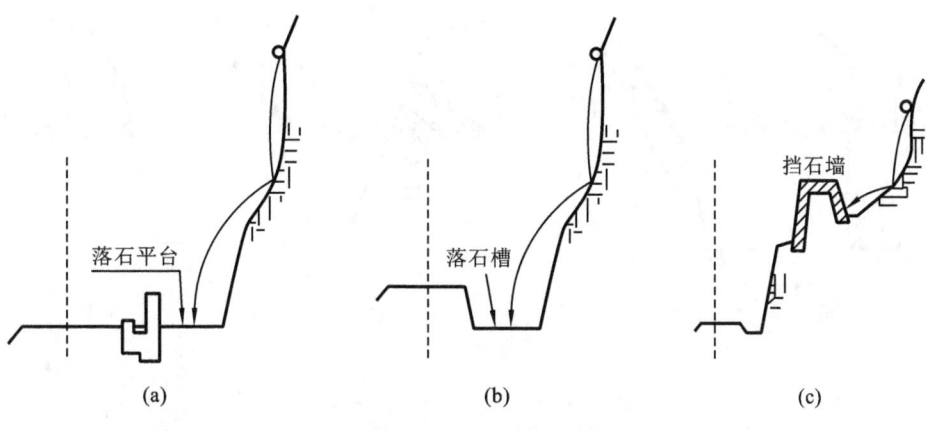

图 6-23　崩塌的拦截措施

(a)落石平台;(b)落石槽;(c)挡石墙

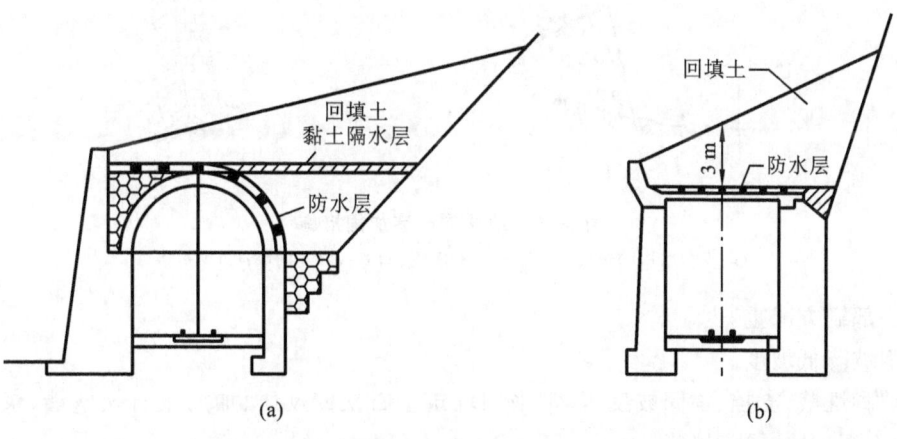

图 6-24　崩塌的遮挡措施

(a)明洞;(b)棚洞

3)地质体改造措施

地质体改造内容是多方面的,包括地质体材料、结构面、结构体和环境条件的改造。地质体的改造措施如图 6-25 所示。

(1)地质体材料的强化改造

地质体材料的强化改造一般采用注浆加固法,常用水泥、水玻璃、环氧树脂和化学灌浆。

(2)地质体结构面的强化改造

岩体表面一般采用喷混凝土或挂网喷锚进行岩土体表面处理,用以提高岩土体表面结构完整性和表层强度,多用以崩塌危岩体临空面处理和地下洞室或采用空区处理。

岩体内部结构面的强化改造可采用灌浆增加结构面之间的联结力;采用锚固(预应力、柔性结构)增加结构面之间的法向应力,用以增加其摩阻力;采用抗滑桩、抗滑键楔(刚性结构)以及桩锚、键锚结合等工程,增加结构面之间的摩阻力和支撑力。

(3)地质体结构体的改造

地质体结构体的改造主要是指对崩滑体的形态、体积、重量、结构进行较大规模的改造和重新配置,以减少其重力形成的变形破坏力,增加支撑和平衡力,改善其力学平衡条件,提高崩塌体的稳定性。主要措施如下。

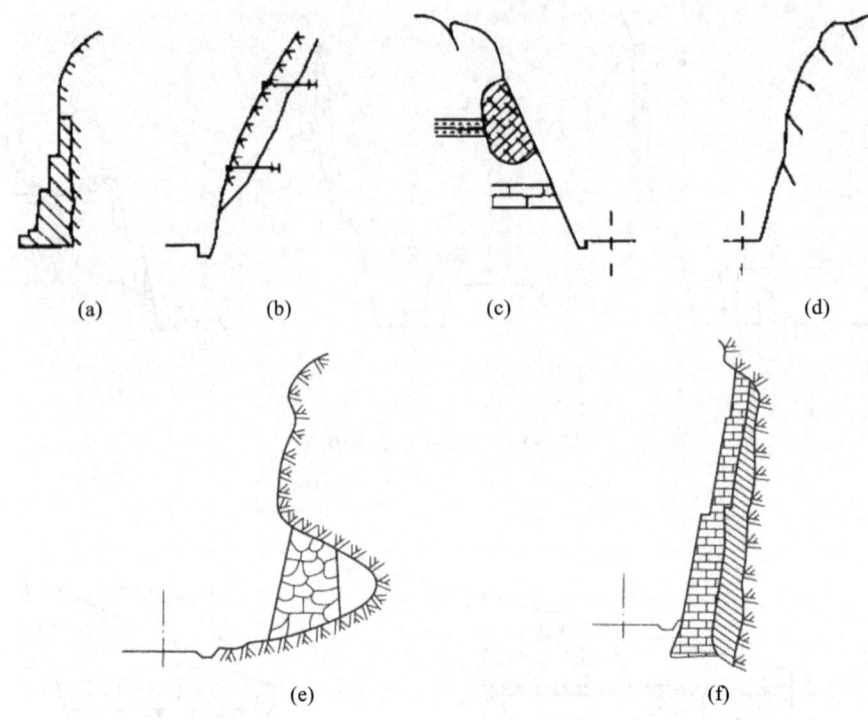

图 6-25　地质体改造加固措施

(a)支护墙;(b)锚固;(c)嵌补;(d)灌浆、勾缝;(e)支护垛;(f)支护墙

①头部刷方减重。

②削坡降低坡度。

③坡脚堆载、支挡、锚固或反压,常采用堆筑土石扶壁反压、加筋土石扶壁墙、浆砌石挡墙、混凝土框架墙、锚索墙等。

④采用空区回填支撑,常采用混凝土键、柱、浆砌石、毛石等回填支撑空区。

⑤倾倒、悬空危岩支撑,常采用浆砌石,或混凝土墙、柱、梁等进行支顶、支撑、嵌补,为其增加支撑结构体。

(4)地质环境条件的改造

①水域边岸崩滑体坡脚防护。

a.抛石护坡。

b.防坡堤、护坡墙。

c.导水墙,丁坝;用以疏导高速水流或改变主流线,避免直接冲刷坡脚或降低流速。

d.拦沙坝,在紧邻崩滑体下游筑坝,减缓水流冲蚀并造成淤砂反压坡脚。

②地表排水工程。

a.防渗工程:疏干并改造崩滑体范围内的地表水塘和积水洼地,封闭地表裂缝,对易入渗地段进行坡面防渗(喷浆、抹面、铺填黏性土等)、增加植被。

b.排水工程:修筑集水沟和排水沟,拦截并排出地表水。

③地下排水工程。

a.地下防渗工程:用防水帷幕截断地下水。

b.地下排水工程:水平排水孔、水平排水隧洞、竖直集水井、泄水洞、洞孔联合、井洞联合等。

④抗风化工程填缝、灌浆、抹面、喷浆、嵌补等。

任务 3 泥石流

泥石流又称山洪泥流或泥石洪流,是山地沟槽或河谷在暂时性急水流与其流域内大量土石相互作用形成的洪流过程和现象。泥石流常常具有突然暴发、来势凶猛、运动快速、历时短暂之特点,并兼有崩塌、滑坡和洪水破坏的双重作用,其危害程度比单一的崩塌、滑坡和洪水的危害更为广泛和严重,它是严重威胁山区及山前地区居民安全和工程建设(已建或待建)的一种地质灾害。我国的许多山区都不同程度地暴发过泥石流,据统计,近 50 年来造成百人以上丧生的恶性泥石流事件有十多起。近年来,我国泥石流有逐渐加重的趋势,特别是在西南和西北山区,每年雨季由于滑坡泥石流等山地灾害造成的人员伤亡及经济损失均十分严重。鉴于泥石流的严重危害性,这些地区对泥石流的防治显得尤为迫切。

1. 泥石流的概念

泥石流是一种含有大量泥、砂、石块等固体物质的特殊洪流(见图 6-26)。

2. 泥石流的形成条件

泥石流的形成包括三个必不可少的条件:物源条件、水源条件和地形条件。一条典型的泥石流形成条件示意图如 6-27 所示。

图 6-26 泥石流灾害

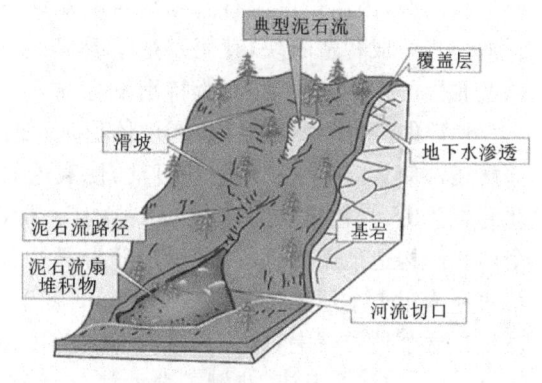

图 6-27 典型泥石流发生的条件示意图

1)物源条件:丰富、松散的固体物质

物源条件主要是指大量散体状的堆积物,这些物质的形成与下列因素有关。

(1)地层岩性

泥石流的组成和流态性质,与地层的岩石性质有着直接的关系。第四纪各种成因的松散堆积物最容易直接受到侵蚀冲刷,形成泥石流的源地。巨厚的冰层和冰水堆积层是我国冰川型、融雪型泥石流的源地。山坡的残积和坡积物,沟床的冲积和洪积物,尤其是由滑坡、崩塌等山坡块体运动形成的堆积物,经常成为泥石流固体物质集中的来源。各种不同岩性的基岩转化为泥石流松散固体物质源地时,主要取决于该地风化作用的强度和地层抗风化的能力,同时也受到地质构造等因素的制约。一般来说,较弱岩层比坚硬岩层更容易风化剥蚀,但当岩层极度破碎时,不论岩性软硬,都易于风化侵蚀,为泥石流提供固体物质。

①较厚的第四纪沉积,如黄土高原的巨厚黄土层,粉粒土丰富,常形成泥流。

②软弱易风化岩石,如泥岩、页岩、千枚岩、片岩以及粉砂岩等分布区,易于通过风化作用、滑坡作用而产生大量松散碎屑堆积物,且堆积物中黏粒含量高,易于形成黏性泥石流。

③坚硬岩石只有通过寒冻风化和崩塌作用才能产生较多的粗碎屑,故这类岩石分布区多形成水石流。

(2)地质构造

在深大断裂及其派生的次级断裂带、强烈褶皱带,岩石破碎能给泥石流提供丰富的固体物质,所以泥石流沟的分布往往与大断裂带分不开。例如,成昆线的漫水湾至西昌长 32 km 的地段,发育有 31 条泥石流,集中在安宁河大断裂上盘;甘肃省武都泥石流沿白龙江断裂带发育。

除了区域性的大断裂控制某些泥石流沟的分布和发育外,次一级的小断裂对泥石流的发生和发展也有一定影响。某些泥石流沟常沿小断裂发育,如西昌黑沙河、东川小白泥沟等。

(3)新构造运动和地震

新构造运动使地壳上升、河谷下切,有利于形成陡峻地形,特别是在垂直差异性运动地区,泥石流更加集中,活动更加频繁。例如,安宁河大断裂的近期活动,加之横向断裂的切割及其活动的不均一性,使其两岸差异性加大,东岸较西岸上升快(两岸的阶地发育也完全不同,西岸只有一级阶地,而东岸则有五级阶地,高差达 230 m),沟谷下切深,谷坡剥蚀较迅速,使原有老的堆积扇或者河流阶地上的第四纪松散沉积物,又重新成为新泥石流的固体物质补给来源,因而东岸泥石流也较西岸发育;东川小江断裂由于两侧地层又受到近东西向断裂的切割而成构造断块,其间发生了差异运动,结果形成了大断裂南段的东支和西支之间、以及北段的东侧地段,泥石流特别发育。

地震能降低岩石强度,破坏山体稳定,使山体开裂、崩塌、滑坡,为泥石流提供物质来源;地震还常使暂时停歇的泥石流复活,使衰退的泥石流"返老还童",重新转而旺盛发展。我国北起贺兰山、六盘山,经甘肃天水—文县一带,至龙门山以西地区,直到川西、云南地区,是一个南北向构造地震带,可以进一步分为贺兰山、六盘水、天水—武都—文县、川西北、安宁河、马边和滇东七个地震带,从北到南 2000 多千米均有泥石流发育。我国许多著名的泥石流都发生在这个地震带上,比较有名的有贺兰山山前泥石流、天水渭河泥石流、武都白龙江泥石流、西昌安宁河泥石流、花棚子金沙江(金江至龙街)泥石流、黑井龙川江泥石流及东川小江泥石流等。在这个地震带上,总的趋势是南段泥石流较中段和北段更为发育。

(4)地下水

地下水对土和软质岩石能起到浸润、潜蚀和溶解等作用,增大孔隙度和湿度,降低土(岩)体强度和稳定性,从而导致滑坡和崩塌的发生,有些甚至直接发展成为滑坡型泥石流。

(5)不良地质现象

滑坡、崩塌、冲沟两岸坍滑对泥石流物质聚集起着重要作用。例如,西昌黑沙河流域内,各种山坡块体运动有 200 多处,坍滑面积占总面积的 15%,形成安宁河谷最大的泥石流。

(6)人为因素影响

人为因素主要包括两方面:砍伐森林,开垦耕地;堆弃废渣。

成昆线由于人为原因引起泥石流沟新生、复活或增大了泥石流危害程度的共有 31 条。其中,铁路施工中弃渣不当的占 29%;铁路通车后开矿、采石、修筑公路等弃渣不当的占

42％;任意砍伐、溜木、垦荒、放牧等大量破坏植被的占 23％;水渠漏水产生沟坡坍滑和小型水库溃坝失事的各占 3％。

东川老干沟在 1958 年前,还不是一条泥石流沟;1958 年公路施工弃渣沟内,1959 年修建的沿山水渠漏水,引起塌方滑坡;1959 年雨季开始后发生泥石流,逐步成为东川支线(东川—昆明)上危害最大的泥石流之一。

2)水源条件:突然、充足

水是泥石流的组成部分和搬运介质,其来源主要是集中的暴雨或冰雪大量、迅速融化或水库溃决。

我国除西北、内蒙古地区外,大部分地区受热带、亚热带湿热气团的影响,由季风气候控制,降水季节集中。云南、四川的山区,受孟加拉湿热气团影响较强烈,在西南季风控制下,夏秋多暴雨,降水历时短,强度大。如云南东川地区一次暴雨历时 6 h,降水量 180 mm,最大降雨强度达 55 mm/h,形成了历史上罕见的暴雨型泥石流。在东部地区则受太平洋暖湿气团影响,夏秋多台风和热带风暴。如 1981 年 8 号强台风侵袭东北,使辽宁老帽山地区下了特大暴雨,6 h 降水量 395 mm,其中最大降雨强度为 116.5 mm/h,爆发了一场巨大的泥石流。暴雨型泥石流是我国最主要的泥石流类型。

有冰川分布和大量积雪的高山区,当夏季冰雪强烈消融时,可为泥石流提供丰富的地表径流。西藏东部的波密地区、新疆的天山山区即属这种情况。在这些地区,泥石流形成有时还与冰川湖的突然溃决有关。

3)地形条件:陡峻

地形陡峻、沟谷坡降大给泥石流的发生提供了动力条件,而且植被难以生根,在暴雨作用下,面蚀严重,极易产生塌滑,为泥石流提供了丰富的固体物质。例如,东川蒋家沟,坡陡流急,岩层破碎松散,一坍到顶,比比皆是,光山秃岭,植被无法定根,是形成泥石流十分有利的地形。

3. 泥石流的地貌特征

泥石流沟流域的地形条件要求有利于水的汇聚和赋予泥石流巨大的动能。这就要求产生泥石流的地区,其上游有一个面积很大、坡度很陡、便于流水汇集的汇水区,多为三面环山,一面出口的瓢形围谷。山坡坡度多为 30°~60°,坡面植被稀少,岩层风化强烈,山坡上储存大量固体物质,又有利于集中水流。中游多为狭窄而幽深的峡谷,谷壁陡峻,坡度为 20°~40°,沟床狭窄,坡降很大,来自上游广大汇水面积内汇集起来的泥石流以很高的速度向下游奔泻。泥石流沟的下游,一般位于山口以外的大河谷地两侧,地形开阔、平坦,是泥石流停积的场所。

典型的泥石流在地貌上存在三个区:形成区、流通区和沉积区。如图 6-28 所示,各分区功能如下。

1)形成区

形成区位于泥石流沟的上、中游,汇集水、固体物质,包括汇水动力区和物质供给区。

2)流通区

流通区位于泥石流沟的中、下游,是泥石流搬运通过的地段,多为较短的深陡峡谷。

3)沉积区

沉积区位于泥石流沟的下游,是泥石流固体物质堆积的场所,呈扇形、锥形或带形。

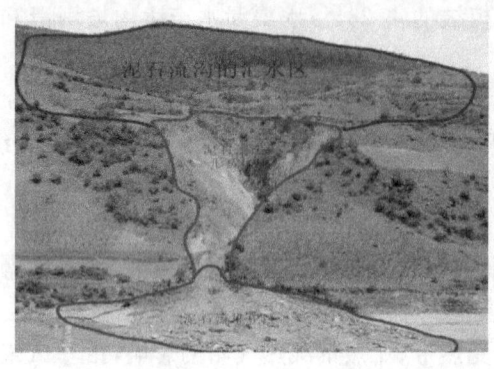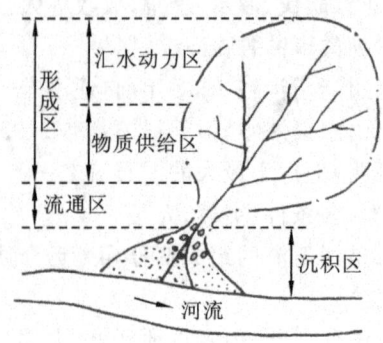

图 6-28　泥石流地貌分区

4. 泥石流的分类

1)按泥石流流域地貌形态分类

(1)标准型泥石流

标准型泥石流为典型的泥石流,流域呈扇形,面积较大,能明显地划分出形成区、流通区和沉积区。

(2)河谷型泥石流

河谷型泥石流流域呈狭长条形,其形成区多为河流上游的沟谷,固体物质来源较分散,沟谷中有时常年有水,故水源较丰富,流通区与沉积区往往不能明显区分(见图 6-29)。

(3)山坡型泥石流

山坡型泥石流流域呈斗状,其面积一般小于 1000 m²,无明显流通区,形成区与沉积区直接相连(见图 6-30)。

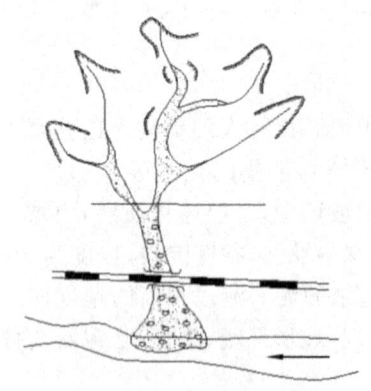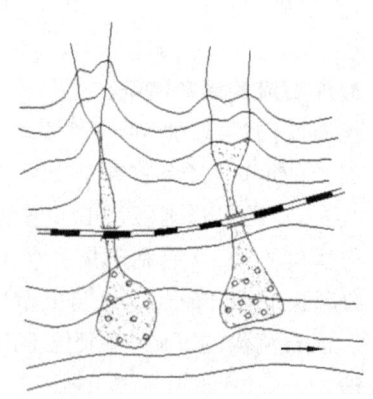

图 6-29　河谷型泥石流　　　　　　　　　　　图 6-30　山坡型泥石流

2)按泥石流流态特征分类

(1)黏性泥石流

黏性泥石流是指含大量黏性土的泥石流或泥流。其特征是:黏性大,固体物质占 40%～60%,最高达 80%。其中的水不是搬运介质,而是组成物质,稠度大,石块呈悬浮状态,暴发突然,持续时间亦短,破坏力大。

(2)稀性泥石流

稀性泥石流以水为主要成分,黏性土含量少,固体物质占 10%～40%,有很大分散性。

水为搬运介质,石块以滚动或跃移方式前进,具有强烈的下切作用。其堆积物在堆积区呈扇状散流,停积后似"石海"。

3)按物质组成分类

(1)泥流

泥流以黏性土为主,含少量砂粒、石块,黏度大、呈稠泥状,如西北黄土高原上的泥流。

(2)泥石流

泥石流由大量黏性土和粒径不等的砂粒、石块组成。

(3)水石流

水石流由水和大小不等的砂粒、石块组成。

除此之外,还有多种分类方法。如按泥石流的成因分类有水川型泥石流、降雨型泥石流,按泥石流流域大小分类有大型泥石流、中型泥石流和小型泥石流,按泥石流发展阶段分类有发展期泥石流、旺盛期泥石流和衰退期泥石流,等等。

5.泥石流的防治

泥石流有不同的特点,相应的治理措施也应有所不同。在以坡面侵蚀及沟谷侵蚀为主的泥石流地区,应以生物措施为主,辅以工程措施;在崩塌、滑坡强烈活动的泥石流发生(形成)区,应以工程措施为主,兼用生物措施;而在坡面侵蚀和重力侵蚀兼有的泥石流地区,则以综合治理效果最佳。

1)生物措施

泥石流防治的生物措施包括恢复植被和合理耕牧。一般采用乔、灌、草等植物进行科学的配置和营造,充分发挥其滞留降水、保持水土、调节径流等功能,从而达到预防和制止泥石流发生或减小泥石流规模,减轻其危害程度的目的。生物措施一般需要在泥石流沟的全流域实施,对宜林荒坡更应采取此种措施。但要正确地解决好农、林、牧、薪之间的矛盾,如果管理不善,很难收到预期的效果。

与泥石流工程防治措施相比较,生物防治措施具有应用范围广、投资省、风险小、能促进生态平衡、改善自然环境条件、生产效益好,以及防治作用持续时间长的特点。生物措施初期效益一般不够显著,需三五年或更长一些时间才可发挥明显作用。在一些滑坡、崩塌等重力侵蚀现象严重的地段,单独依靠生物措施不能解决问题,还应与工程措施相结合才能产生明显的防治效能。生物措施包括林业措施、农业措施、牧业措施等各种措施,通常在同一流域内随地形、坡度、土层厚度及其他条件的变化而因地制宜地进行具体布置。

2)工程措施

泥石流防治的工程措施是在泥石流的形成区、流通区、沉积区内,相应采取蓄水、引水工程,拦挡、支护工程,排导、引渡工程,停淤工程及改土护坡工程等治理工程,以控制泥石流的发生和危害。泥石流防治的工程措施通常适用于泥石流规模大,暴发不很频繁、松散固体物质补给及水动力条件相对集中,保护对象重要,要求防治标准高、见效快、一次性解决问题等情况。

(1)跨越工程

跨越工程是指修建桥梁、涵洞,从泥石流上方凌空跨越,让泥石流在其下方排泄。根据1977年的考察资料,成昆铁路沿线249条泥石流沟共修建桥梁157座,涵洞48座,占全部221项工程的90.2%。由此可见,桥涵跨越是通过泥石流地区的主要工程形式。

（2）穿过工程

穿过工程是指修建隧道、明洞从泥石流下方穿过，泥石流在其上方排泄。这是通过泥石流地区的又一种主要工程形式。据统计，成昆线穿过泥石流共修建隧道、明洞和渡槽16座，占全部221项工程的9.8％。对于隧道、明洞和渡槽设计的选择，总的原则是因地制宜（见图6-31）。

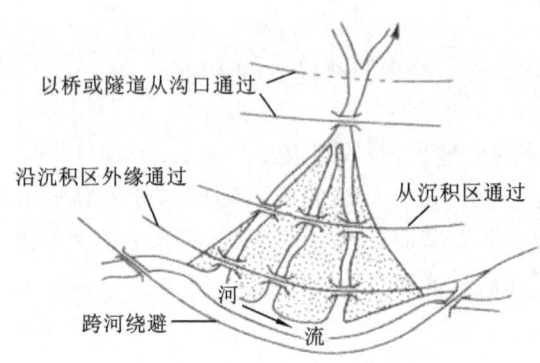

以桥或隧道从沟口通过

沿沉积区外缘通过

从沉积区通过

跨河绕避

河
流

图6-31 穿过泥石流区的不同方案

（3）防护工程

防护工程是指对泥石流地区的桥梁、隧道、路基，泥石流集中的山区变迁型河流的沿河线路或其他重要工程设施，建造一定的防护建筑物，用以抵御或消除泥石流对主体建筑物的冲刷、冲击、侧蚀和淤埋等危害。防护工程主要有护坡、挡墙、顺坝和丁坝等。

（4）停淤工程

停淤工程是指在较平缓的洪积扇上或较宽阔的沟内，修建拦截建筑物，促使泥石流淤积。其作用是在一定期限内，让泥石流物质在指定地段内淤积，从而减少泥石流固体物质下泄量。

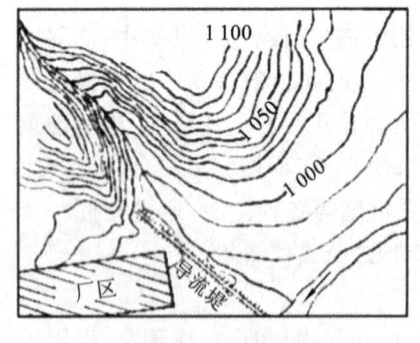

1 100

1 050

1 000

厂区

导流堤

图6-32 导流堤布置

（5）排导工程

排导工程的作用是改善泥石流流势，增大桥梁等建筑物的泄洪能力，使泥石流按设计意图顺利排泄。泥石流排导工程包括导流堤、急流槽和束流堤三种类型。导流堤的作用，主要是在于改善泥石流的流向，同时也改善流速。急流槽的作用，主要是改善流速，也改善流向。束流堤的作用，主要是改善流向，防止漫流。导流堤和急流槽组合成排导槽，以改善泥石流在堆积扇上的流势和流向，让泥石流循着指定的道路排泄，不让泥石流淤积。导流堤和束流堤组合成束导堤，可以防止泥石流漫流改道为害。

对于导流堤的布置，堤尾方向与大河流向呈锐角相交。泥石流与大河汇流，洪水互相搏击，动能会有很大损失。交角越小，动能损失越小，越容易将泥石流带走。一般地说，交角宜小于45°（见图6-32）。

（6）拦挡工程

拦挡工程是用以控制组成泥石流的固体物质和雨洪径流，削弱泥石流的流量、下泄总量和能量，减少泥石流对下游经济建设工程冲刷、撞击和淤积等危害的工程设施。拦挡工程包括拦挡墙、格栅坝、拦渣坝、储淤场、支挡工程、截洪工程四类。前三类起拦渣、滞流、固坡作用,控制泥石流的固体物质供给。截洪工程的作用在于控制雨洪径流。总的目的是削弱泥石流。拦挡墙、格栅坝如图 6-33 所示。

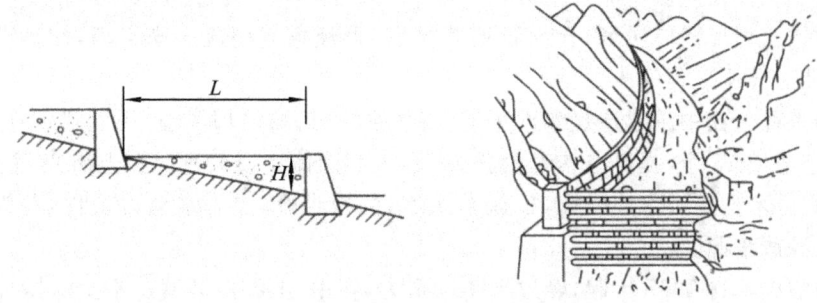

图 6-33　泥石流的拦挡墙和格栅坝

对于防治泥石流的工程措施,常采取多种措施结合应用。最常见的有拦渣坝与急流槽相结合的拦排工程,导流堤、拦渣坝和急流槽相结合的拦排工程,拦渣坝、急流槽和渡槽相结合的明洞(或渡槽)工程等。防护工程也常与其他工程配合应用。多种工程措施配合使用,比单纯采用某一种工程措施要更为有效,经济上也更为合理。

3)全流域综合治理

泥石流的全流域综合治理,目的是按照泥石流的基本性质,采用多种工程措施和生物措施相结合,上、中、下游统一规划,山、水、林、田综合整治,以制止泥石流的形成或控制泥石流的危害。这是大规模、长时期、多方面协调一致的统一行动。综合治理措施主要包括以下三个方面。

(1)稳

稳主要是指在泥石流形成区植树造林,在支、毛、冲沟中修建谷场,其目的在于增加地表植被、涵养水分、减缓暴雨径流对坡面的冲刷,增强坡体稳定性,抑制冲沟发展。

(2)拦

拦主要是指在沟谷中修建挡坝,用以拦截泥石流下泄的固体物质,防止沟床继续下切,抬高局部侵蚀基准面,加快淤积速度,以稳住山坡坡脚,减缓沟床纵坡降,抑制泥石流的进一步发展。

(3)排

排主要是指修建排导建筑物,防止泥石流对下游居民区、道路和农田造成危害。这是改造和利用堆积扇发展农业生产的重要工程措施。

4)成昆线黑沙河泥石流治理案例

黑沙河泥石流位于安宁河左岸准山前区,是一条灾害严重的泥石流,流域内有崩塌、滑坡 180 处,大、小泥石流支沟 135 条,固体物质储量 1 900 万立方米,暴发频率高,处在发展阶段。就工点本身看,无疑应该避开在扇腰沉积区通过。但从浸水湾至西昌段线路总体设计出发,经过综合比选,决定穿越沉积区,综合治理泥石流。根据泥石流漫流淤埋规律,沿等高线定线,与各沟槽基本正交,设七座桥,配合疏导拦挡、储淤和植树保林等生物措施(见图 6-34),取得成功。

治理的具体步骤如下。

①设溢洪口分流,提高安全度。在左侧堤首与束流槽衔接处,设长度为 60 m 的溢流堰。

在初、近期,让超过主桥与束流堤负荷的流量在此处溢洪,经分流桥或备险桥排走,在近期为排导槽及主桥提供安全保证。

②储淤工程。在左侧导流堤前方设两道弧形拦渣坝(称为腰带坝),并依靠其后导流堤及其左侧的挑水坝形成储淤场,让大石块落淤后,再经急流槽流入安宁河,在近期可削减下泄洪量,减轻对导流工程的压力。

③拦挡工程。在中游建造拦渣坝 7 道,谷坊坝 5 道,顺水坝 7 道,用以拦蓄泥石流 17 万立方米,稳定滑坡 15 个,提高支沟基准面 6 条,控制固体物质数量。在上游兴建坝高 23 m、库容 54 万立方米的防洪水库一座,以调节洪水,削减洪峰,控制水动力条件,并为西礼渠以上农田开辟灌溉水源。

④生物措施。自 1967 年起,经过十年的努力,在中、上游山区营造水土保持林 4 km²,加上 1963 年飞机播种,共造林 13.3 km²。在沟口以下的泥石流扇上,营造防护林带 39 条,用来稳定沟床,控制泥石流漫流危害,并培育牧草 2 500 亩。目前水保效益显著。

⑤农业措施。坡度大于 25°的陡坡地实行停耕还林还牧,发展经济林木,繁殖牧草。稍缓的坡地改造成梯田,进行等高耕作。在盆地谷地建成路直、树成行的条田。泥石流扇上的 1.3 km² 砂砾荒滩改成宽 30 m、长 80 m,中间有排灌渠,两侧有机器耕道的条田或桑园。下游受泥石流威胁的 3 km² 土地全部实现条田化。既加强了水保,又开发了农桑。

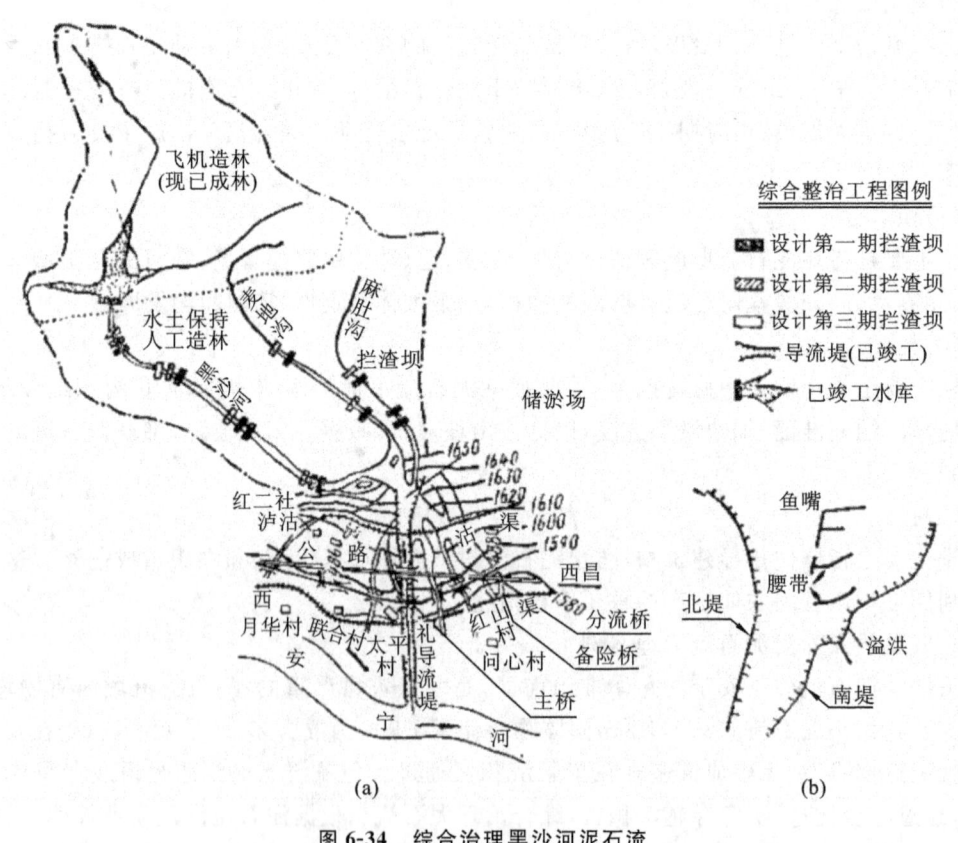

图 6-34　综合治理黑沙河泥石流

(a)平面布置图;(b)导流堤及储淤场放大图

任务 4 岩溶

据不完全统计,全球已有 16 个国家存在严重的塌陷问题。就我国而言,可溶岩分布面积达 365 万平方千米,占国土面积的 1/3 以上,是世界上岩溶最为发育的国家之一。岩溶塌陷分布范围也相应很广,见于 22 个省区,以南方的桂、黔、湘、赣、川、滇、鄂等省区最为发育,北方的冀、鲁、辽等省也发生过严重的岩溶塌陷灾害。

岩溶塌陷的产生,使岩溶区的工程设施,如工业与民用建筑、交通干线、矿山及水利水电设施等遭到破坏,还造成岩溶区严重的水土流失并导致环境恶化。如 1996 年 1 月 28 日发生于桂林市市中心的体育场塌陷事故,塌陷坑直径 915 m,深度 5 m,造成邻近整个商业街关闭 15 d,营业额损失近千万元。

因此,在岩溶地区进行工程建设,岩溶危害的治理至关重要。

1. 岩溶的定义

岩溶,又称喀斯特,是指碳酸盐岩地区一系列特殊的地貌过程或水文现象。凡是以地下水为主、地表水为辅,以化学过程(溶解和沉淀)为主、机械过程(流水侵蚀和沉积、重力崩塌和堆积)为辅的,对可溶岩石的破坏和改造作用都叫作岩溶作用,这种作用所造成的地表形态和地下形态叫作岩溶地貌,岩溶作用及其所产生的水文现象和地貌现象统称岩溶。

2. 岩溶地貌

岩溶作用的结果表现在两个方面:一方面形成地下和地表的各种奇特的地貌形态,如石芽、溶沟、溶孔、落水洞、漏斗、洼地、溶盆、溶原、峰林、孤峰、溶丘、干谷、溶洞、暗河、地下各种洞穴沉积物;另一方面形成特殊的水文地质现象,如冲沟很少,地表水系不发育,岩体透水性增大,岩溶水空间分布极不均匀,动态变化大,流态复杂多变,山区地下水埋深一般较大,且地下水分水岭与地表水分水岭常不一致等。

岩溶在我国分布非常广泛,广西桂林山水、云南路南石林皆闻名于世,广西碳酸盐岩出露的面积占全省面积的 60%,贵州和云南东南部碳酸盐岩分布的面积占该地区总面积的 50% 以上。

1)地表岩溶地貌

(1)石芽、溶沟

地表水流沿着坡面上的节理流动,溶蚀和冲蚀出许多凹槽和坑洼,称为溶沟,沟内的突起称为石芽。石林是一种非常高大的石芽,如图 6-35 和图 6-36 所示。

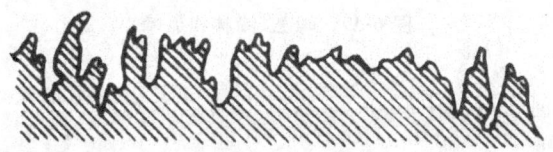

图 6-35 石芽和溶沟

(2)漏斗

漏斗是一种漏斗状洼地,直径数米至数十米,深度数米至数十米,是由于地表水下渗、溶蚀,导致上部岩石顶板塌落而成的。漏斗的底部常有坍塌物或流水带来的物质沉积,如图 6-37 所示。

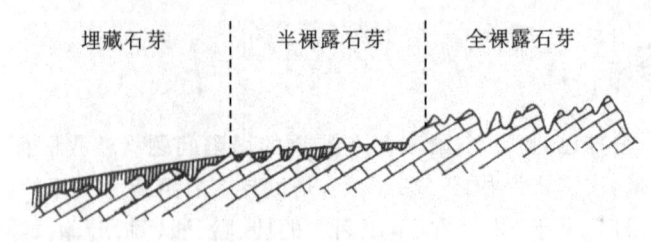

图 6-36 斜坡上的石芽

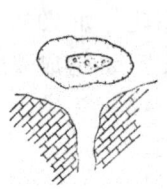

图 6-37 漏斗

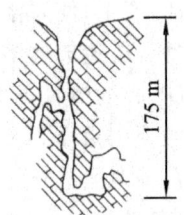

图 6-38 落水洞

（3）落水洞

落水洞是地表水流入地下的进口，常与暗河相连，大小不一、形态各异，如图 6-38 所示。落水洞进一步发展就成为竖井。

（4）溶蚀洼地

溶蚀洼地是一种盆状的封闭、半封闭洼地，面积由数十平方米至数万平方米。

（5）坡立谷

坡立谷是一种大型封闭洼地，也称溶蚀盆地，面积由数平方千米至数百平方千米，谷底平坦，常有第四纪沉积物，谷壁陡峻。坡立谷进一步溶蚀，可形成溶蚀平原。

（6）峰丛、峰林和孤峰

峰丛、峰林和孤峰为岩溶作用极度发育的产物，早期为峰丛，中期为峰林，晚期为孤峰，如图 6-39 所示。

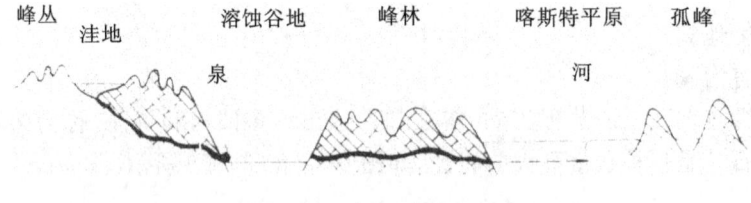

图 6-39 峰丛、峰林和孤峰

（7）干谷

原来的河谷，由于河水沿谷中漏斗、落水洞等通道全部流入地下，使下游河床干涸而成干谷。

2）地下岩溶地貌

（1）溶洞

溶洞为地下水沿可溶岩体的各种构造面（层面、节理面或断裂面），逐渐溶蚀和侵蚀而开拓出来的地下洞室。溶洞中发育着石笋、石钟乳、石柱，如图 6-40 所示。

（2）暗河

暗河指岩溶地区沿水平溶洞流动的河流。图 6-41 为暗河和其他溶蚀地貌。

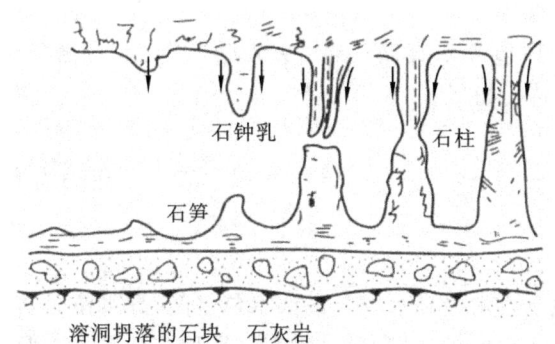

图 6-40　石笋、石钟乳、石柱

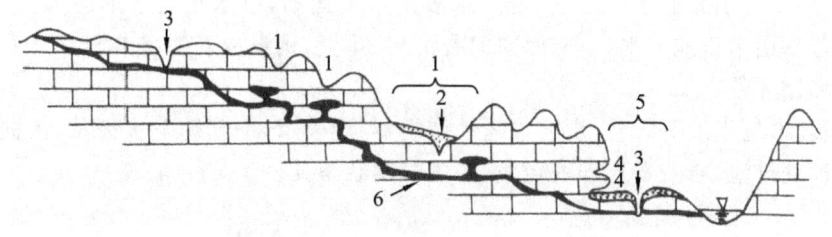

图 6-41　溶蚀洼地、漏斗和竖井在山地中的分布

1—溶蚀洼地；2—漏斗；3—竖井；4—溶洞；5—阶地；6—暗河

3. 岩溶的形成条件

岩溶的形成包括以下四个必不可少的条件。

1）岩石的可溶性

岩石的可溶性取决于岩石的成分和结构。常温常压时每升纯水中的碳酸钙含量仅 10 余毫克，而每升天然地下水中碳酸钙的含量可达数百毫克。其原因是地下水并非纯水，而是化学成分十分复杂的溶液。地下水中除了最常见的碳酸以外，还有无机酸、有机酸和其他盐类，这些化学成分共同对碳酸盐起着溶蚀作用。

各种岩石可溶性大小的比较如下。

①卤盐类岩石（如石盐、钾盐）＞硫酸盐类岩石（如石膏、芒硝）＞碳酸盐类岩石。

②石灰岩＞白云岩＞泥灰岩＞泥云岩。

③石灰岩等可溶岩中含黄铁矿、石膏时，增大溶解。

④石灰岩等可溶岩中含有机质、沥青、硅质物质时，减少溶解。

⑤晶粒大、岩层厚岩石＞晶粒小、岩层薄岩石。

2）岩石的透水性

岩石的透水性主要取决于岩石的裂隙性。各种成因的裂隙相互贯通，为水的运动提供了途径，为地下水的储存提供了场所，有利于地下岩溶的发育。

3）水的溶蚀能力

水的溶蚀能力与 CO_2 的含量密切相关。

①土壤层中微生物不断制造 CO_2，使岩溶强度提高。

②大气压增大，引起水中 CO_2 含量增加，致使溶蚀能力提高。

③水温上升，引起水中 CO_2 含量下降且化学反应速度加快，致使溶蚀能力提高。

4)岩溶水的运动与循环

岩溶水的运动与循环包含垂直循环带、季节循环带、水平循环带和深部循环带,如图6-42所示。各循环带的特征如下。

(1)垂直循环带

垂直循环带位于地面以下包气带内,岩溶水以垂直向下运动为主,岩溶形态多为漏斗、落水洞等垂直洞穴。

(2)季节循环带

季节循环带位于地下潜水最高水位与最低水位之间,高水位时岩溶水以水平运动为主,低水位时岩溶水以垂直运动为主,岩溶形态既有水平形态又有垂直形态。

(3)水平循环带

水平循环带位于最低水位之下,岩溶水多是水平运动,以水平岩溶形态为主(如水平溶洞、暗河),若深层承压地下水,由四面向河谷汇集、排泄,则形成发射状溶洞。

(4)深部循环带

深部循环带位于地下深处,岩溶水运动缓慢,与地表水、上部地下水无关,流向取决于地质构造,向远处排泄,岩溶发育程度轻微,多为蜂窝状溶孔。

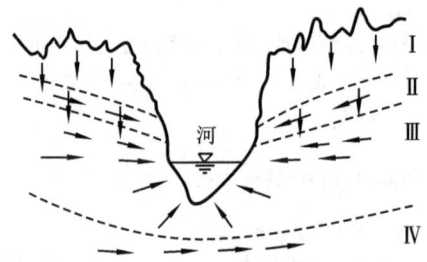

图6-42　岩溶水的运动循环分类

Ⅰ—垂直循环带;Ⅱ—季节循环带;Ⅲ—水平循环带;Ⅳ—深部循环带

4. 岩溶的影响因素

岩溶的影响因素包含地形地貌、地质构造和地壳运动。

1)地形地貌

(1)分水岭地区

分水岭地区地下水由降水补给,并作为其他地区地下水的补给,故愈靠近分水岭,溶洞愈深,岩溶作用就愈弱。

(2)丘陵地区

地表水大部分潜入地下,形成了无水干谷,谷底排列一系列的漏斗、落水洞,与暗河相连,岩溶作用较强;山顶也分布有溶洞、竖井等,但无岩溶水活动,故岩溶作用基本趋于停止。

(3)河谷斜坡

河谷斜坡为地表水及地下水向河谷汇集的途径,是径流最活跃及岩溶最发育的地带。

2)地质构造

(1)岩层产状

①缓倾岩层。对于缓倾岩层来说,可溶岩和非可溶岩的相对位置决定岩溶的发育。它们的关系如表6-5所示。

表 6-5　可溶岩和非可溶岩与岩溶的关系

可溶岩位置	非可溶岩(不透水)位置	岩溶
下	上	不发育
上	下	可溶岩下部发育

川黔线石牛栏至白土田暗河剖面揭示的可溶岩和非可溶岩的相对位置如图 6-43 所示。

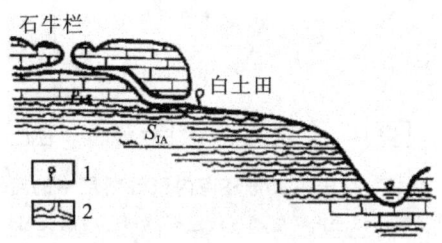

图 6-43　川黔线石牛栏至白土田暗河剖面
1—泉；2—暗河

②陡倾岩层。陡倾岩层的可溶岩与非可溶岩的接触面附近溶蚀作用强烈,常有一系列漏斗、落水洞及岩溶泉出露。

(2)褶曲

①背斜核部:张节理发育,雨水和地表水由此下渗并补给到其他地区,形成垂直岩溶地形。

②向斜核部:为岩溶水汇聚区,岩溶水聚集后沿轴向流动排泄,形成水平岩溶地形。

③翼部:水循环强烈的流通部位,岩溶一般较为发育。如盘关南段岩溶,见图 6-44。

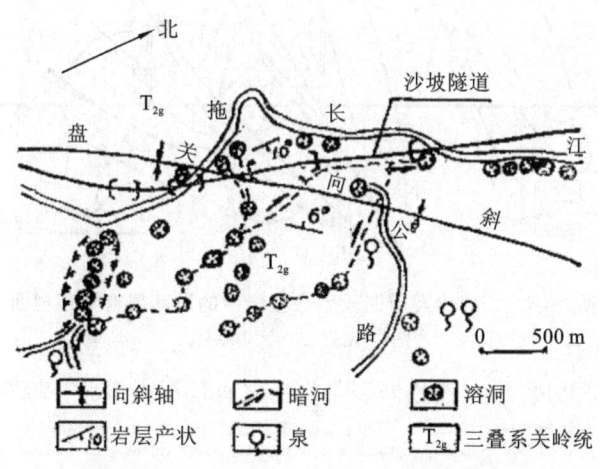

图 6-44　盘关南段岩溶分布与地质构造

(3)断层

①张性断裂带(正断层)。张性断裂带宽度较小,结构松散,缺乏胶结,有利于地下水渗透溶蚀,是岩溶强烈发育的地带。

梅子关 2 号隧道(见图 6-45),在张性断层附近所揭露的几处溶洞,发育其中的溶洞顶部有直径 1~2 m 的向上通道,发育于 F_4 破碎带中的大溶洞 K_7 顶部亦有垂直漏斗向上直通,

F8 在导坑右方有宽 0.8 m 的溶隙,从中有大风吹出。

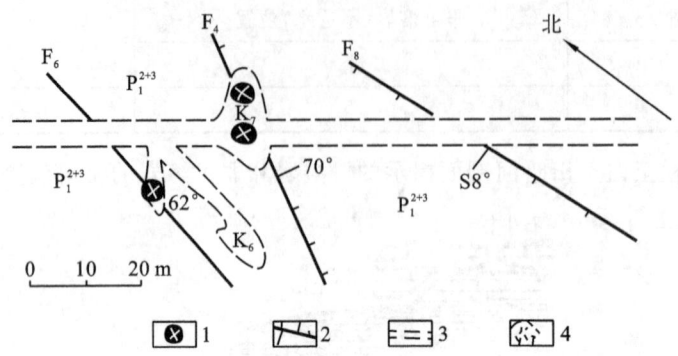

图 6-45 梅子关 2 号隧道内张性断层中的溶洞

1—漏斗;2—正断层;3—隧道导坑;4—溶洞及编号

②压性断裂带(逆断层)。压性断裂带断裂面上压力较大,压碎岩、糜棱岩和断层泥多,呈致密状态,胶结紧密,岩溶发育较差,但其上升盘影响规模大,牵引现象造成岩层剧烈上拱,产生大量张节理,有利于岩溶发育。

大巴山隧道南段(见图 6-46),由逆断层群组成的叠瓦式密集断裂带,其破碎带宽达1.16 km,该处除地表有些溶沟及小型漏斗外,断层带内几乎没有什么岩溶现象。隧道施工开挖到这一带时,只遇到少量的岩溶裂隙水,呈滴水状态,未见岩溶孔穴。

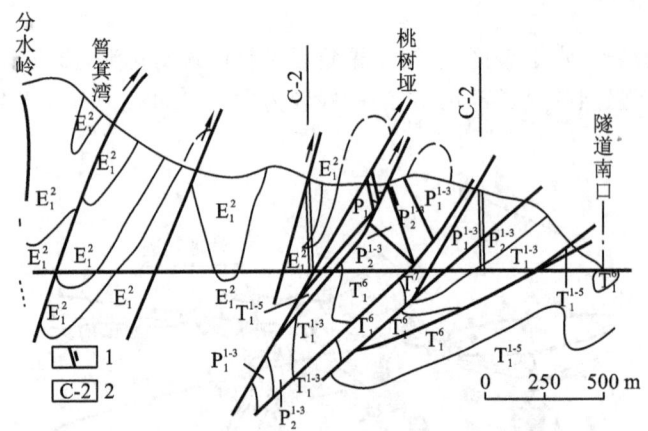

图 6-46 大巴山隧道南段碳酸盐岩中的逆断层密集带剖面

1—逆断层;2—钻孔编号

③扭性断裂带(平移断层)。扭性断裂带岩溶发育情况介于张性断裂带和压性断裂带之间,岩溶作用的深度一般较大。

3)地壳运动

岩溶水对可溶性岩石的溶蚀作用在深度上是有一个极限的,这个极限称为侵蚀基准面。岩溶侵蚀基准面决定岩溶水排泄的相邻河谷低地表河流的高程,进而决定地表岩溶和浅层岩溶。同时,岩溶溶蚀基准面还决定区域性可溶岩层的底板,决定岩溶可能的最大深度。

地壳的升降对侵蚀基准面的升降的控制如下。

(1)地壳上升→侵蚀基准面下降→岩溶以下蚀为主,形成垂直岩溶形态。

(2)地壳稳定→侵蚀基准面稳定→地下水以水平运动为主,形成水平岩溶形态。

若水平溶洞成层发育,每层溶洞的水平高程与当地河流降低高程相对应。

5. 岩溶的危害

1)岩溶地面塌陷

①形成:在覆盖喀斯特区,由于自然及人为因素引起地下水快速重复波动,使上覆土层受到潜蚀、真空吸蚀等作用,与基岩相接触的土层中就会形成土洞。土洞继续发展扩大,洞顶土层就不断塌落,塌落一直发展到地表就形成地面塌陷。

②形态:在平面上多是圆形、椭圆形,断面上为坑状、井状、漏斗状。

③与地面沉降、地面开裂的联系:一般先发生大面积的地面沉降,然后在沉降区内发生地面塌陷(往往是沉降中心)或地面开裂;地面开裂是地面沉降、地面塌陷的伴生产物,围绕沉降中心或塌陷中心呈弧线展布,数量多。

④危害:塌陷会毁坏铁路、公路、桥梁、管道等工程设施,也会使工程与民用建筑物开裂、歪斜、倒塌,甚至随地面一起下陷,农田有可能因塌陷而被毁。有时还会引起矿坑被水淹没、地下水遭受污染。喀斯特地面塌陷灾害是我国主要地质灾害之一。目前已发现的地面塌陷场地有 738 个,塌陷点超过 3 000 个。

2)岩溶洞穴的危害

①岩溶洞穴使建筑物悬空。

线路通过有岩溶洞穴分布的地段时,建筑物基础的悬空程度视洞穴大小而有所区别。如遇大洞穴乃至岩溶大厅,则整个建筑物不论路基或桥隧,都有可能处于四壁临空的溶洞之中,此时往往很难处理。

天生桥隧道开挖至中部时,遇到长 90 m、宽 120 m、高约 100 m(路基下的空间高度大于 50 m,再下为块石堆积)的岩溶大厅(见图 6-47),线路悬空,曾作过高填方与桥跨方案比较,由于技术上的困难,且造价昂贵,施工不易,不得不在隧道内再加弯道,于右侧绕避,降低了线路技术条件,损失达 60 万元之巨。

②岩溶洞穴的顶底板过薄,使建筑物稳定受到威胁。

3)岩溶洞穴堆积物的危害

在漏斗、落水洞底部分布着许多堆积物,其松散、富水,作为地基会沉降;当隧道通过时,常引起坍塌。

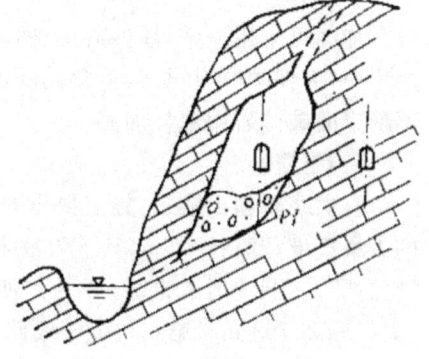

图 6-47 天生桥隧道绕行

马坡 1 号隧道施工至中段时,遇到一个填充的竖井,其中大量的松散泥砂骤然坍塌,前后两次共约 420 m,堵塞导坑长 31 m,该隧道埋深 54 m,地面却呈现一个直径约 10 m、深约 8 m 的圆形陷坑,严重影响了施工进展。

4)岩溶水的危害

①岩溶地表水的危害:主要表现在岩溶洼地、谷地中,洪水时冲刷、浸泡、淹没桥涵、路基、房屋等建筑物。例如,岩溶地区的地表水与地下水往往有互相补给的关系,若地表汇水面积仅考虑地形分水岭,而未考虑地质条件,其流量计算有时可能误差很大,若排水建筑物类型、位置和过水断面大小设计不合理,便可能形成水灾。

②岩溶地下水的危害:基坑、地下洞室的开挖,若挖穿了暗河或地表水下渗通道,则会造成突然涌水或突水,且伴随涌泥、涌砂。

娄山关隧道施工中所揭露的洞穴,其中大部分平时无水,暴雨期间则大量出水,而以里程 K4、K7、K9、K13 及 K15 等处出水量最大,施工中曾几度淹没隧道,其水势之猛,能将隧道内装满片石的土斗车冲出洞口之外,并沉积了大量的砂砾及卵石,大大影响了当时的施工进度。迄今,由于原设计泄水洞不够长,在暴雨后,地下水涌入隧道,淹没路基、中断行车的情况,仍时有发生。造成水害的原因,在于隧道标高位于岩溶水的水平流动带范围内,雨季时,水位上升达 30 余米,并涌入隧道。

6. 岩溶危害的防治措施

1)岩溶洞穴的处理

(1)跨越

跨越可采用梁、板、拱、桥等措施,如图 6-48 所示。

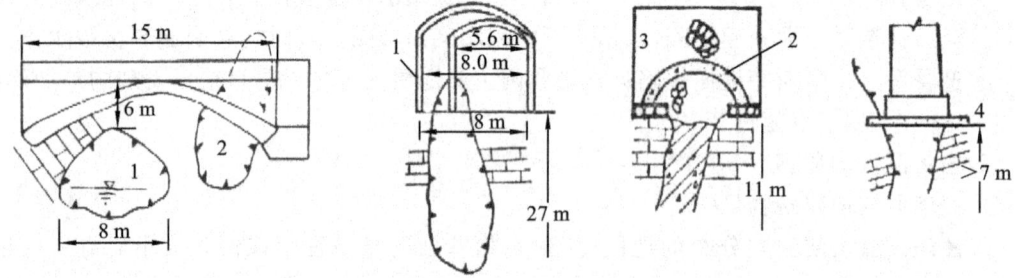

图 6-48　跨越溶洞的几种措施

(2)加固

加固可采用灌浆、灌混凝土、回填片石,桩、浆砌片石支柱,锚杆等。毛阵营隧道在施工过程中,为保护隧道衬砌,避免其受溶洞壁破碎岩石的过大压力或坍塌而遭到破坏,因而将不稳定的破碎岩用锚杆加固。

(3)绕避

宜珙线轿顶山隧道,施工揭露的岩溶大厅,洞长 80 m,宽 50～60 m,高 20～30 m,崩塌的大块石堆积纵长 40 m,其下为数米至数十米厚的卵砾石土,岩层倾角 8°～15°,沿层面崩坍现象严重。洞内通道错综,并分为四层:第一层高出线路 30 余米,第二层与线路标高相当(海拔标高 453 m),第三层低于线路 30 m,第四层低于线路 60 m。显然,要作出设计处理及洞内施工都较困难,只得将线路向右移 30 m,加了三个弯道,选择溶洞较窄、洞内稳定的地段通过,绕避了大洞穴,但降低了线路技术条件。

2)洞穴堆积物的处理

①清除。

②换填:为增强基础强度,可用碎石、块石、砂等材料换填一定厚度或全部换填。

③压浆:适用于很厚的块石、碎石堆积物。

④桩基。

比如,杨家坡大桥 11 号墩,除利用两根柱式石芽外,还设置了两根挖孔支承桩。又如毛阵营隧道,右侧路基淤泥质黏土厚达 10 余米,设置了钢筋混凝土支承桩支顶边墙梁。

3)岩溶地面塌陷的防治措施

①夯实。夯实可以提高表土强度,可以破坏洞穴。强夯的有效深度,视锤重及下落高度而定。

②填埋。在对已形成的塌陷坑进行填埋处理之前,最好用钻孔向陷坑周边灌浆,形成灌浆帷幕之后再填埋。

③地下水措施。

a.控制地下水的开采量,使水位缓慢下降。

b.加强地表排水,减少地表水向可能产生塌陷的地带入渗。

c.人工回灌,恢复地下水。

d.堵塞引起地面塌陷的涌水坑道。

④在路基工程中,可采用碎石路堤。碎石填料无黏聚力,塌陷时可自行充填空洞,形成缓慢地基下沉,威胁小。

⑤在城市与工业建筑中,可采用钻孔桩、挖孔桩等将高层建筑物基础置于完整基岩之上。

【思考题】

1.简述崩塌落石的形成条件及形成机理。

2.简述滑坡和崩塌的区别。

3.按组成物质,滑坡可分为哪几种? 简述各种滑坡类型的特征。滑坡的防治措施主要有哪些?

4.简述泥石流的概念。泥石流形成条件及主要类型有哪些?

5.简述岩溶的概念。岩溶发育的基本条件是什么? 岩溶发育的规律及原因是什么?

模块七　工程地质勘察

【学习目的与要求】

1. 了解工程地质勘察的任务和主要的勘察手段；
2. 掌握工程地质勘察报告的编写和识读；
3. 了解工业与民用建筑的主要勘察内容和工程问题；
4. 了解道路与桥梁工程的主要勘察内容和工程问题；
5. 了解地下工程的主要勘察内容和工程问题。

任务 1　工程地质勘察的任务和方法

1. 工程地质勘察的目的和方法

工程地质勘察是工程建设的前期准备工作，它是综合运用地质学、工程地质及相关学科的基本理论知识和相应技术方法，在拟建场地及其附近进行调查研究，以获取工程建设场地原始工程地质资料，为工程建设制定技术可行、经济合理和具有明显综合效益的设计和施工方案，达到合理利用自然资源和保护自然环境的目的，以免因工程的兴建而恶化地质环境，甚至引起地质灾害。

根据建设场地明确性与否，工程地质勘察的任务可分为两大类。

一类是具有明确指定建设场地的工程地质勘察任务。这类场地已经作过技术条件、经济效益、资源环境等多方面的综合论证，已经明确建设的具体场地，不需要进行建设场地的方案比选，如三峡工程就在长江三峡地段、上海金茂大厦就在陆家嘴。故这类场地的工程勘察任务主要是：查明建设地区或地点的工程地质条件，如地形、地貌和地层分布情况，同时指出对工程建设有利的和不利的条件，以便工程设计"扬长避短"；测定地基土的物理力学性质指标，如土的天然密度、含水量、孔隙比、渗透系数、压缩系数、抗剪强度、塑性指标、液性指标等，并研究这些指标在工程建设施工和使用期间可能发生的变化及提出有效预防和治理措施的建议。

另一类是需要进行方案比选来确定建设场地的工程地质勘察任务。这类场地还没有具体确定，尚需要进行初步试勘后经过方案比选才能确定，如高速公路的选线、大型桥梁桥位的选址。故这类场地的工程勘察任务主要是：分析研究与建设场地有关的工程地质问题，作出定性与定量评价；选出建设工程地质条件比较合适的工程建筑场地。所谓工程地质条件，是指与工程结构物相关的各种地质条件的综合，主要包括岩石(土)类别、地质结构与构造、地形地貌条件、水文地质条件、物理地质作用或现象(如地震、泥石流、岩溶等)和天然建筑材料等方面。值得一提的是，良好、优越的工程地质条件并不一定是方案最好的建设场地，因为选择这类场地往往以牺牲大片良田沃土为代价。

工程地质勘察常用的方法有：①工程地质测绘；②工程地质勘探；③工程地质试验；④工

程地质现场观测。每种方法在不同的工程勘察阶段中使用的数量、深度与广度也各不相同。

2. 工程地质勘察阶段

虽然各类建设工程对勘察设计阶段划分的名称不尽相同,但是勘察设计各个阶段的实质内容是大同小异的。工程地质勘察阶段一般分为可行性研究勘察阶段、初步勘察阶段、详细勘察阶段和施工勘察阶段。

1)可行性研究勘察阶段

可行性研究勘察阶段,主要满足选址或者确定场地的要求,该阶段应对拟建场地的稳定性和适宜性作出客观评价。为此,在确定拟建工程场地时,若方案允许,宜避开以下区段:①不良地质现象发育且对场地稳定性有直接危害或潜在威胁的地段;②地基土性质严重不良的地段;③不利于抗震的地段;④洪水或地下水对场地有严重不良影响且又难以有效预防和控制的地段;⑤地下有未开采的有价值矿藏的地段;⑥埋藏有重要意义的文物古迹或不稳定的地下采空区的地段。

可行性研究勘察阶段的主要勘察方法是:①对拟建地区进行大、小比例尺工程地质测绘;②进行较多的勘探工作,包括在控制工程点做少量的钻探;③进行较多的室内试验工作,并根据需求进行必要的野外现场试验;④在可能发生不利地质作用的地址进行长期观测工作;⑤进行必要的物探。

2)初步勘察阶段

初步勘察阶段应对场地内建设地段的稳定性作岩土工程定量分析。本阶段的工程地质勘察工作有:①搜集项目的可行性研究报告、场址地形图、工程性质、规模等文件资料;②初步查明地层、构造、岩性、透水性是否存在不良地质现象,若场地条件复杂,还应进行工程地质测绘与调查;③对抗震设防烈度不小于7度的场地,应初步判定场地或地基是否会发生液化。

初步勘察应在搜集分析已有资料的基础上,根据需要进行工程地质测绘、勘探及测试工作。

3)详细勘察阶段

详细勘察应密切结合工程技术设计或施工图设计,针对不同工程结构提供详细的工程地质资料和设计所需的岩土技术参数,对拟建物的地基作出岩土工程分析评价,为路基路面或基础设计、地基处理、不良地质现象的预防和整治等具体方案进行具体论证并得出结论和提出建议。详细勘察的具体内容应视拟建物的具体情况和工程要求来定。

4)施工勘察阶段

施工勘察主要是与设计、施工单位相结合进行的地基验槽,深基础工程与地基处理的质量和效果的检测,施工中的岩土工程监测和必要的补充勘察,解决与施工有关的岩土工程问题,并为施工阶段路基路面或地基基础设计变更提供相应的地基资料,具体内容视工程要求而定。

需要指出的是,并不是每项工程都严格遵守上述步骤进行勘察,有些工程项目的用地有限,没有场地选择的余地,如遇到地质条件不是很好时,则通过采取地基处理或其他的措施来改善,这时施工阶段的勘察尤为重要。此外,对于有些建筑等级要求不高的工程项目,可根据邻近的已建工程的成熟经验而不需要任何勘察亦可兴建,如1~3层的工业与民用建筑工程项目。

3. 工程地质测绘

工程地质测绘是工程地质勘察中最基本的方法,也是工程地质勘察最先进行的综合基础工作。它运用地质学原理,通过野外调查,对有可能选择的拟建场地区域内地形地貌、地层岩性、地质构造、不良地质现象进行观察和描述,将所观察到的地质要素按要求的比例尺填绘在地形图和有关图表上,并对拟建场地区域内的地质条件作出初步评价,为后续布置勘探、试验和长期观测打基础。工程地质测绘贯穿于整个勘察工作的始终,只是随着勘察设计阶段的不同,要求测绘的范围、内容、精度不同而异。

1)工程地质测绘的范围

工程地质测绘的范围应根据工程建设类型、规模,并考虑工程地质条件的复杂程度等综合确定。一般工程跨越地段越多、规模越大、工程地质条件越复杂,测绘范围就相对越广。例如,京珠高速公路的线路测绘,横亘南北、穿山越岭、跨江过水,测绘范围就比三峡大坝选址工程测绘范围要广阔。

2)工程地质测绘的内容

工程地质测绘的内容主要有以下六个方面。

(1)地层岩性

明确一定深度范围内的地层内各岩层的性质、厚度及其分布规律,并确定其形成年代、成因类型、风化程度及工程地质特性。

(2)地质构造

研究测区内各种构造形迹的产状、分布、形态、规模及其结构面的物理力学性质,明确各类构造岩的工程地质特性,并分析其对地貌形态、水文地质条件、岩石风化等方面的影响及其近、晚期构造活动的情况,尤其是地震活动情况。

(3)地貌条件

如果说地形是研究地表形态的外部特征,如高低起伏、坡度陡缓和空间分布,那么地貌则是研究地形形成的地质原因和年代及其在漫长地质历史中不断演变的过程和将来发展的趋势,即从地质学和地理学的观点来考察地表形态。因此,研究地貌的形式和发展规律,对工程建设的总体布局有着重要意义。

(4)水文地质

调查地下水资源的类型、埋藏条件、渗透性,并测试分析水的物理性质、化学成分及动态变化对工程结构建设期间和正常使用期间的影响。

(5)不良地质

查明岩溶、滑坡、泥石流及岩石风化等分布的具体位置、类型、规模及其发育规律,并分析其对工程结构的影响。

(6)可用材料

对测区内及附近地区短程可以利用的石料、砂料及土料等天然构筑材料资源进行附带调查。

3)工程地质测绘的精度

工程地质测绘的精度是指将在野外观察得到的工程地质现象和获取的地质要素信息标记、描述和表示在有关图纸上的详细程度。所谓地质要素,即场地的地层、岩性、地质构造、地貌、水文地质条件、物理地质现象、可利用天然建筑材料的质量及其分布等。测绘的精度主要取决于单位面积上观察点的多少。在地质复杂的地区,观察点的分布多一些,简单地区则少一些,观察点应布置在反映工程地质条件各因素的关键位置上。一般应反映在图上的为大于 2 mm 的一切地质现象和对工程有重要影响的地质现象;在图上不足 2 mm 时,应扩大比例尺进行表示,并注明真实数据,如溶洞等。

4)工程地质测绘的方法和技术

工程地质测绘的方法有相片成图法和实地测绘法。随着科学技术的进步,遥感新技术也在工程地质测绘中得到应用。

(1)相片成图法

相片成图法是利用地面摄影或航空(卫星)摄影的相片,先在室内根据判释标志,结合所掌握的区域地质资料,确定地层岩性、地质构造、地貌、水系和不良地质现象等,描绘在单张相片上,然后在相片上选择需要调查的若干布点和路线,以便进一步实地调查、校核并及时修正和补充,最后将结果转绘成工程地质图。

(2)实地测绘法

顾名思义,实地测绘法就是在野外对工程地质现象进行实地测绘的方法。实地测绘法通常有路线穿越法、布线测点法和界线追索法三种。

路线穿越法是指沿着在测区内选择的一些路线,穿越测绘场地,将沿途遇到的地层、构造、不良地质现象、水文地质、地形、地貌界线和特征点等填绘在工作底图上的方法。路线可以是直线也可以是折线。观测路线应选择在露头较好或覆盖层较薄的地方,起点位置应有明显的地物,如村庄、桥梁等,同时为了提高工作成效,穿越方向应大致与岩层走向、构造线方向及地貌单元相垂直。

布线测点法就是根据地质条件复杂程度和不同测绘比例尺的要求,先在地形图上布置一定数量的观测路线,然后在这些线路上设置若干观测点的方法。观测线路力求避免重复,尽量使之达到最优效果。

界线追索法就是为了查明某些局部复杂构造,沿地层走向或某一地质构造方向或某些不良地质现象界线进行布点追索的方法。这种方法常在上述两种方法的基础上进行,是一种辅助补充方法。

(3)遥感技术应用

遥感技术就是根据电磁波辐射理论,在不同高度观测平台上,使用光学、电子学或电子光学等探测仪器,对位于地球表面的各类远距离目标反射、散射或发射的电磁波信息进行接收并以图像胶片或数字磁带形式记录,然后将这些信息传送到地面接收站,接收站再把这些信息进一步加工处理成遥感资料,最后结合已知物的波谱特征,从中提取有用信息,识别目标和确定目标物之间相互关系的综合技术。简而言之,遥感技术是通过特殊方法对地球表层地物及其特性进行远距离探测和识别的综合技术方法。遥感技术包括传感器技术,信息传输技术,信息处理、提取和应用技术,目标信息特征的分析和测量技术等。

遥感技术应用于工程地质测绘,可大量节省地面测绘时间及测绘工作量,并且完成质量较高,从而节省工程勘察费用。

4. 工程地质勘探

工程地质勘探是在工程地质测绘的基础上,为了详细查明地表以下的工程地质问题,取得地下深部岩土层的工程地质资料而进行的勘察工作。

常用的工程地质勘探手段有开挖勘探、钻孔勘探和地球物理勘探。

1)开挖勘探

开挖勘探就是对地表及其以下浅层局部土层直接开挖,以便直接观察岩土层的天然状态以及各地层之间的接触关系,并能取出接近实际的原状结构岩土样,进行详细观察和描述其工程地质特性的勘探方法。根据开挖体空间形状的不同,开挖勘探可分为坑探、槽探、井探和洞探等。

坑探就是用锹镐或机械来挖掘在空间上三个方向的尺寸相近的坑洞的一种明挖勘探方法。坑探的深度一般为 1~2 m,适用于不含水或含水量较少的、较稳固的地表浅层,主要用来查明地表覆盖层的性质和采取原状土样。

槽探就是对在地表挖掘的呈长条形且两壁常为倾斜、上宽下窄的沟槽进行地质观察和描述的明挖勘探方法。探槽的宽度一般为 0.6~1.0 m,深度一般小于 3 m,长度则视情况而定。探槽的断面有矩形、梯形和阶梯形等多种形式。工程实际中一般采用矩形断面;当探槽深度较大时,常采用梯形断面;当探槽深度很大且探槽两壁地层稳定性较差时,则采用阶梯形断面,必要时还应对两壁进行支护。槽探主要用于追索地质构造线、断层、断裂破碎带宽度、地层分界线、岩脉宽度及其延伸方向,探查残积层、坡积层的厚度和岩石性质及采取试样等。

井探是指勘探挖掘空间的平面长度方向和宽度方向的尺寸相近,而其深度方向大于长度和宽度的一种挖探方法。探井的深度一般都大于 20 m,其断面形状有方形(1 m×1 m、1.5 m×1.5 m)、矩形(1 m×2 m)和圆形(直径一般为 0.6~1.25 m)。掘进时遇到破碎的井段应进行外壁支护。井探用于了解覆盖层厚度及性质、构造线、岩石破碎情况、岩溶、滑坡等。当岩层倾角较缓时,效果较好。

洞探就是在指定标高的指定方向开挖地下洞室的一种勘探方法。这种勘探方法一般将探洞布置在平缓山坡、山坳处或较陡的岩坡坡底。洞探多用于了解地下一定深处的地质情况并取样,如查明坝底两岸地质结构,尤其在岩层倾向河谷并有易于滑动的夹层,或层间错动较多、断裂较发育及斜坡变形破坏等,更能观察清楚,可获得较好效果。

2)钻孔勘探

钻孔勘探简称钻探。钻探就是利用钻进设备打孔,通过采集岩芯或观察孔壁来探明深部地层的工程地质资料,补充和验证地面测绘资料的勘探方法。钻探是工程地质勘探的主要手段,但是钻探费用较高,因此,一般是在开挖勘探不能达到预期目的和效果时才采用这种勘探方法。

钻探方法较多,钻孔直径不一。一般采用机械回转钻进,常规孔径为:开孔 168 mm,终孔 91 m。由于行业部门及设计单位的要求不同,孔径的取值也不一样。如水电部门使用回转式大口径钻探的最大孔径可达 1 500 mm,孔深 30~60 m,工程技术人员可直接下孔观察孔壁;而有的部门采用孔径仅为 36 mm 的小孔径,钻进采用金刚石钻头,这种钻探方法对于硬质岩而言,可提高其钻进速度和岩芯采取率或成孔质量。

一般情况下,钻探通常采用垂直钻进方式。对于某些工程地质条件特别的情况,如被调查的地层倾角较大,则可选用斜孔或水平孔钻进。

钻进方法有四种:冲击钻进、回转钻进、综合钻进和振动钻进。

(1)冲击钻进

冲击钻进法采用底部圆环状的钻头,钻进时将钻具提升到一定高度,利用钻具自重,迅速放落,钻具在下落时产生冲击力,冲击孔底岩土层,使岩土达到破碎而进一步加深钻孔。

冲击钻进可分为人工冲击钻进和机械冲击钻进。人工冲击钻进所需设备简单,但是劳动强度大,适用于黄土、黏性土和砂性土等疏松覆盖层;机械冲击钻进省力省工,但是费用相对高些,适用于砾石层、卵石层及基岩。冲击钻进一般难以取得完整的岩芯。

(2)回转钻进

回转钻进法利用钻具钻压和回转,使嵌有硬质合金的钻头切削或磨削岩土进行钻进。根据钻头的类别,回转钻进可分为螺旋钻探、环形钻探(岩芯钻探)和无岩芯钻探。螺旋钻探适用于黏性土层,可干法钻进,螺纹旋入土层,提钻时带出扰动土样;环形钻探适用于土层和岩层,对孔底作环形切削研磨,用循环液清除输出的岩粉,环行中心保留柱状岩芯,然后进行提取;无岩芯钻探适用于土层和岩层,对整个孔底作全面切削研磨,用循环液清除输出的岩粉,不提钻连续钻进,效率高。

(3)综合钻进

综合钻进法是一种冲击与回转综合作用下的钻进方法。它综合了前两种钻进方法在地层钻进中的优点,以达到提高钻进效率的目的,在工程地质勘探中应用广泛。

(4)振动钻进

振动钻进法采用机械动力将振动器产生的振动力通过钻杆和钻头传递到圆筒形钻头周围的土中,使土的抗剪强度急剧减小,同时利用钻头依靠钻具的重力及振动器重量切削土层进行钻进。圆筒钻头主要适用于粉土、砂土、较小粒径的碎石层以及黏性不大的黏性土层。

3)地球物理勘探

地球物理勘探简称物探,是指利用专门仪器来探测地壳表层各种地质体的物理场,包括电场、磁场、重力场、辐射场、弹性波的应力场等,通过测得的物理场特性和差异来判明地下各种地质现象,获得某些物理性质参数的一种勘探方法。组成地壳的各种不同岩层介质的密度、导电性、磁性、弹性、反射性及导热性等方面存在差异,这些差异将引起相应的地球物理场的局部变化,通过测量这些物理场的分布和变化特性,结合已知的地质资料进行分析和研究,就可以推断地质体的性状。这种方法兼有勘探和试验两种功能。与钻探相比,物探具有设备轻便、成本低、效率高和工作空间广的优点,但是,物探不能直接取样观察,故常与钻探配合使用。

物探按照探测时所利用的岩土物理性质的不同可分为声波勘探、电法勘探、地震勘探、重力勘探、磁力勘探及核子勘探等几种方法。在工程地质勘探中采用较多的主要是前三种方法。

最普遍的物探方法是电法勘探与地震勘探,并常在初期的工程地质勘察中使用,配合工程地质测绘,初步查明勘察区的地下地质情况,此外,也常用于查明古河道、洞穴、地下管线等的具体位置。

(1)声波勘探

声波勘探是指运用声波在岩土或岩体中的传播特性及变化规律来测试岩土或岩体物理力学性质的一种探测方法。在实际工程中,还可利用在外力作用下岩土或岩体的发声特性对其进行长期稳定性观察。

(2)电法勘探

电法勘探简称电探,是利用天然或人工的直流或交流电场来测定岩土或岩体电学性质的差异,勘查地下工程地质情况的一种物探方法。电探的种类很多,按照使用电场的性质,可分为人工电场法和自然电场法,而人工电场法又可分为直流电场法和交流电场法。工程勘察使用较多的是人工电场法,即人工对地质体施加电场,通过电测仪测定地质体的电阻率大小及其变化,再经过专门解释,区分地层、岩性、构造以及覆盖层、风化层厚度、含水层分布和深度、古河道、主导充水裂隙方向以及天然建筑材料的分布范围、储量等。

（3）地震勘探

地震勘探是利用地质介质的波动性来探测地质现象的一种物探方法。其原理是利用爆炸或敲击方法向岩体内激发地震波,根据不同介质弹性波传播速度的差异来判断地质情况。根据波的传递方式,地震勘探又可分为直达波法、反射波法和折射波法。直达波是指由地下爆炸或敲击直接传播到地面接收点的波,直达波法就是利用地震仪器记录直达波传播到地面各接收点的时间和距离,然后推算地基土的动力参数,如动弹性模量、动剪切模量和泊松比等;而反射波或折射波则是指由地面产生激发的弹性波在不同地层的分界面发生反射或折射而返回到地面的波,反射波法或折射波法就是根据反射波或折射波传播到地面各接收点的时间,并研究波的振动特性,确定引起反射或折射的地层界面的埋藏深度、产状岩性等。地震勘探直接利用地下岩石的固有特性,如密度、弹性等,较其他物探方法准确,且能探测地表以下很大的深度,因此该勘探方法可用于了解地下深部地质结构,如基岩面、覆盖层厚度、风化壳、断层带等地质情况。

物探方法的选择,应根据具体地质条件进行确定。常用多种方法进行综合探测,如重力法、电视测井等新技术方法的运用,但由于物探的精度受到限制,因而其只是一种辅助性的方法。

5. 岩土测试

岩土测试就是指在工程勘探的基础上,为了进一步了解所勘探岩土的物理力学性能,获取其基本性能指标而采取的测定试验。按照场地不同,岩土测试可分为原位测试和室内测试。原位测试就是指在岩土体原生的位置上,在保持岩土体原有结构、含水量及应力状态尽量不被扰动和破坏的条件下,测定岩土各种物理力学性能指标;室内测试则是将从野外所采取的试样尽量维持其天然状态下的性能送到室内进行测试。原位测试是在现场条件下直接测定岩土的性质,避免岩土样在取样、运输及室内准备试验过程中被扰动,因而所得的指标参数更接近于岩土体的天然状态,一般在重大工程中采用;室内测试的方法比较成熟,所取试样体积小,与自然条件有一定的差异,因而成果不够准确,能够满足一般工程需要。原位测试需要大型设备,成本高,历时长,且选择有代表性的工程地质地段,必然有一定局限性和不足之处;室内测试设备简单,成本低。因此,从技术经济的观点出发,工程上一般是原位测试与室内试验相结合,可以取得比较可靠和令人满意的数据。

原位测试一般针对岩土体和地基土的宏观表现特性进行试验,主要包括岩体力学性质和地基土承载力强度试验、水文地质试验和不良地基处理试验等。岩土力学性质和地基土承载力强度试验主要有静荷载试验、触探试验、十字板剪切试验、钻孔旁压试验、岩土现场剪切试验、动力参数或剪切波速的测定试验、桩的静荷载和动荷载试验等;水文地质试验主要有渗水试验、压水试验和抽水试验;不良地基处理试验主要有不良地基灌浆补强试验和桩基础承载力试验。室内试验一类是针对岩土体和地基土的细观特性,如界限含水量试验、颗粒分析试验、重度试验、压缩试验、抗剪强度试验及岩石的室内饱和单轴极限抗压强度试验;另一类是在现场不便进行或代价高昂而只能在实验室模拟的试验,如大型水下群桩承载力的离心模型试验等。试验项目应根根据岩土条件和工程性质确定。

上述的大部分试验都是比较传统的试验,在土力学、岩土工程测试和一般工程地质教材等书籍中都能很容易查找到。以下主要介绍现场静荷载试验中一种新的测试方法——桩基础自平衡测试法和十字板剪切试验,并简要介绍室内离心模型试验方法。

1)桩基础自平衡测试法

(1)测试原理和特点

桩基础自平衡测试法的主要装置是一种经特别设计可用于加载的专利产品——荷载箱,它主要由活塞、顶盖、底盖及箱壁四部分组成。在顶、底盖上布置位移杆,将荷载箱与钢筋笼焊接成一体放入桩身适当位置。其测试原理示意图如图 7-1 所示。试验时,从桩顶通过高压油管对荷载箱内腔施加压力,箱顶与箱底被推开,产生向上与向下的推力,从而调动桩周土的侧阻力与端阻力,直至破坏,根据加载及向上、向下位移的对应关系,可以绘出向上、向下两条 Q-S 曲线。上段桩得到的极限承载力就是极限抗拉承载力,将上段桩得到的极限抗拉承载力经一定处理后转换为极限抗压承载力,与下段桩极限抗压承载力相加即为整根桩的极限抗压承载力。

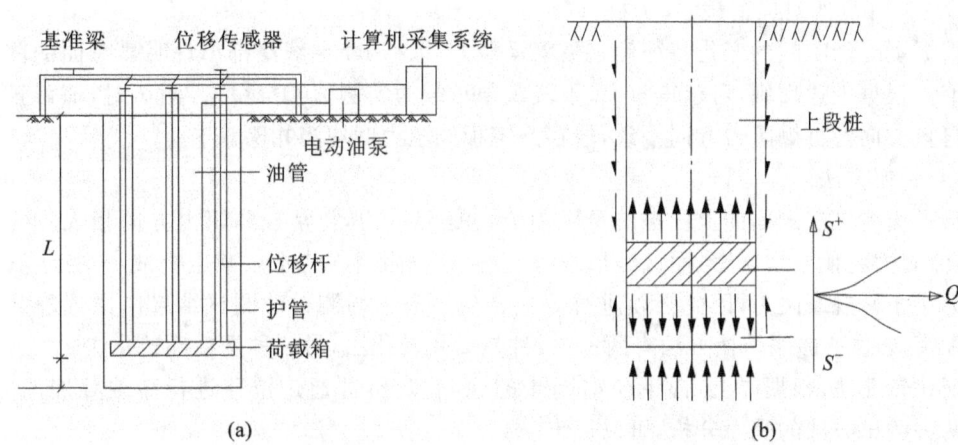

图 7-1　桩基础自平衡测试系统装置和原理图
(a)测试系统装置图;(b)测试原理图

与传统的静力测桩法相比,自平衡测桩法有以下几个方面的特点。①测力直接。该法利用桩的侧阻力与端阻力互为反力,因而可直接测得侧阻力与端阻力。②工期减短。荷载箱埋设后待混凝土达到一定强度(70%左右)且土体稳定(砂类土 10 d,粉土和黏性土 15 d)后即可测试,一般 15 d 就足够了。对于嵌岩端承桩,可用提高混凝土强度等级或在混凝土中加早强剂的方法使测试时间提前,并且多根桩同时测试,测试时间大大缩短。③费用节省。尽管荷载箱为一次性投入器件,但与传统方法相比可节省试验总费用30%~60%,具体比例视桩与地质条件而定。试桩完全按工程桩制作,桩顶不需要进行特殊处理,也不需要露出地面。对于有地下室的桩基础,与其他试桩法相比,桩长减小很多,因而节省材料,降低试桩本身的造价。④装置简单,占场地小。由于没有笨重的反力架及运入数百吨或数千吨材料大量的"堆载",加载只需要几台高压油泵,占用场地极小,且不受场地条件的限制。测试时只要能保证在试桩周围 10 m 内无较大的振动,施工可照常进行。由于加载装置简单,因此还能同时进行多根桩的测试。⑤测后照常使用。不同于有的测桩法测试用试桩报废,该法试验后试桩仍可作为工程桩使用,可利用预埋管对荷载箱进行压力灌浆。⑥适用性强。在一些复杂场地,或当设置传统地载平台及锚桩反力架特别困难或成本特别高时,该法更显示其较强的适用性。如水上试桩、坡地试桩、基坑底试桩、狭窄场地试桩、斜桩、嵌岩桩、抗拔桩等,这些都是传统试桩法难以做到的。

由于其独特的优点和显著的社会效益,自平衡测桩法已在江苏、浙江、上海、广东、广西、河南、云南、贵州、安徽、福建、辽宁、贵州、青海、新疆等省、自治区的 220 多项工程中得到应用。

(2)测试时间及加载方式

在桩身强度达到设计要求的前提下,成桩到开始试桩的时间:对于砂土,不少于 10 d;对于黏性土和粉土,不少于 15d;对于淤泥或淤泥质土,不少于 25 d。加载方式可采用慢速维持荷载法,也可采用快速维持荷载法。

(3)极限承载力的确定

根据位移随荷载的变化特性确定极限承载力。陡变形 $Q\text{-}S$ 曲线取曲线发生明显陡变的起始点。对于缓变形 $Q\text{-}S$ 曲线:上段桩极限侧阻力取对应于向上位移,$S^+ = 40\sim60$ mm 的荷载;下段桩极限值取对应于向下位移,$S^- = 40\sim60$ mm 的荷载;对于大直径桩,S^- 也可取 $0.03D\sim0.06D$ 所对应荷载(D 为桩直径)。

根据沉降随时间的变化特征确定极限承载力:取 $S\text{-lg}t$ 曲线尾部出现明显弯曲的前一级荷载值。根据上述准则,可求得桩上、下段极限承载力实测值 Q_u^+、Q_u^-。测试时,荷载箱上部桩身自重方向与桩侧阻力方向一致,故在判定板侧阻力时应当扣除。

(4)转换方法

自平衡测桩法测出的上段桩的摩阻力方向是向下的,与常规摩阻力方向相反。传统加载时,侧阻力将使土层压密,而该法加载时,上段桩侧阻力将使土层减压松散,该方法测出的摩阻力小于常规摩阻力,因此必须进行等效转换。自平衡测桩法测试结果向传统静载试验的桩顶荷载-位移曲线转换方法有两种:一种是简化转化法,另一种是精确转化法。

简化转化法:根据向上、向下位移同步的原则拟合,即通过位移进行荷载叠加的方法。根据两种测试方法的受力分析,可以得出

$$Q = Q^+ + KQ^- \tag{7-1}$$
$$S = S^+ + K\Delta S = S^- + K\Delta S \tag{7-2}$$

式中　Q——转换后桩顶荷载,kN/m^2;

　　　S——转换后桩顶位移,mm;

　　　Q^+——荷载箱向上加载值,kN/m^2;

　　　Q^-——荷载箱向下加载值,kN/m^2;

　　　ΔS——弹性压缩量,mm;

　　　S^+——向上位移,mm;

　　　S^-——向下位移,mm;

　　　K——转换系数,由试验确定。国内对比试验表明,K 一般取 $1.2\sim1.4$。

精确转换法:根据测定荷载箱的荷载、垂直方向向上和向下的变位量以及桩在不同深度的应变,通过桩的应变和截面刚度,计算出轴向力分布,进而求出不同深度的桩侧摩阻力,利用荷载传递解析方法,将桩侧摩阻力与变位量的关系、荷载箱荷载与向下变位量的关系,换算成等效桩头荷载对应的荷载-沉降量关系。由于该法用精确的解析表示,故称其为精确转换法。在荷载传递中,假定桩为弹性体,由单元上、下两面的轴向力和平均截面刚度来求各单位应变。在自平衡测桩法中,桩端的承载力-沉降量关系及不同深度的桩侧摩阻力-变位量关系与标准试验法相同。

　　精确转换法的实施必须要沿桩身设置相当数量的应变元件,这在大工程中均可做到。该法也可用来验证简化转换法的可靠性、实用性,使简化转换法广泛应用于一般工程中。

　　2)十字板剪切试验

　　十字板剪切试验是采用十字板剪切仪专门原位测定饱和软黏土抗剪强度的一种试验方法。十字板剪切仪主要由十字板头、加荷传力装置(轴杆、转盘、导轮等)和测力装置(钢环、百分表)三部分组成,如图 7-2 所示。十字板头一般由四块大小相等、厚度为 3 mm 的长方形钢板以十字形横截面焊接在轴杆构成。

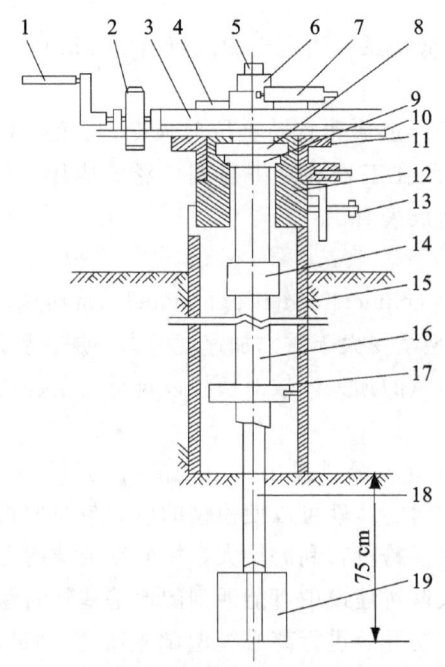

图 7-2　十字板剪切仪

1—手摇柄;2—齿轮;3—涡轮;4—开口钢环;5—固定夹;6—导杆;7—百分表;8—转盘;9—底板;10—固定套;
11—弹子盘;12—底座;13—制紧轴;14—接头;15—套管;16—钻杆;17—导轮;18—轴杆;19—十字板头

　　试验时将特制十字板头压入打好的钻孔底以下 75 cm 左右的被测试土层中,然后缓慢、均匀、等速摇动手柄旋转,大约以每 10 秒转 1 度的转速,每转 1°记录钢环变形的百分表读数 1 次,直到读数不再增加或开始减小,即表示土体已经被剪坏。试验一般要求在 3~10 min 内把土体剪坏,以免在剪切过程中产生的孔隙压力消散。

　　设十字板高度为 H,转动直径为 D,剪切破坏时的施加扭矩为 M,则 M 应该与破裂圆柱土体侧表面上和上、下底面上的抗剪强度所产生的抵抗力矩相等,即

$$M = \frac{1}{2}\pi D^2 H \tau_v + \frac{1}{6}\pi D^3 \tau_h \tag{7-3}$$

式中　M——剪切破坏时的施加扭矩,kN·m;

　　　　D——转动直径,m;

　　　　H——十字板高度,m;

　　　　τ_v、τ_h——剪切破坏时破裂圆柱土体侧表面上和上、下底面上的抗剪强度,kPa。

　　在实际土层中,τ_v 和 τ_h 是不同的。爱斯(Aas)曾经利用不同 D/H 的十字板剪切仪测定饱和黏性土抗剪强度。试验表明:对于所试验的正常固结饱和黏性土,$\tau_v/\tau_h=1.5\sim2.0$;对

于稍超固结饱和黏性土，$\tau_v/\tau_h = 1.1$。这一试验结果表明天然土层的抗剪强度是非等向的，即水平面上的抗剪强度大于垂直面上的抗剪强度。这主要是因为水平方向上的固结压力大于垂直方向上的固结压力。

在实际工程中，为了简化计算，在常规的十字板剪切试验中假定 $\tau_v = \tau_h = \tau_f$，代入式(7-3)，又可得

$$\tau_f = \frac{2M}{\pi D^2 \left(H + \dfrac{D}{3} \right)} \tag{7-4}$$

式中　τ_f——现场中十字板剪切试验测定土的抗剪强度，kPa；

其他符号同式(7-3)。

十字板剪切试验适用于测定饱和软黏土抗剪强度，其优点是构造简单、操作方便、原位测试时对土的扰动较小，因此在工程实际中得到广泛的应用。但是，若软土层中夹有薄砂层，其测试结果可能偏高，造成失真。

3）离心模型试验简介

土工离心模型试验(geotechnical centrifuge model test)的基本原理是：将土工模型置于高速旋转的离心机中，让模型承受大于重力加速度的离心加速度的作用，来补偿因模型尺寸缩小而导致的土工构筑物自重的损失。故对模拟以自重为主要荷载的岩土工程结构物性状的研究特别有效。

1869年，法国工程师 Philips 最早提出了土工离心模型试验技术的基本思想。他认识到：通过离心机施加的离心惯性力，就可以使模型的应力与原型相似。Philips 最初的设想是用离心模型试验方法来解决横跨英吉利海峡大铁桥的复杂结构力学问题。Philips 还提出用离心模型试验研究在跨海大铁桥建设中可能遇到的地基基础问题。

我国从 20 世纪 80 年代初开始进行离心模型试验研究。1983 年，南京水利科学研究院在国内首次采用离心模型试验研究深圳五湾码头坍塌问题，其模拟结果与现场码头后倾坍塌状况完全一致，从而找出了码头坍塌的原因。迄今为止，我国已建和在建的土工大中型离心机近十台，并在三峡、小浪底、瀑布沟等国家重点工程的建设规划设计中发挥了巨大的作用。模型试验技术几乎在岩土工程的各个领域都得到了应用，已成为岩土工程领域中最主要的试验研究方法之一。

6. 现场监测

现场监测是指在施工过程中及施工完成后，对由于施工和运营的影响而引起岩土性状及周围环境条件发生变化所进行的各种动态观测工作。现场监测的目的是：进一步检验工程地质勘察和评价的可靠性；检验设计理论和计算的正确性；掌握施工对工程的影响以及监视其变化和规律，以便及时在设计、施工上采取相应的防治应对措施。譬如，地基沉降速度及各部分沉降差异，水库岸坡的破坏速度及稳定坡角等问题，一般都必须进行现场监测。

根据监测所采用的方法不同，现场监测可分为目测监测、仪器监测和在线监测。根据监测场地不同，现场监测可分为地表监测和地下监测。现场监测的内容主要是获取位移或变形的信息和获取土中应力或压力信息。由于地下水动态监测对评价地基土体的容许承载力、预测道路冻害的严重性、基坑排水量和坑壁稳定性等都很重要，因此，有时根据需要获取地下水或土中孔隙水压力的相关信息。

现场监测点布设及其稀密程度一般按照监测线或监测网上监测对象的变化差异性程度和重要性而定。监测线的方向应与监测内容变化程度差异性最大的方向一致。如滑坡的发展变化,应主要沿着其滑动方向布置;地基沉降监测点的布置,应考虑建筑物结构形式和轮廓特点及其地基承载力特征,在墙脚、柱脚、变形缝等处布置监测点;为检查防止坝基渗透而设置的坝基下游排水减压效果,应当在垂直坝基轴线的方向上布置水文地质监测孔等。对于随时间发生变化的动力地质现象,在现场监测中一般要设立标桩。如上海地表沉降现场监测建立的标桩系统,除分层设立标桩——"分层标"外,还设立了"基岩标",将标底放置在覆盖层下面的基岩上。其他如滑坡监测、断层活动性监测,以及所有通过地形变化了解其动态的长期现场监测,都必须在邻近稳定或比较稳定的地方设立标桩,作为基准点。

现场监测的时间和间距也应仔细考虑和选择,以便正确地揭示监测对象随时间变化的关系。选择时应充分考虑监测对象变化强烈和快慢程度,快速变化时期应增加监测次数,如滑坡在雨季滑动会加快,应及时增加监测次数。

任务 2 工程地质勘察报告书和图件

1. 工程地质勘察报告书

工程地质勘察报告书是在工程勘察工作结束时,将直接和间接获得的各种工程资料,经过分析整理、检查校对和归纳总结后的文字记录及相关图表汇总的正式书面材料。工程地质勘察报告书是工程地质勘察的最终成果,也是向规划、设计、施工等部门直接提交和可供其使用的文件性资料。

工程地质勘察报告书的任务在于阐明工作地区的工程地质条件,分析存在的工程地质问题,并作出正确的工程地质评价,得出结论。工程地质勘察报告书的内容一般分为绪论、通论、专论和结论四个部分,各部分前后呼应、密切联系、融为一体。

绪论部分主要介绍工程地质勘察的工作任务、采用的方法及取得的成果,同时还应说明工程建设的类型、拟定规模及其重要性、勘察阶段及迫切需要解决的问题等。

通论部分阐述勘察场地的工程地质条件,如自然地理、区域地质、地形地貌、地质构造、水文地质、不良地质现象及地震基本烈度、场地岩土类型等。在编写通论时,既要符合地质科学的要求,又要达到工程实用的目的,使之具有明确的针对性和目的性。

专论部分是整个报告的主体。该部分主要结合工程项目对所涉及的可能发生的各种工程地质问题,如场地岩土层分布、岩性、地层结构、岩土的物理力学性质、地基承载力、地下水的埋藏与分布规律、含水层的性质、水质及侵蚀性等,提出论证和对任务书中所提出的各项要求及问题作出答复。在论证时,应该充分利用工程勘察所得到的实际资料和数据,在定性分析的基础上作出定量评价。

结论部分是在专论的基础上对任务书中所提出的各项要求作出结论性的回答。结论部分应对场地的适宜性、稳定性、岩土体特性、地下水、地震等作出综合性工程地质评价。结论必须简明扼要,措辞必须准确无误,切不可空泛模糊。此外,还应指出存在的问题和解决问题的具体方法、措施和建议,以及下一步研究的方向。

2. 工程地质图件

工程地质勘察报告书除了文字资料部分外,还有一整套与文字内容密切相关的图表,如平面图、剖面图、柱状图等。工程地质勘察报告书还包括各种附图,如分析图、专门图、综合图等。

1)综合工程地质平面图

在选定的比例尺地形图上,以图形的形式标出勘察区的各种工程地质勘察的工作成果,如工程地质条件和评价、预测工程地质问题等,即成为工程地质图。工程地质图的主要内容有:①地形地貌、地形切割情况、地貌单元的划分;②地层岩性种类、分布情况及其工程地质特征;③地质构造、褶皱、断层、节理和裂隙发育及破碎带情况;④水文地质条件;⑤滑坡、崩塌、岩溶等物理地质现象的发育和分布情况等。

如果在工程地质图上再加上建筑物布置、勘探点与勘探线的位置和类型以及工程地质分区图,即成为综合工程地质图。这种图在实际工程中编制较多。

2)勘察点平面位置图

当地形起伏时,该图应绘在地形图上,在图上除标明各勘察点(包括浅井、探槽、钻孔等)的平面位置、各现场原位测试点的平面分量和勘探剖面线的位置外,还应绘出工程建筑物的轮廓位置,并附场地位置示意图、各类勘探点、原位测试点的坐标及高程数据表。

3)工程地质剖面图

工程地质剖面图以地质剖面图为基础,是勘察区在一定方向垂直面上工程地质条件的断面图,其纵横比例一般是不一样的。地质剖面图反映某一勘探线地层沿竖直方向和水平方向的分布变化情况,如地质构造、岩性、分层、地下水埋藏条件、各分层岩土的物理力学性质指标等。其绘制依据是各勘探点的勘探成果和土工试验成果。由于勘探线的布置与主要地貌单元的走向垂直,或与主要地质构造轴线垂直,或与建筑物的轴线相一致,故工程地质剖面图能最有效地揭示场地的工程地质条件,是工程勘察报告中最基本的图件。

4)工程地质柱状图

工程地质柱状图是表示场地或测区工程地质条件随深度变化的图件。图中内容主要包括地层的分布、对地层自上而下进行编号和对地层特征进行简要描述。此外,图中还应注明钻进工具、方法和具体事项,并指出取土深度、标准贯入试验位置及地下水水位等资料。

5)岩土试验成果总表

岩土的物理力学指标和状态指标以及地基承载力是工程设计和施工的重要依据,应将室外原位测试和室内试验(包括模型试验)的成果汇总列表,主要是载荷试验、标准贯入试验、十字板剪切试验、静力触探试验、土的抗剪强度、土的压缩曲线等成果图件。

6)其他专门图件

对于特殊土、特殊地质条件及专门性工程,根据各自的特殊需要,绘制相应的专门图件,如各种分析图等。

任务3 工业与民用建筑的工程地质勘察

工业建筑是指供工业生产使用的建筑物,包括专供生产使用的各种车间、厂房、电站、水塔、烟囱和栈桥等。民用建筑是居民住宅建筑和公共事业建筑的总称。居民住宅建筑是指供居民生活起居使用的建筑物,如住宅、宿舍等;公共事业建筑是指供人们进行社会公共活动的非生产性建筑物,如办公楼、图书馆、学校、医院、影剧院、体育馆、展览馆、大会堂、车站等。

万丈高楼平地起,一切建筑物都是由上部结构和基础组成的,其全部荷载最终都是通过基础传递给地基并由地基来承担的。根据地基的复杂程度、建筑物规模和功能特征,以及由于地基问题可能造成建筑物破坏或影响其正常使用的程度,国家标准《建筑地基基础设计规范》(GB 50007—2011)将地基基础设计分为三个设计等级(见表 7-1)。显然,不同设计等级的建筑物对地基的工程地质条件的评价要求是不相同的。

表 7-1 地基基础设计等级

设计等级	建筑和地基类型
甲级	重要的工业与民用建筑物 30 层以上的高层建筑 体型复杂、层数相差超过 10 层的高低连成一体的建筑物 大面积的多层地下建筑物(如地下车库、商场、运动场) 对地基变形有特殊要求的建筑物 对原有工程影响较大的新建建筑物 场地和地基条件复杂的一般建筑物 位于复杂地质条件及软土地区的二层及二层以上地下室的基坑工程 开挖深度大于 15 m 的基坑工程 周边环境条件复杂、环境保护要求高的基坑工程
乙级	除甲级、丙级以外的工业与民用建筑物 除甲级、丙级以外的基坑工程
丙级	场地和地基条件简单、荷载分布均匀的七层及七层以下的民用建筑物及一般工业建筑物;次要的轻型建筑物 非软土地区且场地地质条件简单、基坑周边环境条件简单、环境保护要求不高且开挖深度小于 5.0 m 的基坑工程

1. 工业与民用建筑的主要工程地质问题

工业与民用建筑所遇到的主要工程地质问题有:地基稳定性问题、地下水的侵蚀性问题、建筑物的合理配置问题、地基的施工条件问题等。

1)地基稳定性问题

地基稳定性问题即地基对上部荷载安全承担的可靠性问题。地基稳定性问题一般包括地基的强度和变形两方面的内容,对于斜坡地区而言,还应考虑抗滑稳定性问题。地基的强度是指地基抵抗上部结构及其基础荷载作用不使其发生剪切破坏的承载能力;地基的变形是指在上部结构及其基础荷载的作用下在地基土中产生附加应力,使地基土体被压缩而产生相应的变形。一般研究的变形主要是竖直方向的变形,即沉降。各种地基土都有自身的强度取值范围,这样即总有一定限度,若超过这一限度,可能引起地基变形过大,这样即使建筑物不出现裂缝、倾斜或地基剪切滑动破坏,也不能满足正常使用的要求。因此,地基的稳定性必须同时满足强度和变形两方面的要求。

地基强度过去通常以地基容许承载力来表示,是指在建筑物的沉降量不超过容许值的条件下,地基单位面积所能承受的最大荷载,在数值上等于地基极限承载力除以一个安全系数。由于地基位于地表以下,影响其强度的很多因素都是随机变量,基于概率理论,目前国家新规范以地基承载力特征值来表示地基的强度。地基承载力特征值是指地基稳定有保证可靠度的承载力。影响地基强度的因素主要有两个:首先是地基岩土的特性,包括成因类型、堆积年代、结构特征、各岩土层的物理力学性质及其分布情况以及水文地质条件;其次是基础的类型、大小、形状、埋置深度和上部结构及其形式的特点等。

若地基的变形沉降量过大,即使沉降均匀且满足承载力要求,也会影响建筑物的正常使用,会给工程结构带来严重危害,因此,地基的变形沉降量过大也是不允许的。在软弱地基上修建建筑物时,地基的变形与地基的强度具有同等重要的意义。黏性土地基的变形沉降量小,可忽略不计,但是当地基土是含有大量有机物的厚层黏土时,其蠕变沉降则要考虑。

地基的均匀沉降在一定范围内不会给建筑物带来太大的危害,而不均匀沉降则往往会导致建筑物产生裂缝、倾斜,严重影响使用,甚至造成破坏。尤其是修建在软弱地基土上的建筑物,其沉降量不仅不均匀,而且差异很大,沉降稳定时间很长,容易造成工程事故。

地基变形包括建筑物的沉降量、沉降差、倾斜和局部倾斜等,它们都应小于地基变形允许值,表 7-2 列出了国家标准《建筑地基基础设计规范》(GB 50007—2011)规定的建筑物的地基变形允许值。对于表中未包含的建筑物,其地基变形允许值应根据上部结构对地基变形的适应能力和在使用上的要求来确定。

表 7-2　建筑物的地基变形允许值

变形特征		地基土类别	
		中、低压缩性土	高压缩性土
砌体承重结构基础的局部倾斜		0.002	0.003
工业与民用建筑相邻柱基的沉降差	框架结构	$0.002l$	$0.003l$
	砌体墙填充的边排柱	$0.000\,7l$	$0.001l$
	当基础不均匀沉降时不产生附加应力结构	$0.005l$	$0.005l$
单层排架结构(柱距为 6 m)柱基的沉降量(mm)		(120)	200
桥式吊车轨面的倾斜(按不调整轨道考虑)	纵向	0.004	
	横向	0.003	
多层和高层建筑的整体倾斜	$H_g\leqslant24$	0.004	
	$24<H_g\leqslant60$	0.003	
	$60<H_g\leqslant100$	0.002 5	
	$H_g>100$	0.002	
体型简单的高层建筑基础的平均沉降量(mm)		200	
高耸结构基础的倾斜	$H_g\leqslant20$	0.008	
	$20<H_g\leqslant50$	0.006	
	$50<H_g\leqslant100$	0.005	
	$100<H_g\leqslant150$	0.004	
	$150<H_g\leqslant200$	0.003	
	$200<H_g\leqslant250$	0.002	
高耸结构基础的沉降量(mm)	$H_g\leqslant100$	400	
	$100<H_g\leqslant200$	300	
	$200<H_g\leqslant250$	200	

2)地下水的侵蚀性问题

钢筋混凝土是工业与民用建筑常用的工程材料,当钢筋混凝土基础埋置在地下水位以下时,必须考虑地下水对其侵蚀性问题。地下水大都不具侵蚀性,只有当地下水中某些化学成分(如 HCO_3^-、SO_4^{2-}、Cl^-、CO_2 等)含量过高时,才对钢筋混凝土产生分解性侵蚀、结晶性侵蚀或分解和结晶复合性侵蚀。地下水中某些化学成分与地理环境和工业污染有关。因此,在进行工业与民用建筑工程勘察时,必须通过环境地质调查,测定地下水的化学成分和含量,评价其对钢筋混凝土的各种侵蚀性,并提出相应的防治措施。

3)建筑物的合理配置问题

大型的现代工业建筑通常是一个建筑群体,由工业厂房、车间、办公大楼、职工宿舍及其附属设施建筑物组成。由于各种建筑物功能用途和工艺要求不同,其结构、规模和对地基的要求就不一样。因此,对各种建筑物进行合理配置才能确保整个工业建筑群体安全稳定、经济合理和正常使用。这是工程地质勘察的主要任务之一。在满足各种建筑物对气候和工艺要求的条件下,工程地质条件是建筑物配置的主要决定性因素。只有通过对场地中地基土物理力学性质的调查研究,选择较好的地基土持力层,再确定选用合适的基础类型和提出合理的埋置深度,才能使各种建筑物的配置科学、合理。

持力层的选择标准主要是:尽量从地基土层中选择岩土工程性质均一、结构致密、强度高、层厚大且分布均匀、含水量不大、变形量小的非新近沉积岩土层,其层面埋深在当地最大冻深之下并位于地下水位以上,为理想的持力层。当上层地基土较厚,且其承载力大于下层地基土的承载力时,宜利用上层地基土作为持力层。

基础埋置的深度,在满足地基稳定和变形要求的前提下,适宜浅埋。除了岩石地基外,基础埋深一般不宜浅于地表以下 0.5 m。基础的埋置深度不宜过大。否则,不仅会给施工带来不便,而且会提高工程造价。影响基础埋置深度的因素很多,但归纳起来主要有四个方面:一是建筑物因素,主要包括拟建建筑物的用途、结构类型、荷载的大小和性质、有无地下室、设备基础和地下管线设施、基础的形式和构造,以及原有相邻建筑物的基础埋深;二是地基土体的工程地质和水文地质条件;三是地基土冻融因素,当地基土的温度低于摄氏零度时,土中部分孔隙水会冻结而形成冻土,温度升高后又发生解冻,因此有些地区要考虑地基土冻胀和融陷的影响;四是场地环境因素,主要考虑气候变化、树木生长和生物活动及场地周边地理环境对基础造成的不良影响。此外,位于基岩上的高层建筑,其基础埋置深度还应满足抗滑要求。

最后,按工程地质条件把建筑场地划分为若干个区,然后根据建筑物的特点和要求,以及各区建筑的适宜性,在全场区进行建筑物的合理配置,完成整个建筑群的总体布置工作。

4)地基的施工条件问题

在修建工业与民用建筑物基础时,一般都需要进行基坑开挖工作,尤其是高层建筑基础。当基坑在地下水毛细作用影响深度范围以上开挖时,首先遇到的是坑壁应采用多大的开挖坡角才能保持稳定,是否需要支撑和如何支撑等问题。其次是开挖坑底地下水问题,坑底以下有无承压水存在,是否会造成基坑底板隆起或被冲溃;若基坑开挖到地下水位以下时,是否会产生边坡变形,或出现流砂、流土等问题。尤其是当基坑底面位于较深地下水位以下时,需要观测基坑涌水量的大小,以便在基坑开挖时,采用人工降低地下水位,并选择排水方法和排水设备。必要时,还应进行抽水试验,测定基坑地基土的渗透系数等。影响地基施工条件的主要因素是地基中岩土体的结构特征、岩土性质、水文地质条件、基坑开挖深度、开挖方法、施工速度以及坑边卸荷情况等。地基施工条件不仅会影响工程工期和建筑造价，而且对基础类型的选择起着决定性作用，因此必须予以慎重考虑。

2. 工业与民用建筑勘察的主要内容

工业与民用建筑勘察的主要内容包括以下几个方面。

①查明场地和地基的稳定性、地层结构、持力层和下层的工程特性、土的应力历史和地下水以及不良地质作用等，具体如下。

a. 大的断裂构造的位置关系、规模、力学性质、与场地和地基利用的关系、活动性及其与区域和当地地震活动的关系。

b. 岩土层的种类、成分、厚度及坡度变化等，对岩土层特别是基础下持力层（天然地基或桩基等人工地基）和下卧层的岩土工程性质，特别是黏性土层的岩土工程性质，宜从应力历史的角度进行解释与研究。

c. 强震作用对场地与地基岩土功能产生的不利地震效应，如饱和砂土液化、松软土震陷、斜坡滑坍、采空区地面塌陷等。

d. 潜水和承压水层的分布、水位、水质、各含水层之间的水力联系，获得必要的渗透系数等水文地质计算参数。

e. 滑坡或不稳定斜坡的存在及其危害程度。

f. 岩溶作用的程度及其对地基可靠性的影响。

g. 人为或天然因素引起的地面沉降、挠折、破裂或塌陷的存在及其危害等。

②提供满足设计、施工所需的岩土参数，确定地基承载力，预测地基变形性状。

③提出地基基础、基坑支护、工程降水和地基处理设计与施工方案的建议。

④提出对建筑物有影响的不良地质作用的防治方案建议。

⑤对于抗震设防烈度等于或大于6度的场地，进行场地与地基的地震效应评价。

3. 勘察阶段的划分及内容

1）可行性研究勘察阶段

通过现场踏勘，搜集区域地质、地形地貌、地震、矿产资源和文物古迹及当地和邻近地区工程建筑经验。初步查明场地的地层、构造、岩土性质、不良地质现象及水文地质等工程地质条件及其危害程度。若上述工作不能满足要求，则应根据具体情况进行工程地质测绘和必要的勘探与测绘工作，着重研究场地存在的主要工程地质问题，其比例尺一般采用1：10 000～1：25 000。

（1）选址勘察的主要工作

选择场（厂）址勘察一般采取搜集和分析研究有关资料与现场调查研究相结合的方法。在这个基础上，对拟选场地的主要工程地质条件提出评价意见。一般来说，不良地质作用发育的场地，有的不宜作为场（厂）址，有的需要耗费巨资方能治理。这些问题在几个场（厂）址方案进行比较时和最后确定建设地点时，是必须考虑的。

这一阶段的工作重点是对拟建场地的稳定性和适宜性作出评价，其主要任务要求如下。

①搜集区域地质、地形地貌、地震、矿产资料，以及当地的工程地质、岩土工程和建筑经验等资料。

②在充分搜集和分析已有资料的基础上，通过踏勘了解场地地层、构造、岩性、不良地质作用及地下水等工程地质条件。

③当拟建场地工程地质条件复杂、已有资料不能满足要求时，应根据具体情况进行工

地质测绘和必要的勘探工作。

④当有两个或两个以上拟建场地时,应进行比选分析。

(2)选址中一般应避开的地区或地段

①不良地质作用发育对场地稳定性有直接危害或潜在威胁,如大型滑坡或滑坡群,强烈发育的岩溶、塌陷、泥石流等。

②地震基本烈度较高,可能存在有地震断裂带及地震时可能发生滑坡、山崩、地陷的场地,或有分布广泛、厚度较大、埋藏浅的饱和粉细砂、粉土、淤泥和淤泥质土、冲填土、松软的人工填土场地。

③洪水或地下水对建筑场地有严重不良影响。

④地下有未开采的有价值矿藏或不稳定的地下采空区。

2)初步勘察阶段

初步勘察阶段的主要任务是对场地内建筑地段的稳定性作出评价,并为确定建筑物总平面布置、主要建筑物地基基础工程方案及对不良地质作用的防治工程提供资料和建议。

(1)任务与要求

①搜集拟建工程的有关文件、工程地质和岩土工程资料以及工程场地范围的地形图。

②初步查明地质构造、地层结构、岩土工程特性、地下水埋藏条件。

③查明场地不良地质作用的成因、分布、规模、发展趋势,并对场地的稳定性作出评价。

④对抗震设防烈度等于或大于 6 度的场地,应对场地和地基土的地震效应作出初步评价。

⑤季节性冻土地区,应调查场地土的标准冻土深度。

⑥初步判定水和土对建筑材料的腐蚀性。

⑦高层建筑初次勘察时,应对可能采取的地基基础类型、基坑开挖与支护、工程降水方案进行初步分析评价。

(2)勘探工作

初步勘察应在搜集分析已有资料的基础上,根据需要进行工程地质测绘与调查以及物探,然后进行勘探和测试工作。

①勘探点、线布置要求。初步勘察的勘探点、线布置应符合规范要求。

②勘探点、线间距的确定,如表 7-3 所示。

③勘探孔深度的确定,如表 7-3 所示。

表 7-3　初步勘察阶段勘探间距与孔深

岩土工程勘察等级	间距(m)		孔深(m)	
	线距	点距	一般性勘探孔	控制性勘探孔
一级	50~100	30~50	≥15	≥30
二级	75~150	40~100	8~15	15~30
三级	150~300	75~200	≤8	≤15

3)详细勘察阶段

详细勘察阶段的主要任务是针对不同建筑物或建筑群的要求,提供详细的岩土工程资料和设计所需的可靠岩土技术参数;应对建筑地基土作出岩土工程分析评价,并对基础设计、地基处理、不良地质现象的防治等具体方案作出论证和建议。

　　详细勘察阶段的勘察要点是查明组成地基土各层岩土的类别、结构、厚度、工程特性等；计算和评价地基的稳定性和承载力；给需要进行沉降计算的建筑物提供地基变形计算参数，预测建筑物的沉降与倾斜；预测地基建筑物在施工和使用过程中可能发生的工程地质问题，并提出防治建议。

　　详细勘察阶段勘探孔间距可根据岩土工程地质勘察等级确定。一般一级采取间距 $15\sim35$ m，二级采取间距 $25\sim45$ m，三级采取间距 $40\sim65$ m。勘探孔深度自基础底面算起，对按承载力计算的地基，勘探孔深度应能控制地基主要受力层。当基础底面宽度 b 小于 5 m、压缩层内无软弱下卧层时，勘探孔深度一般对条形基础为 $3.0b\sim3.5b$，对单独柱基为 $1.5b$，但应有部分探孔深度不小于 5 m；若基础底面宽度 b 大于 5 m，勘探孔深度按压缩层的计算深度确定，一般应略大于地基压缩层深度。对需要进行变形验算的地基，控制性勘探孔的深度应穿过地基沉降计算深度，并考虑相邻基础的影响，其深度可按表 7-4 来确定。若有大面积地面堆载或存在软弱下卧层，则应适当加深勘探孔的深度。

表 7-4　控制性勘探孔深度

基础底面宽度 b(m)	勘探孔深度（m）		
	软土	一般黏性土、粉土及砂土	老堆积土、密实砂土及碎石土
$b\leqslant5$	$3.5b$	$3.0b\sim3.5b$	$3.0b$
$5<b\leqslant10$	$2.5b\sim3.5b$	$2.0b\sim3.0b$	$1.5b\sim3.0b$
$10<b\leqslant20$	$2.0b\sim2.5b$	$1.5b\sim2.0b$	$1.0b\sim1.5b$
$20<b\leqslant40$	$1.5b\sim2.0b$	$1.2b\sim1.5b$	$0.8b\sim1.0b$
$b>40$	$1.3b\sim1.5b$	$1.0b\sim1.2b$	$0.6b\sim0.8b$

　　注：①表内数据适用于均质地基，当地基为多层土时，可根据表中数值予以调整。
　　　　②圆形基础可采用直径 d 代替基础底面宽度 b。

　　原状土取土和原位测试的勘探点数量应根据建筑物级别、场地面积、地基土特点和设计要求来确定，一般约占勘探点总数的 $1/2\sim2/3$。对安全等级为一级的建筑物，每幢不应少于 3 个土样，其竖向间距在地基主要受力层内应为 $1\sim2$ m；对每个场地或每幢安全等级为一级的建筑物，每一主要土层的原状土不应少于 6 个试样；软弱土层应适当多取，对于不厚的夹层，视其对建筑物基础的影响程度而定。当土质不均或结构松散难以采取试样时，可采用原位测试。

　　4）施工勘察阶段

　　施工勘察不是一个固定勘察阶段，而是在一定需要下进行的勘察工作。其目的是配合设计、施工单位，解决与施工有关的岩土工程问题，并提供相应的勘察资料。它不仅包括施工阶段的勘察工作，还包括在施工完成后可能进行的勘察工作（如检验地基加固效果等）。

　　基坑或基槽开挖后，岩土条件与勘察资料不符或发现必须查明的异常情况时，应进行施工勘察；在工程施工或使用期间，当地基土、边坡体、地下水等发生未曾估计到的变化时，应进行监测，并对工程和环境的影响进行分析评价。

　　对于工程地质条件复杂的或有特殊施工要求的重大建筑物地基，当基槽开挖后，地质情况与原勘察资料严重不符而可能影响工程质量时，还应配合设计和施工部门进行补充性的施工阶段地质勘察工作。

　　施工勘察的主要工作内容有以下几种。

①施工验槽。检查核对原勘察资料,与设计、施工单位一起研究和处理地基问题。按具体情况,可进行基坑地质素描,划分及实测地层界线,查明人工填土等对地基有较大影响的地层的分布及其均匀性,调查地下水位有无变化等情况,必要时应进行补充勘探测试工作。

②地基处理、加固的勘察。应根据地基处理、加固方法确定勘察内容。

③深基础施工勘察。为深基础施工进行的勘察,要根据不同的施工方法确定勘察内容。

4. 高层与超高层建筑的主要工程地质问题

对于高层建筑的界定,世界各国划分的标准是不一致的。德国规定:不分建筑类型,从地面算起,建筑物高度超过 22 m 就称为高层建筑。法国规定:8 层以上或高度超过 31 m 的住宅为高层住宅,20 层以上就称为超高层住宅。即使同一国家,不同标准对高层建筑的界定也不一致。我国新颁布的行业标准《高层建筑混凝土结构技术规程》(JGJ 3—2010)规定:10 层及 10 层以上或房屋高度大于 28 m 的住宅建筑和房屋高度大于 24 m 的其他高层民用建筑为高层建筑。

高层与超高层建筑的基础传递荷载大,且一般高层与超高层建筑设有裙楼,因此其地基附加应力分布更趋于不均匀。故高层与超高层建筑一般都采用深基础,这又导致地基变形的影响范围和深度加大,给工程地质勘察工作提出更高的要求。

1)地基承载力问题

高层与超高层建筑地基变形的范围和影响深度大,对地基承载力的要求很高,因此需要选择地基承载力较高的岩土层作为基础的持力层。地基承载力的评价应同时满足安全稳定和不超过容许沉降的要求。地基承载力的确定应根据地区经验,采用荷载试验、理论公式计算和其他原位测试方法综合确定。当地基承载力不能满足设计要求时,应进行地基处理或选用桩基础,并提出相应的设计参数。在地震烈度较高的地区,高层建筑要选择修建在相对稳定的地段,建筑场地的安全稳定才能得到可靠的保证。

2)变形和倾斜问题

高层与超高层建筑的重心高、荷载大,很容易产生整体横向倾斜,因此除了需要提供一般地基变形指标外,还应查明地基土在纵、横两个方向的应力分布和变形特性,以满足地基变形验算的要求。高层与超高层建筑天然地基的均匀性可按照下列标准进行评价。

①当持力层层面坡度大于 10% 时,可视为不均匀地基,此时可采取加深基础埋深的方法,使其超过持力层最低的层向深度;否则,可采用铺设垫层加以调整。

②持力层和第一下卧层在基础宽度方向上,地层厚度的差值小于 $0.05b$(b 为基础宽度)时,可视为均匀地基;当差值大于 $0.05b$ 时,应计算横向倾斜是否满足要求,若不能满足要求,则应采取结构或地基处理措施。

3)基础选型问题

箱形基础、桩基础和桩箱基础是目前高层与超高层建筑基础的主要形式。

(1)箱形基础

箱形基础的主要特点是基础底面积大,埋置深,抗弯刚度大,整体性较好。当地基中土体软弱而不均匀时,选用箱形基础不仅可使建筑物的不均匀沉降大大减少,而且可利用箱形空格部分做成地下室。一般高层建筑都设有 1~3 层地下室,有些超高层建筑,地下结构部分多达 6 层。地下室一般用来布置一些人防设施、存放车辆以及储存货物等。同时,它还可利用挖去的土重来补偿一部分上部附加荷载,以减少基底的附加压力,使其沉降量也相应减少。

为了避免采用箱形基础的高层建筑物可能产生整体倾斜、倾覆或滑动,箱形基础的埋深不宜小于建筑物地面高度的 1/10。在地震基本烈度较高地区还应适当加深,使建筑物的重心适当降低,提高建筑物的整体稳定性。

(2)桩基础

桩基础包括灌注桩、预制桩、钢管桩和墩基础等。墩基础是指相对短而粗的桩基础。桩基础不仅承载力高、沉降量小,而且均匀,又能抵抗上拔力、机器振动或机械动力,而且不存在基坑开挖放坡和基坑排水等问题。它适用于上覆软弱土层较厚的地基,或地基上部为季节变化的冻胀性或膨胀性等土层,而其下部适宜深度处有较大承载力的持力层。因此,可根据地基的工程地质特性和施工条件,选择合适的桩基类型。有时虽然上部土层地基强度较高,但考虑到高层与超高层建筑的重要性,以及对地基不允许有过大的沉降或对不均匀沉降非常敏感等因素,兼顾经济合理性和成熟的施工技术经验,也常选用桩基础。

当采用桩基础时,勘探点的布置应控制持力层层面坡度、厚度及岩土性状;其间距对于端承桩宜为 12~24 m,对于摩擦桩宜为 20~35 m;相邻勘探点的持力层层面坡度不应超过 10%;当层面高差或岩土性质变化较大时,钻孔应适当加密;荷载较大或岩土地质条件复杂地基的一柱一桩工程,每个柱桩基础应布置 1 个勘探点。当需要计算沉降时,应取勘探孔总数的 1/3~1/2 作为控制性孔,其深度应达到压缩层计算深度或桩端以下取基础底面宽度的 1.0~1.5 倍,一般性勘探孔深度应进入持力层 3~5 m,大直径桩或墩,其勘探孔深度应达到桩端下桩径的 3 倍。

(3)桩箱基础

当单独采用上述任意一种基础都满足不了高层建筑对地基强度和变形的要求,或经济不合理或施工有困难时,则可采用箱基底下再加桩基础的桩箱基础。桩箱基础不仅具备箱形基础可设置地下室等优点,而且也兼有桩基础承载力高、变形沉降量小的特性。高层建筑施工复杂,造价较高,可根据建筑物的要求和建筑场地的工程地质条件,酌情考虑选用。

不论采用何种基础方案,都必须结合上部结构和建筑物的特点,分析预估地基在施工过程中和建筑物建成后的使用期间的变形,研究在施工和建成后可能引起地基土性质的变化及其产生的后果,并提出预防措施。

4)深基坑开挖和环境问题

当高层与超高层建筑基础采用箱形基础时,必须进行深基坑开挖。深基坑开挖将引起一系列岩土工程问题。如基坑开挖放坡所形成深基坑边坡的稳定性和支护问题,基坑卸载回弹对地基的强度和变形的影响问题,以及地下水水位较高时,人工降低水位可能引起的基坑稳定性问题和地下室的防水问题等。

高层与超高层建筑往往位于城市繁华地带,在基坑施工过程中,基坑边坡的城市道路、地下管线和其他城市生命线以及周围邻近建筑物的影响问题,必须给予充分考虑,否则后果不堪设想。

5)抗震设计问题

高层与超高层建筑对抗震设防要求高;在地震烈度大于或等于 6 度的地区,应对场地土类型、建筑场地类型作出判断;在地震烈度大于或等于 7 度的强震地区,应对地层断裂错动、地基土液化、震陷、震动强度、地震影响系数等进行详细分析、论证和判定,并对整个场地的稳定性作出明确的结论。

5. 高层与超高层建筑的工程地质勘察要点

高层与超高层建筑地质勘察一般是在城市详细规划的基础上进行的。其勘察阶段分为初步勘察和详细勘察两个阶段。

1) 初步勘察阶段

初步勘察阶段的任务就是对高层与超高层建筑场地的适宜性和地基稳定性作出正确结论,为确定高层与超高层建筑物的规模、平面造型、地下室层数以及基础类型等提供可靠的地质资料。

首先,收集和利用城市规划中已有的气候(特别风向和风力)、工程地质和水文地质等资料,着重研究地质环境中的地震以及地基中是否存在软弱土层和其他不稳定因素。在地震烈度较高的地区,必须查明地基中可能液化土层的埋深及分布情况,并提供有关抗震设计所需的参数。每一建筑场地的勘探孔数为 3～5 个,孔距不小于 30 m,保证每一幢单独高层或超高层建筑不少于 1 个勘探孔,并应联成纵贯场地且平行地质地形变化最大方向的勘探线,以便作出能说明地质变化规律的工程地质剖面图。

其次,对关键性的软弱土层做少量试验工作,初步确定其工程地质性质。

2) 详细勘察阶段

详细勘察阶段的目的就是为高层与超高层建筑基础设计和施工方案提供准确的定量指标和计算参数。

详细勘察阶段需要进行大量的钻探和室内试验,并要进行大型现场原位测试。

勘探工作以钻探为主,适当布置一些坑槽和浅井。勘探坑孔按网格布置以便能制图。

根据行业标准《高层建筑岩土工程勘察规程》(JGJ 72—2004)的规定:对勘察等级为甲级的高层建筑,应在中心点或电梯井、核心筒部位布设勘探点(勘察等级的划分可查该规范)。单幢高层或超高层建筑的勘探点的数量,对于勘察等级为甲级的,不应少于 5 个,乙级的不应少于 4 个。控制性勘探点的数量不应少于勘探点总数的 1/3 且不少于 2 个。相邻的高层建筑,勘探点可相互共用。箱形基础探孔的间距,一般根据地层的变化和建筑物的具体要求而定,通常为 15～35 m,孔的深度从箱基底面算起;遇基岩、硬土或软土时,孔深可适当减小或增大。桩基础探孔的间距,一般根据桩端持力层顶板起伏情况而定。当其起伏不大时,孔距为 12～24 m;否则,应适当加密,甚至按每桩一孔布置。控制孔的深度,自预制桩端深度算起再往下与群桩相当的实体基础宽度的 0.5～2.0 倍。

高层与超高层建筑对抗震、抗风等有较高要求,故在室内试验中,除了对地基土进行一定数量的常规物理力学试验外,采用箱形基础时还要做前期固结压力试验和反复加、卸荷载的固结试验,为估算基底土层回弹提供参数;同时还要在加载和卸载条件下测定弹性模量以及无侧限抗压强度。在高地震烈度地区,还要做动三轴试验,求得动剪切模量、动阻尼比等,为抗震设计提供动力参数。室内试验中所需原状土样的采取数量,对箱形基础和桩基础的持力层以及摩擦桩所穿过各土层,每层取原状土样不少于 8 个;对端承桩及爆扩桩的持力层以上各上覆层和箱形基础底面以上各土层以及下卧层等各土层的测试数量可适当减少,每层取原状土样 1～2 个。

在高层与超高层建筑物基础的关键部位,一般需要进行现场原位试验,如静载荷试验、静力触探试验、标准贯入试验、波速试验、十字板剪切试验、回弹测试和基底接触反力测试等,以校核室内试验的成果。采用箱形基础时,还要测定地基土中地下水位以下至设计箱形基础底面附近各土层的渗透系数。桩基础应做压桩试验,确定其抗压承载力和沉降;做抗拔试验求得其抗拔力及验证单桩的桩侧摩擦阻力;有时也要做桩的水平承载力试验,了解其水平承载力。必要时,还要做单桩或群桩刚度试验,求其刚度系数及阻尼比。

对具有重大科研意义的高层与超高层建筑,还必须进行基础的沉降、建筑物整体倾斜、水平位移以及裂缝等的现场长期观测。

任务4 道路工程的工程地质勘察

道路是陆地上绵延长度极大的线形构筑物。一般意义上的道路是指公路和铁路。道路结构由三类构筑物所组成:第一类为路基,是道路的主体构筑物,包括路堤和路堑;第二类为桥隧,如桥梁、隧道、涵洞等,是为了使道路跨越河流、山谷、不良地质现象地段和穿越高山峻岭或河、湖、海底;第三类是防护构筑物,如明洞、挡土墙、护坡、排水盲沟等。在不同的道路中,各类构筑物的比例也不同,主要取决于路线所经地区的工程地质条件的复杂程度。

1)道路工程地质勘察的目的和任务

①查明各条路线方案的主要工程地质条件,合理确定路线布设,重点调查对路线方案与路线布设起控制作用的地质问题。

②沿线土质地质调查。根据选定的路线方案和确定的路线位置,对中线两侧一定范围的地带,进行详细的工程地质勘察,为路基路面的设计和施工提供可靠资料。

③查明填方地段所用路基填筑材料的变形和强度性质。充分发掘、改造和利用沿线的一切就近材料。

2)道路工程地质勘察要点

道路工程地质勘察分为选线勘察阶段、定线勘察阶段、定测勘察阶段。

(1)选线勘察阶段

选线勘察阶段的工作任务主要是按照规划指定道路的起止点及所经地区修建道路的可能性,选出几个较好的线路方案。主要了解与线路方向垂直的3~5 km 宽度内存在多少较严重影响道路稳定安全的工程地质条件。勘察方法是一般尽量收集和利用拟建路段已有的地理、地形、地貌、地质、地震、水文气象等资料,进行分析研究,以调查为主,必要时进行工程地质勘察工作。

(2)定线勘察阶段

定线勘察阶段是在选线勘察阶段的基础上,确定一条经济合理、技术可行的线路。一般是在初选路线宽度 500 m 范围内进行较大比例尺的补充测绘工作。重点查明与选择路线方案和确定路线走向有关的不良工程地质条件,分析评价其对工程稳定、施工条件及安全和营运养护的长期影响,合理选定路线方案。

(3)定测勘察阶段

定测勘察阶段的主要工作任务是在已经确定的线路上,详细查明沿线的地质构造、岩土类别、土的物理力学性质、基岩风化情况、地下水深度和变化规律及地表水活动情况;分析路基基底的稳定性,提供填方路段土石料的强度指标及变形、填土及路堑边坡坡度允许值;对已确定存在不稳定的斜坡路堤采取的处理方案,对地层可能滑动的岩土界面进行测试并掌握其各种物理力学指标,重点是抗剪、抗滑指标,以满足工程设计的要求。

任务 5　桥梁工程的工程地质勘察

桥梁工程的工程地质勘察一般包括两项内容：一是对各个比选方案进行调查,配合路线,选择地质条件比较好的桥位;二是对选定的桥位进行详细的工程地质勘察,为桥梁及其附属工程的设计和施工提供地质资料。

（1）初步设计勘察阶段

初步设计勘察阶段的目的在于查明桥址各线路方案的工程地质条件,并对与建桥适宜性和稳定性有关的工程地质条件作出结论性评价,为选择最优方案、初步论证桥梁基础类型和施工方法提供必要的工程地质资料。此阶段的勘察要点如下。

①查明河谷的地质及地貌特征,覆盖岩土层的性质、结构和厚度,基岩的地质构造、性质和埋藏深度。

②确定桥梁基础范围内的基岩类型,获取其强度指标和变形参数。

③阐明桥址区内第四纪沉积物及基岩中含水层状况、水头高以及地下水的侵蚀性,并进行抽水试验,研究岩石的渗透性。

④论述滑坡及岸边冲刷对桥址区内岸坡稳定性的影响,查明河床下岩溶的发育情况及区域地层基本烈度等问题。

（2）施工设计勘察阶段

施工设计勘察阶段的目的是为选定的桥址方案提供桥墩和桥台施工设计所需要的工程地质资料。此阶段的勘察要点如下。

①查明桥墩和桥台地基的覆盖层及基岩风化层的厚度、岩体的风化与构造破碎程度、软弱夹层情况和地下水状态;测试岩土的物理力学性质,提供地基的基本承载力、桩壁摩阻力、钻孔桩极限摩阻力,为最终确定桥墩和桥台基础埋置深度提供地质依据。

②提供地基附加应力分布线计算深度内各类岩石的强度指标和变形参数,提出地基承载力参考值。

③查明水文地质条件对桥墩和桥台地基基础稳定性的影响。

④查明各种不良工程地质作用对桥梁施工过程和成桥后的不利影响,并提出预防和处理措施的建议。

任务 6　地下工程的工程地质勘察

地下工程是指构筑在地表以下和山体内部的各类建筑物或构筑物的总称。如铁道和公路交通运输用的隧道、地下铁道等;地下工业用房的地下工厂、核电站和变电所及地下矿井巷道、地下输水隧洞等;地下储存库房用的地下车库、油库、水仓、冷藏室和物资储备仓库等;地下生活用房的地下商店、影院、医院、住宅等。此外,国防和军事工程用的地下指挥所、掩蔽部和各类军事装备库等也属于地下工程。

由于地下开挖破坏了岩土体的初始应力平衡,洞室周围的岩体内产生应力重新分布。除少数地质条件特别好的岩体外,一般围岩受更新分布应力的影响而产生各种形式的变形、破坏。因此,有必要研究地下工程的工程地质问题。

地下工程地质勘察的目的是为地下工程方案选样、设计和施工提供可靠的工程地质资料。各阶段的勘察工作任务与工程要求是相配合的。

(1)可行性研究勘察阶段

可行性研究勘察阶段的目的在于对拟订方案进行比较选择,着重查明下列地质情况。

①调查各拟定地下工程方案的地层岩石性质、围岩厚度、地质构造等条件,调查洞室沿线可能造成洞室内大量涌水与坍塌的水文地质条件。

②查明对地下洞室的稳定与施工安全有不利影响的不良地质作用或其他不利因素,如活动断裂破碎带、可溶岩和膨胀岩、地热异常和有害气体等。

③查明地下工程门口处边坡的坡度、形状、覆盖岩土层厚度与基岩风化程度,以及岩体结构特征等。

④进行地下工程地质分段和围岩初步分类。

可行性研究勘察阶段的工作以工程地质测绘为主,必要时辅以勘探和试验。勘探以物探为主,必要时可进行少量钻探;试验以室内岩土物理力学试验为主,必要时可进行少量原位岩体试验。测绘比例尺一般为1:10 000~1:5 000,其范围根据各地段的具体情况和方案比选的要求来确定。

(2)初步设计勘察阶段

初步设计勘察阶段着重查明和研究下列地质情况。

①查明地下工程建筑地段规模较大的断层破碎带和在掘进时可能产生大量涌水、突水、坍塌等地段的安全与稳定问题。

②确定围岩的物理力学参数,并进行详细分类;评价洞室门口边坡的稳定性和预测其变化趋势,并对施工要求提出具体措施和建议。

③对于大跨度洞室,还应查明主要软弱结构面的分布和组合关系,结合地应力评价洞室围岩的稳定性,并提出处理建议。

该阶段勘察工作的目的是对洞口、浅埋段以及地质条件复杂地段,补充比例尺为1:2 000~1:1 000的专门工程地质测绘。如果覆盖层或风化层较厚,则工程地质条件复杂地段要布置适当数量的孔距为100~300 m的钻孔予以查明,并在接近洞线高程的部位做钻孔压水试验。如果洞室埋深较大,还要进行固岩地应力和温度的测定等。

(3)施工设计勘察阶段

施工设计勘察阶段针对已经揭露的地质情况,对已有的地质资料和围岩分类;对各个洞段的围岩稳定性和涌水情况进行预测和预报;对高墙洞室边墙上的软弱结构面组合情况及产生坍塌的边界条件实行定量指标作为依据。

这一阶段工程地质勘察工作编制导洞展示图,比例尺一般为1:200~1:50。对围岩稳定性和涌水情况进行现场观测,确定围岩变形和松动带范围。必要时增加钻孔、平洞或超前导洞。对于大型地下洞室,应布置专门断面对洞室围岩在施工过程中的变形进行观测。

【思考题】

1.岩土工程勘察应查明的工程地质条件有哪些?

2.我国现行的岩土工程勘察规范有哪些?在实际工程中如何选用?

3.岩土工程勘察报告应包括哪些内容?

模块八 地基工程地质研究

【学习目的与要求】

1. 了解地基基础与工程地质的关系以及地基基础的重要性；
2. 掌握岩质地基的变形和强度计算；
3. 掌握各类土质的工程特性；
4. 掌握土质地基的变形破坏特征；
5. 熟悉地基的工程地质评价；
6. 了解地基的抗震措施。

任务 1　概述

随着我国经济的快速发展，建筑物的设计和构造日新月异，在满足人们日常所需的同时，也给人类的进步和发展提供了依据。各种各样的建筑物在人们强大的想象力下被建造出来，每个建筑物都少不了一个重要的工程施工阶段，那便是地基基础的建设，它是整个建筑工程的基础部分，它的好坏直接关系到整个工程的安全与否。

1. 地基基础的重要性

地基基础是工程建设的第一步重要工序，它的质量决定着高层建筑的质量，并且也是决定工程建设质量的关键因素。整个工程建设的质量往往是由地基基础的质量来决定的，特别是我国作为一个幅员辽阔的国家，工程所在地的地质情况常常会随着地域条件的不同而存在着较大的差别，这就给工程建设中的地基施工带来了严峻的挑战，并且对地基基础的质量也提出了更高的要求。但现在，我国的工程施工特别是在建筑工程施工中，地基基础施工难题并没有引起足够的重视，也没有得到很好的处理。总体而言，我国工程建设中地基基础的质量控制任重而道远，要想建设高质量的工程项目，地基基础的质量控制是核心。

2. 我国地基基础工程中目前存在的问题

我国地基基础工程目前存在着以下几个问题。

1）地基建设中的塌方问题

在工程项目的地基建设中，一个不可忽视的难题便是地基的塌方问题。在工程地基建设的整个过程中，假如出现了塌方，必然会扰动地基土，进而影响到地基的整体承载力，不但会对自身的工程建设造成危害，并且还会严重影响周围建筑物的安全，甚至会造成安全事故，引起重大的人员伤亡。特别是在基坑开挖深度较深且穿过不一样的土层时，施工方如果没有根据不同土层的工程特性（地基土的内摩擦角、黏聚力、湿度、重度等）来确定地基基坑的边坡开挖坡度和支护方法，就会使得边坡顶部受到堆载或外力的振动作用而产生变形，引发塌方灾难。如果由于工程施工方在开挖土方时施工不妥，在需要做支护的时候没有去做应有的保护，也会造成塌方。

2)地基的保护问题

工程项目的地基建设中另一个重要问题便是地基缺乏充足保护的问题,特别是在长江以南多雨地区进行工程施工,如果不处理好地下水的难题,就会给地基建设带来严重的危害。如果地基基础缺乏充足的保护,防水、排水措施不到位,就会导致地基进水,这样不但会造成地基基础施工困难,而且会严重影响地基的质量。特别是在多雨季节,一定要保证地基建设的基坑没有积水,被水浸泡的地基表层土要将其松软部分清除。

任务 2　地基的主要工程地质问题及评价

1.岩质地基的工程地质问题

岩石与土体(土粒堆积而成的松散介质)不同,它是比较坚硬的、颗粒间有较强连接的固体(基本上为连续介质)。在各类土木工程基础影响的范围内,较大的建筑荷载所引起的应力涉及的深度范围内,地基体内却往往不是只有一种单一的岩石,而是一个具有若干种不同强度的岩石、有多个不同方向的软弱结构面,或有断层存在,而且各部分风化程度不同的、工程性质较为复杂的结构岩体。有时地基范围内还可能存在一些较大的洞穴和断层。因此,在建筑荷载的影响下,地基可能发生的变形就比较复杂,而且各种不同类型和结构的岩质地基,对其强度及承载力(承受荷载的能力)也需要进行综合分析。

1)岩质地基的变形问题

由于岩质地基主要受压力作用,故主要分析其受压变形。

(1)影响岩石地基变形性质的因素

①单个岩块受压变形分析。

由于各类岩石的矿物成分、结构构造、颗粒大小、形成的地质条件及成岩过程不同,因而其在单轴加压条件下的应力-应变曲线形态也不尽相同,大致可分为如图 8-1 所示的四种类型。

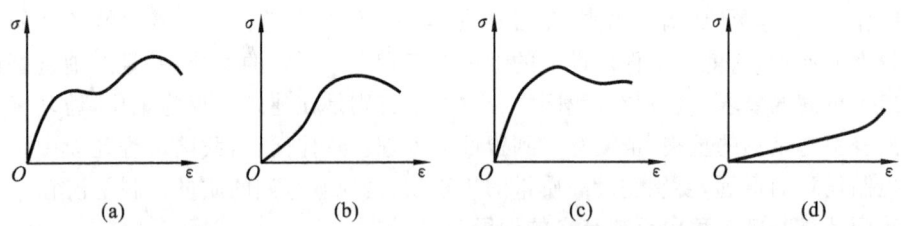

图 8-1　岩石轴向应力-应变曲线的四种基本类型

(a)弹塑性变形型;(b)裂纹受压变形型;(c)弹性变形为主型;(d)塑性变形为主形

a.弹塑性变形型。弹塑性变形分为线弹性、屈服、贯通、残余降低四个变形阶段。安山岩、汾岩、大理岩及石灰岩等较细的矿物晶粒(或颗粒)组成的岩石均属此类型。

b.裂纹受压变形型。一些粗晶粒(或颗粒)结构的岩石,如花岗岩、辉长岩、硅质石英砂岩、粗晶粒大理岩、粗粒片麻岩等,常具有许多晶粒间或晶粒内裂纹,如矿物晶粒之间的界面、缝隙,矿物内部的解理等。这些裂纹的存在,对岩石受压变形及破坏过程起着控制作用。

c.弹性变形为主型。一些具有微晶质(或玻璃质)组织、结构致密、岩性较坚硬(相对具有脆性)的岩石,如玄武岩、辉绿岩、硅质灰岩、石英岩等,弹性变形范围相对较大,应力-应变曲线斜率较陡,比例极限和屈服极限很靠近,且较快达到峰值而破损。

d.塑性变形为主型。一些由黏土矿物固结而成的沉积岩及由其经变质作用而成的变质岩,如泥页岩、泥灰岩、泥岩、绢云母片岩、滑石片岩、泥质千枚岩等,其应力-应变曲线呈上凹形,基本上没有弹性变形阶段,也无明显的比例极限和屈服极限。

②岩体中结构面对受力变形的影响。

作为建筑物地基的岩体(荷载作用下的应力范围),体积一般有数十到数百立方米(一些大型工程,如水利工程,可达数千立方米)。它们在多次构造运动及长期的风化营力作用下,产生了很多节理、裂隙及断层,一般把这些裂开面(可能由于张力、剪切及压缩、错动形成)、层理面和片理面统称为结构面。这些结构面在地基岩体中发育数量的多少、延展长度、产状方向、充填物的厚度及性质,在很大程度上取决于岩体受力后的变形及强度。特别是存在着较厚泥砂质充填物的张节理、较大范围的断裂破碎带及软弱岩层等软弱结构面,会较大地增加岩体变形量和降低强度。结构面对岩体变形的影响主要表现在以下几个方面。

a.结构面方向。岩体的变形因结构面与力作用方向之间角度的不同而不同,导致岩体变形的各向异性。这种变形的方向性,在岩体中具有规律的结构面组数较少时(1～2组)更为明显。

b.结构面的性质。结构面类型(张节理、剪切节理、断层面、断层破碎带等)、结构面张开程度、充填物性质等,都对岩体受压后在各方向的变形有影响。

c.结构面发育的密度和数量。一般来说,岩体中裂隙发育越强(即密度大、数量多),受力后产生的变形相应越大。但结构面的密度发育到一定程度后,对变形的影响就不太明显了。

d.结构面组合关系。当岩体中存在两组以上结构面时,各组结构面的排列组合方式不同,对岩体变形的影响也有所不同。

由上述可见,岩体内结构面的发育程度、结构面分布密度及数量,结构面中充填物状况,主要结构面的组数、产状及它们的组合等,均对岩体的变形及力学性能有较大的影响。据此,可进行岩体结构类型划分,以便于在工程上进行分析和研究。

③风化作用对岩体变形性质的影响。

地壳表层的岩石,在长期风化营力作用(地表昼夜及冬、夏季节的温差,大气及地下水中的侵蚀性化学成分的渗浸等)下,逐渐由完整面破裂,由坚固面松散,随着岩体受风化程度的加深,岩体承受外来荷载的能力降低,变形量加大。一般情况下,岩体受风化影响的程度,是自表面到深处逐渐减弱的。但各地区岩体受风化影响的程度及深度,则主要受该地区风化营力的强弱、不同岩石抵抗风化的能力及该地区地质构造运动历史等方面的影响。

a.岩石抗风化的能力。

岩石受风化侵蚀的速度主要取决于岩石抗风化的能力,它与岩石的形成环境、矿物与化学成分、岩体结构及构造都密切相关。

岩浆岩的抗风化能力由大至小依次为:酸性岩(花岗岩、正长岩)、中性岩(闪长岩、安山岩)、基性岩(玄武岩、辉绿岩)、超基性岩(橄榄岩)。变质岩的抗风化能力由大至小依次为:浅变质岩、中等变质岩、深变质岩。而沉积岩的抗风化能力则比较复杂,一般石英砂岩、硅质石灰岩的抗风化能力较强,而黏土质岩石(黏土岩、泥页岩及泥质砂岩)的抗风化能力则较低。南方的红色黏土岩,开挖暴露几天后就会发生风化崩解。

b.地基岩体较深处的古风化壳。

地表岩体的风化程度是由浅到深逐步减弱的,一般风化深度由数米到十几米不等,少量地区有的深达数十米,个别达百米以上。有些地方近期的风化深度不大,在几米深处岩石即呈未风化状态,可是再继续向深处钻探,却又发现有较厚的风化岩石,这就是所谓的古风化壳。它在前期某次地质构造旋回后露出地表的岩石,在该旋回后的剥蚀夷平期受到风化侵蚀而在后一次构造运动中又被埋入地下。所以,在勘探时要查明在外部荷载作用下岩石地基所产生的附加应力深度内(及受压层范围内)有无古风化壳存在,以及了解它们的厚度、分布范围及风化程度等情况。

c.各种风化程度岩体分类及其对变形与强度的影响。

岩体的风化除上述的影响因素外,还与岩体中结构面的发育有关,因为结构面常是导致风化营力侵蚀深入的通道,使得岩体更加破碎松软。根据大量工程实际勘察资料,对岩体的风化程度进行分类,并列出它们的主要变形及力学性质指标的经验数值,以供工程评价参考,如表 8-1 所示。

表 8-1　不同风化程度岩体物理力学性质指标参考值

风化程度	孔隙率 $n(\%)$	湿抗压强度 $R_t(MPa)$	弹性模量 $E(\times 10^3\ MPa)$	岩芯获得率 (%)	锤击声	开挖方法
全风化	>22.46	<4.37	<1.88	<24	闷哑	锹、镐
强风化	11.31~22.46	4.37~21.36	1.88~6.78	24~48	哑声	镐、风镐
弱风化	4.74~11.31	21.36~55.24	6.78~15.18	48~68	发声不太清脆	风镐、爆破
微风化	0.49~4.74	55.24~101.21	15.18~25.98	68~91	较清脆	爆破
未风化	<0.49	>101.21	>25.98	>91	清脆	—

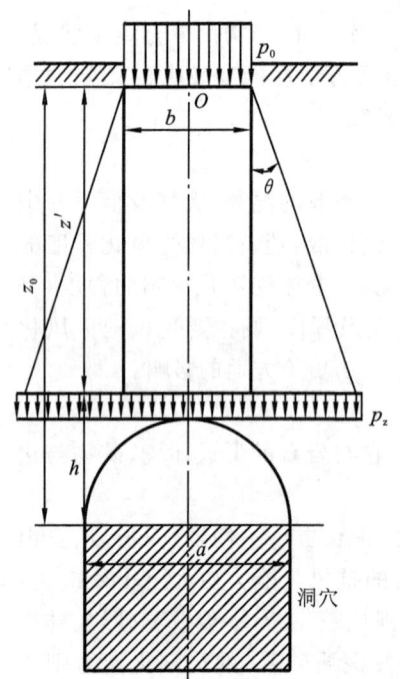

图 8-2　基底距洞顶岩体安全
厚度的计算图

④岩质地基内的洞穴问题。

岩体中洞穴一般有以下三种类型。

a.可溶性岩石(如石灰岩、石膏等)中的溶洞。

b.构造运动多发地区大型构造裂隙被掏空所形成的洞穴。

c.人工洞穴,如矿洞、隧洞、墓室等。

当在洞穴顶上修建工程时,基础底下岩体地基受压层范围存在洞穴,洞穴顶部岩体在受到基础荷载传来的附加应力的长久作用下会发生变形,甚至导致顶部破裂塌陷,引起地基沉陷变形,影响工程的稳定与安全。

为保证洞穴顶上修建工程的稳定,需要有一个基底到洞顶的安全厚度 z_0。影响 z_0 的因素有很多,比较复杂。这里介绍一种比较简单的估算方法(见图 8-2)。

若基底附加压力 p_0(即荷载)向地基岩体竖直向深度按 θ 角(扩散角)扩散并降低。至 z' 深度处,附加应力为 p_z,则

$$p_z = \frac{bp_0}{b+2z'\tan\theta} \qquad (8-1)$$

式中　p_z——附加应力,MPa;

p_0——基底附加应力,MPa;

b——基础宽度,m;

z'——荷载深度,m;

θ——扩散角,一般岩体取 30°,坚固完整的岩体可取 40°。

当 p_z 与 p_0 达到一定的比值,如一般认为在坚硬岩体中,$p_z=0.2p_0$ 时,就不致使岩体发生大的变形和新的裂隙,而对于软弱岩体,则要求 $p_z=0.1p_0$,所以安全厚度 z_0 为

$$z_0 = z' = \frac{(p_0-p_z)b}{2p_z\tan\theta} \tag{8-2}$$

另考虑到在原已有稳定洞顶的洞穴顶部又受到一定新的附加应力 p_z,可能形成一个新的压力拱,这个拱高 h 也应考虑到安全厚度以内。当洞穴跨度为 a 时,压力拱高度 $h=a/f$(f 为普氏坚固因数,其取值见表 8-2),则基底下距洞穴顶部的安全厚度为

$$z_0 = z' + h = \frac{(p_0-p_z)b}{2p_z\tan\theta} + \frac{a}{f} \tag{8-3}$$

表 8-2 岩体的普氏坚固因数 f 值

岩体坚固程度	极坚硬的	坚硬的	次坚硬的	较软的	次松软的	松软的
湿抗压强度（MPa）	>60	30~60	15~30	8~15	4~8	2~4
f	>10	7~10	5~7	3~5	2~3	1~2

[**例 8-1**] 一工程基础宽 $b=2$ m,基底压力 $p_0=500$ kPa,地基岩体为厚层长石砂岩,微弱风化,湿抗压强度 $R_c=25$ MPa,属次坚硬岩石,一定深处存在有洞穴,试计算基底距洞顶的安全厚度 z_0。

[**解**] 次坚硬岩石,可考虑选 $p_z=0.2p_0$,$\theta=30°$,$f=6$,若地下洞穴跨度 $a=4$ m,则所求安全厚度

$$z_0 = \frac{(p_0-p_z)b}{2p_z\tan\theta} + \frac{a}{f}$$

$$= \left[\frac{(5-1)\times2}{2\times1\times\tan30°} + \frac{4}{6}\right] \text{ m} = 7.6 \text{ m}$$

(2)岩质地基的变形计算

下面介绍一种简化的地基岩体受压变形(沉降)的计算方法,本法的主要依据为:①地基岩体的应力-变形指标 E;②上部荷载压力 p_0 在岩体内产生的附加应力 p_z 值。计算原理为

$$\varepsilon = \sigma/E \tag{8-4}$$

即该岩体的应变 ε 为所加的应力 σ 与 E 的比值。高为 h 的岩体在 σ 作用下所产生的变形量为

$$S = \varepsilon h = \sigma h/E \tag{8-5}$$

若已知地基的受压层范围(一般为 $p_z=0.1p_0$ 的深度)内岩体各分层的 E_i 值,以及各分层的厚度 h_i 及各层的平均附加应力 p_{zi},即可算出该地基岩体在 p_0 作用下的变形(沉降)值

$$S = \sum_{i=1}^{n} \Delta S_i = \sum_{i=1}^{n} \frac{\overline{p_{zi}}}{E_i} h_i \tag{8-6}$$

[**例 8-2**] 一工程基底压力 $p_0=1$ MPa,其地基岩体剖面及地基内附加应力 p_z 分布如图 8-3 所示,岩基第一层为弱风化的石英砂岩,$E_1=2\times10^3$ MPa,厚 $h_1=5$ m,第二层为碳质砂、页岩互层,厚 $h_2=5$ m,$E_2=1\times10^3$ MPa,试计算其沉降值 S。

[**解**] $S = \Delta S_1 + \Delta S_2 = \dfrac{\overline{p_{z1}}}{E_1}h_1 + \dfrac{\overline{p_{z2}}}{E_2}h_2 = \left(\dfrac{0.6}{2\times10^3}\times5 + \dfrac{0.15}{1\times10^3}\times5\right)$ m $= 2.25\times10^{-3}$ m $= 2.25$ mm

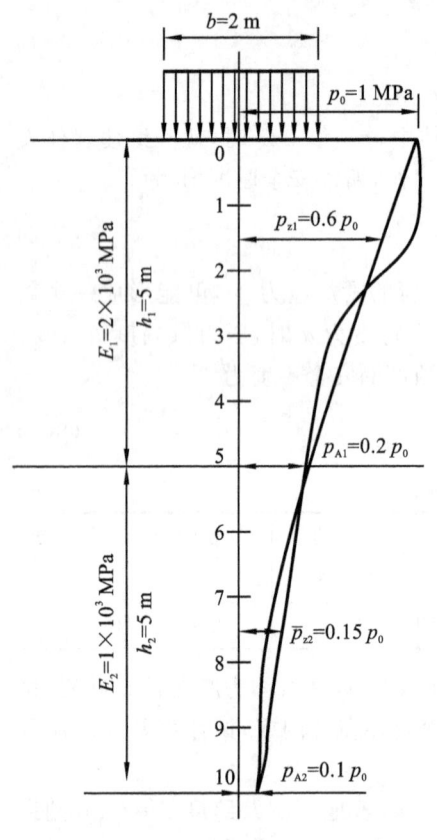

图 8-3　岩质地基剖面及附加应力分布图

由例 8-2 可见，次坚硬、弱风化程度的岩体，在一般工程荷载（$p_0 < 1$ MPa）作用下，变形量是比较小的。但在下述情况下则要考虑计算沉降量：①工程建筑物超重（$p_0 > 1$ MPa）时；②地基受压层内存在有较厚的、E 值较低（$E < 102$ MPa）的岩体，如古强风化壳、软弱岩石夹层、较厚层的断裂破碎带等。

2）岩质地基的强度问题

（1）影响地基岩体强度的因素

①岩石自身的强度。自然界的各种岩石，由于其形成的地质原因、形成的地质条件、组成的矿物与化学成分、矿物晶粒（颗粒）的大小、晶粒间的连接或胶结性质、胶结物（沉积岩）的性质等因素的不同，它们的物理力学性质也大不相同。从作为建筑工程地基的角度考虑，强度指标是影响岩石物理力学性质的主要因素。按照岩石的饱和极限抗压强度指标，可以将岩石分为坚硬岩、较坚硬岩、较软岩、软岩与极软岩五类。

②结构面的影响。结构面的抗剪强度一般较岩石本身的抗剪强度低得多，所以当岩体中存在有延展较大的各类结构面，特别是倾角较陡的结构面时，岩体强度及受竖向荷载的承载能力就可能受发育的结构面所控制而大大降低。

③风化程度的影响。不同风化程度对岩体强度的影响，可参见表 8-1。由表 8-1 可知，不同风化程度的岩体，强度差别是比较大的。由于各种风化营力由地表侵袭面来，所以岩体所受风化的程度，一般是从表面向深处逐渐减弱的。在勘探时还要特别注意有些在岩体的受压层范围内存在的古风化壳。

3）不良岩质地基的加固处理措施

对于岩质地基中各种不良地质条件，只要事先勘察清楚，一般情况下都是可以处理的，但要针对具体问题，有的放矢地采取加固处理措施。

①表层风化破碎带。若风化破碎层厚度不大，一般采取清基的措施，即将破碎岩块清除掉。但应根据不同工程建筑的要求，考虑清除风化岩层的程度。如对超高层房屋建筑、重型设备、高大混凝土坝及重型桥梁基础等工程，要求清除到新鲜（或微风化）、坚固完整（或微裂隙）的岩石，即应将弱风化带以上的破碎岩石都清除掉。对中、小型工程常可不必清除到新鲜基岩，一般可将强风化的破碎岩块清除，留下岩层的各项力学指标能够满足要求即可。如果岩石还比较坚硬，只是因裂隙切割面使其力学性质降低，则可以考虑采取灌浆加固等措施。

②节理裂隙带发育较深的岩基体。一般可在钻孔后，灌注水泥砂浆（或水玻璃浆）进入节理裂隙中，把碎裂岩石胶结起来，加固并提高其力学指标。

③当地基岩体中发现有控制岩体滑移的软弱结构面时，为保证地基岩体的稳定，一般可用锚固的方法，即用钻孔穿过软弱结构面，深入至完整岩体一定深度，插入预应力钢筋或钢缆，其周围钻孔用水泥砂浆填实，相当于把结构面两侧的完整岩体用螺栓连接起来，并增强

软弱结构面的抗滑能力。

④当地基岩体中存在着倾角较大、埋藏较深或厚度较大的断裂破碎带和软弱夹层时，若彻底清除，开挖量将会很大。这时一般可采用井、槽或洞挖方式，将破碎物质挖除，然后回填混凝土，再配以周侧岩体的固结灌浆以加固岩体，保证岩基的稳定。

⑤若基岩受压层范围内存在有地下洞穴，则应先探明洞穴的发育情况，即深度、宽度等，再用探井（或大口径钻孔）下入，对洞穴做填塞加固。

2. 土质地基的工程地质问题

1）常见的不良地基土及其特点

（1）软黏土

软黏土也称软土，是软弱黏性土的简称。它形成于第四纪晚期，属于海相、泻湖相、河谷相、湖沼相、溺谷相、三角洲相等的黏性沉积物或河流冲积物，多分布于沿海、河流中下游或湖泊附近地区。常见的软弱黏性土有淤泥和淤泥质土。软黏土的物理力学性质包括如下几个方面。

①物理性质。软黏土黏粒含量较多，塑性指数 I_p 一般大于 17，属黏性土。软黏土多呈深灰、暗绿色，有臭味，含有机质，含水量较高，一般大于 40%，而淤泥也有大于 80% 的情况。孔隙比一般为 1.0~2.0，其中孔隙比为 1.0~1.5 的称为淤泥质黏土，孔隙比大于 1.5 的称为淤泥。由于其黏粒含量高、含水量高、孔隙比大，因而其力学性质也就呈现与之对应的特点——强度低、压缩性高、渗透性低、灵敏度高。

②力学性质。软黏土的强度极低，不排水强度通常仅为 5~30 kPa，表现为承载力基本值很低，一般不超过 70 kPa，有的甚至只有 20 kPa。软黏土，尤其是淤泥的灵敏度较高，这也是其区别于一般黏土的重要指标。软黏土的压缩性很大。压缩系数大于 0.5 MPa^{-1}，最大可达 45 MPa^{-1}，压缩指数约为 0.35~0.75。通常情况下，软黏土层属于正常固结土或微超固结土，但有些土层特别是新近沉积的土层，有可能属于欠固结土。渗透系数很小是软黏土的又一重要特点，一般在 10^{-8}~10^{-5} cm/s 之间，渗透系数小则固结速率就慢，有效应力增长缓慢，从而沉降稳定慢，地基强度增长也十分缓慢。这一特点是严重制约地基处理方法和处理效果的重要方面。

③工程特性。软黏土具有地基承载力低、强度增长缓慢，加荷后易变形且不均匀，变形速率大且稳定时间长，渗透性小、触变性及流变性大的特点。常用的地基处理方法有预压法、置换法、搅拌法等。

（2）杂填土

杂填土主要出现在一些老的居民区和工矿区内，是人们生活和生产活动所遗留的垃圾土。这些垃圾土一般分为三类，即建筑垃圾土、生活垃圾土和工业生产垃圾土。不同类型和不同时间堆放的垃圾土很难用统一的强度指标、压缩指标、渗透性指标加以描述。

杂填土的主要特点是无规划堆积、成分复杂、性质各异、厚薄不均、规律性差。因而同一场地表现为压缩性和强度的明显差异，极易造成不均匀沉降，通常都需要进行地基处理。

（3）冲填土

冲填土是指人为用水力冲填而沉积的土。近年来多用于沿海滩涂开发及河漫滩造地。西北地区常见的水坠坝（也称冲填坝）即是冲填土堆筑的坝。冲填土形成的地基可视为天然地基的一种，它的工程性质主要取决于冲填土的性质。冲填土地基一般具有如下一些重要特点。

①颗粒沉积分选性明显。在入泥口附近,粗颗粒较先沉积,远离入泥口处,所沉积的颗粒变细,同时在深度方向上存在明显的层理。

②冲填土的含水量较高,一般大于液限,呈流动状态。停止冲填后,表面自然蒸发后常呈龟裂状,含水量明显降低,但当排水条件较差时,下部冲填土仍呈流动状态。冲填土颗粒愈细,这种现象愈明显。

③冲填土地基早期强度很低,压缩性较高,这是因为冲填土处于欠固结状态。冲填土地基随静置时间的增长逐渐达到正常固结状态。其工程性质取决于颗粒组成、均匀性、排水固结条件以及冲填后的静置时间。

(4)饱和松散砂土

粉砂或细砂地基在静荷载作用下常具有较高的强度。但是当振动荷载(地震、机械振动等)作用时,饱和松散砂土地基则有可能产生液化或大量振陷变形,甚至丧失承载力。这是因为土颗粒松散排列并在外部动力作用下颗粒的位置产生错位,达到新的平衡,瞬间产生较高的超静孔隙水压力,有效应力迅速降低。对这种地基进行处理的目的就是使它变得较为密实,消除在动荷载作用下产生液化的可能性。常用的处理方法有挤出法、振冲法等。

(5)湿陷性黄土

在上覆土层自重应力作用下,或者在自重应力和附加应力共同作用下,因浸水后土的结构破坏而发生显著附加变形的土称为湿陷性土,属于特殊土。有些杂填土也具有湿陷性。广泛分布于我国东北、西北、华中和华东部分地区的黄土多具湿陷性(这里所说的黄土泛指黄土和黄土状土。湿陷性黄土又分为自重湿陷性黄土和非自重湿陷性黄土,有的老黄土不具湿陷性)。在湿陷性黄土地基上进行工程建设时,必须考虑因地基湿陷引起附加沉降对工程可能造成的危害,选择适宜的地基处理方法,避免或消除地基的湿陷或因少量湿陷所造成的危害。

(6)膨胀土

膨胀土的矿物成分主要是蒙脱石,它具有很强的亲水性,吸水时体积膨胀,失水时体积收缩。这种胀缩变形往往很大,极易对建筑物造成损坏。膨胀土在我国的分布范围很广,如广西、云南、河南、湖北、四川、陕西、河北、安徽、江苏等地均有分布。膨胀土是特殊土的一种,常用的地基处理方法有换土、土性改良、预浸水,以及防止地基土含水量变化等工程措施。

(7)含有机质土和泥炭土

当土中含有不同的有机质时,将形成不同的有机质土。在有机质含量超过一定含量时就形成泥炭土,它具有不同的工程特性。有机质的含量越高,其对土质的影响越大,主要表现为强度低、压缩性大、对不同工程材料的掺入有不同影响等,对直接工程建设或地基处理造成不利的影响。

(8)山区地基土

山区地基土的地质条件较为复杂,主要表现在地基的不均匀性和场地不稳定性两个方面。由于自然环境和地基土的生成条件影响,场地中可能存在大孤石,场地环境也可能存在滑坡、泥石流、边坡崩塌等不良地质现象,它们会给建筑物造成直接的或潜在的威胁。在山区建造建筑物时要特别注意场地环境因素及不良地质现象,必要时应对地基进行处理。

(9)岩溶(喀斯特)

岩溶(喀斯特)地区常存在溶洞或土洞、溶沟、溶隙、洼地等。地下水的冲蚀或潜蚀使其形成和发展,它们对结构物的影响很大,容易导致地基不均匀变形、崩塌和陷落。因此,在修建结构物之前,必须进行必要的处理。

2)土质地基的破坏

土质地基发生的破坏主要为土体的剪切破坏。

(1)局部剪切破坏

当荷载不太大时,土质地基中只有个别点位上的剪应力超过其抗剪强度,即局部剪切破坏,常发生在基础边缘处,两侧土体有微量的回升(见图8-4(a))。

(2)整体剪切破坏

随着荷载的增大,土质地基中的剪切破坏由局部点位扩大到互相贯通,形成一个连续的剪切滑动面,两侧地基向上隆起(见图8-4(b))。

(3)冲切剪切破坏

当地基为松砂土或高压缩性土时,随着荷载的增大,在基础边形成的剪切破坏面垂直向下发展,两侧土体不发生隆起,基础随着土层的压密而切入土中,由于很少将基础放在松砂或高压缩性土层上,所以这种破坏很少(见图8-4(c))。

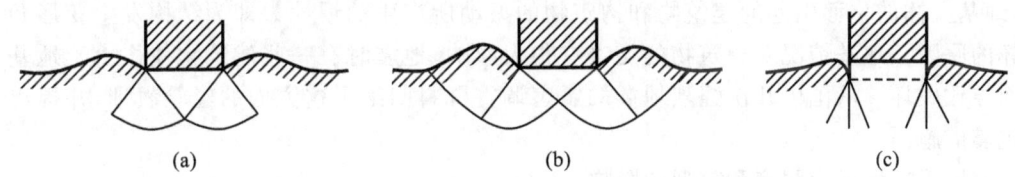

图 8-4　土基剪切破坏

(a)局部剪切破坏;(b)整体剪切破坏;(c)冲切剪切破坏

3.地基的工程地质评价

1)持力层的选择

持力层是指地基中直接支承建(构)筑物荷载的岩土层。它直接与基础底面接触,起到直接支承基础的作用。持力层的性质、埋藏条件和承载能力等对基础类型、基础埋深、地基承载力、地基加固和施工方法等的选择有很大影响。一般情况下地基选择的持力层应是承载能力高、变形小以及有利于建(构)筑物和地基稳定的岩土层。在地基的勘察中应对地层结构及其工程性质进行详细了解,如岩土层的产状、层厚变化、岩土层的物理力学性质。对于岩质地基,还要了解地基岩石的风化程度和风化深度,以及岩基中的断层、节理和破碎程度等。当可作为持力层的岩土层埋藏较深时,可采用深基础或桩基以利用此硬土层,或对地基上部软土层加固。

2)地基均匀性的判定

高层建筑或一些重型建筑可能产生较大的地基变形。因此要提供地基岩土的变形性质指标以作地基变形计算。同时,由于建(构)筑物重心高,容易产生横向整体倾斜,因而必须查清地基岩土在纵、横两个方向的不均匀性。高层建筑往往周边有裙房连接,荷载差异很大,因而在选择地基时要处理好高层建筑主体与裙房之间的沉降差异问题。

一般建(构)筑物承受均匀沉降不会有多大问题。然而,过大的沉降对建(构)筑物是不利的。有时,过大的沉降虽没有使建(构)筑物产生明显的损坏,但是沉降过大会导致许多设备和管道严重损坏及失效。不均匀沉降比过大沉降对建(构)筑物造成的影响更大,因为不均匀沉降会导致建(构)筑物扭曲或破裂。因而过大的沉降和不均匀沉降对建(构)物来说都应避免。对于工程地质勘察来说,必须勘察清楚地基的岩土层结构、岩土的物理力学性质、软弱夹层和透镜体的作用以及地下水的埋藏条件等,作出地基均匀性的评价。高层建筑对地基均匀性的要求较高,在工程地质勘察中对地基均匀性可按以下标准进行判定。

①当基础不能以人工填土作为持力层时,填土层的层底,即持力层层面有时变化较大,这时不能将基础一边放在填土层上,一边放在天然土层上。当持力层层面坡度大于10%时,可视为不均匀地基,此时可加深基础埋深,使其超过持力层最低的层面深度。

②地基持力层和第一下卧层在基础宽度方向上,地层厚度的差值小于 $0.05b$(b 为基础宽度)时,可视为均匀地基;当大于 $0.05b$ 时,应计算横向倾斜是否满足要求。若不能满足要求,则应采取结构或地基处理措施。

③衡量地基土压缩的不均匀性,以压缩层内各土层的压缩模量为评价依据。

任务3 地基的抗震特性研究

我国是一个多地震的国家,近十年来地震活动频繁,地震震级也较高。强烈地震发生时,地基土体的位移引起的建筑物和构筑物的振动所产生的惯性力即为结构发生变形乃至破坏的原因。地基情况对建筑物的震害有很大影响,地震时有一些建筑物往往由于地基失效而导致破坏。从国内几次强烈地震的震害调查资料归纳了这方面的经验教训,并提出一些抗震措施。

1. 地震对地基土强度和变形的影响

地震时,基础土承受一系列的振动应力,由于地震运动是有限次的震动,因此地震荷载也是有限次数的脉动作用。主震时,地基大约在半分钟内受到 10 ~15 次强应力脉冲,包括主震之后的余震在内,较大的应力脉冲共 30~40 次。其频率为 1~ 5 Hz 左右。软土频率低些,坚硬土层频率较高。这些应力脉冲加上结构物振动产生的应力,将引起地基土的强度和稳定性的变化,而且砂土类地基和黏土类地基的表现有明显的差异。

1)黏性土

对饱和黏性土进行动力试验发现,振动时黏土的剪切变形显著增加,当振动速度达到某固定数值以上时,抗剪强度会有所降低。所以在动荷载下黏性土的强度是振动频率、振动加速度、剪切前振动的作用时间和振动应力的函数。这主要是因为在振动过程中土颗粒间原来的平衡状态遭到破坏,而达到新的更为稳定的平衡状态。实验结果表明,对于一般黏土而言,在短时间重复荷载作用下,其强度变化不大,但软弱黏土的强度有明显降低。所以,对于建造在软弱地基上的建筑物,在抗震设计中应当注意这个特性。尤其对于在不均匀地基上且局部是软弱土层的情况,更应当认真处理,否则容易引起不均匀沉降,使上部结构损坏。

既然试验结果证明软弱黏土在反复荷载的作用下强度有所降低,那么凡是软弱地基的承载能力在抗震设计中就应当进行调整,使其小于常规使用的承载能力。但在我国以及其他国家的抗震设计规范中却乘以不小于 1.0 的系数来提高地基容许承载能力,如日本一律采用 2.0 来调整。阿尔及利亚和印度则根据地基的种类分别采用不同系数。究其原因可能是地基土的容许承载力的安全系数较大,地震发生的或然率又较低,所以从经济角度考虑,对地基承载力作了某些调整。

2)砂类土

对于干、湿砂进行模拟试验证明,当振动加速度较小时,砂的强度随着加速度的增加而呈线性降低,但压密较小。当振动加速度超过 0.3g(g 为重力加速度)时,砂土结构发生破坏,强度显著下降,变形突然增加。对于干砂,振动后已经达到最密实的状态时,若加水并继续振动则还能压实。

3)砂土的振动液化

对于均质的饱和粉细砂,在地震力作用下,由于砂土的结构发生破坏,引起砂土颗粒间抗剪强度的消失(主要是摩擦力),粒间孔隙水压力骤然增大。如果孔隙水不能及时排走,则孔隙水压力会不断递增,当孔隙水压力增高到等于上部覆盖压力时,则有效侧限应力变为零,砂就完全丧失强度,它在瞬息间由固体变为没有支承能力的砂悬浮液,这就是砂土的振动液化。

砂土的振动液化现象与下述因素有关。

①砂土本身的性质(相对密度、饱和度、粒径、级配、有效侧限应力等)。

②动力的性质(地震剪应力的大小、地震的持续时间等)。

2. 地基震害造成上部结构的破坏

建筑物的抗震性能取决于上部结构的抗震能力、地基基础的处理和工程地质条件。许多地震震害的宏观调查,都证明了地震时地基基础的震害与上部建筑的破坏有着密切的关系。

1)地裂缝通过建筑物的地基

地震产生的地裂缝是构造应力和地震波作用于地壳表层的结果。当地裂缝通过各种建筑物的地基时,大大加剧了建筑物破坏的程度。这种破坏使得地基开裂,并使之产生位移。这种张扭性的裂缝能拉裂基础,造成上部结构严重开裂甚至倒塌。例如,海城地震后,营口县医院主楼和住院部被两组构造地裂缝交切破坏得相当严重。

2)喷砂冒水造成建筑物不均匀下沉

由于强烈的地震造成饱和砂土地基振动液化,地面喷砂冒水,使地基遭到破坏,发生大量不均匀沉陷,建造在其上的建筑物就会产生倾斜或不均匀下沉,并加剧了上部结构的破坏。例如唐山地震时,位于 11 度区的唐山齿轮厂锻锤车间大量喷砂冒水,地坪不均匀下沉,厂房严重开裂并倾斜,幸亏采用宽度较大的毛石基础再加上钢筋混凝土基础圈梁,才避免整个厂房倒塌。

喷砂冒水不仅会使建筑物地基遭到破坏,使建筑物倾斜开裂,而且还会造成桥墩发生位移,使桥梁坠落、堤坝裂缝和沉陷、铁路路基下沉、公路路面龟裂、灌溉机井和渠道淤塞,以及大量农田被砂覆盖,进一步加重了农田的盐碱化。

3)软硬交错地基在地震时造成不均匀下沉

山区有不少房屋建造在山坡上,由于不断堆积,有些地表虽已近于平坦,但其下的基岩表面仍是倾斜的,有的岩面坡度还很大。有些地方又由于局部基岩埋藏较深,该部分房屋的基础就砌筑在填土上,使整个建筑物建在软硬不均匀的地基上。在强烈地震时,岩石地基一般无沉降,而填土部分或由于振动压密,或由于基岩表面倾斜产生滑动,致使房屋墙面、楼板因地基不均匀下沉而产生开裂。如云南东川(7 度区)新村第一人民医院门诊部的西北角原为泥塘,后作填土地基,地震时西面和北面基础下沉开裂造成局部严重破坏。

4)滑坡崩塌地区在地震时的地基破坏

在地震力的作用下,斜坡由于动力作用可能局部或全部发生滑动,当滑裂面通过建筑物地基时,必然加重上部结构的破坏。例如,河北邢台某县医院建造在较高的土台上,地震后土台局部崩塌,给建筑物造成了损坏。

5)地震时地基与上部建筑发生共振导致结构损坏

在地震波的作用下,地基与上部建筑都发生振动,当二者的振动周期(自振频率)一致时,就会发生共振现象,在这种情况下地基并不一定遭到破坏,但是建筑物却会遭到特别严重的破坏。对于同一地区来说,建筑物的振动周期不同,遭受的地震破坏也不一样。位于7度波及区的鞍山市有2座采用同一设计图纸、由同一施工单位建造的三层学校建筑,一座位于地基较好的(I类土)山上,一座位于土质较差的Ⅲ类场地土上。地震以后,位于山上的校舍破坏严重,砖墙上出现许多斜裂缝,而位于土质较差地基上的学校的震害反而较轻。这可能是由于刚性房屋自振周期短,与坚硬地基的自振周期接近,因而发生共振,加重了震害。

3. 地基基础的防震和抗震

从上述地基震害造成上部结构破坏的实例来看,地震时地基的表现对上部结构的影响还是很大的。有时由于地基失效引起上部结构的严重破坏,使人民生命财产蒙受严重损失,付出很大代价。为了避免和减轻这方面的损失,今后应该特别重视以下几个问题。

1)地震区场地选择

通过大量的震害调查,同一地震区内由于土质不同,可能会产生某些地区稍高或稍低于该地区的平均烈度,即所谓小区烈度异常。同时,对可能发生振动液化的饱和砂土地基和会发生不均匀沉降的软弱地基,也不能在结构计算中单纯依靠增大地震荷载来增加建筑物的抗震能力。因此,在地震区的建设中,对于场地选择是非常重要的,应该根据各地区的场地土质、构造地形条件选择对抗震有利的地段,避开危险地段。

有可能发生强烈地震同时又产生明显错动和地裂缝密集的一部分活动断层为危险地段,不应在这些地段进行建设。对于规模较大、胶结不好、具有活动性的一般断层的端部、转折和交叉部分,则应区别对待,慎重处理。但是有些断层虽然与发震断层属于同一构造体系,但规模较小,胶结又比较好,在构造上属于较稳定的地段,因此可以不避开,而按一般断层处理。

地裂缝对结构震害有明显影响,只要是地裂缝带经过之处,破坏程度显得特别严重。构造地裂缝通常出现在地震烈度为8度以上的地区,往往与发震构造的所在区域相符,在考虑避开的问题上,可以和发震断层同等对待。非构造裂缝分布较广,主要与地形、岩性、河道、沟坑和洼地有关,选厂时应尽可能避开,或在建筑物上采取特别加强措施。

高出的山包和孤立突出的丘陵地带,地震反应较强。根据实测,对于不太高的山包,在山顶处的地震加速度比山脚处的大1.8倍。加之斜坡地带在地震时容易发生坍塌、滑坡、滚石等现象,危及建筑物的安全,所以这些地点应该避开建厂。

地基越软弱,在一定的地震力作用下变形就越大,即地面位移越大。假定在地震时基岩的位移为1,则各类土在相同地震下的相对位移如表8-3所示。

表8-3 各类土的相对位移

土层名称	地震时地面的相对位移(假定基岩的位移为1)
薄土层(2~3 m)	1.4
断层破碎带上的土	2.5
含砂卵石及地下水的土层	4.0
厚土层(>20 m)	5.0

表中数据说明:在同一地点或同一震中距离,对于刚度相同的建筑物,发生在软弱土层上的震害要比在坚硬土层上的震害强烈得多。如1944年日本大地震时,构造相仿的木结构房屋的倒毁率在黏土层上平均为26.1%,在砾石层上为1.4%,在洪积高地和岩石层上仅为0.2%,这在一定程度上反映了地震震害随土质情况而变化。

经验表明:地下水位很高的地方,地震的破坏常常强一些,高含水量的淤泥质土上的震害更大。但是当地下水位在10 m以下时,这种影响就很小了。

2)地基液化

松散饱和砂土地基在地震情况下,有产生液化现象的可能。液化现象的产生将招致建筑物的毁坏,因此必须采取可靠的措施。

在工程地质勘察中,如发现基础下有一定厚度的饱和松砂层,宜立即进行标准贯入度试验,以鉴定是否容易发生液化。

如果是容易发生液化的砂土地基,可采取如下措施。

①换土:将可能发生液化的砂土地基用其他黏性土置换。

②增加密度:用振动或爆破加密可能液化的砂层。

③加固:用灌浆方法,注入各种化学凝固剂将砂土固结起来。

④增加上覆压力:随着砂土上覆压力的增加,饱和松砂地基发生振动液化的程度将下降。

⑤降低砂层中的水位。

当地基中有一定厚度的、可能发生液化的砂层时,对于重要建筑物可采用桩基,但桩要有足够的长度,以完全穿过可能液化的砂层,使桩尖到达不会液化的土层。例如,辽河化肥厂造粒塔高65.5 m、直径20 m,基础下打了187根钢筋混凝土桩,桩长15~17 m。海城地震后,虽然塔下地面发生喷砂冒水,厂区地面下沉,但造粒塔没有产生下沉和倾斜。而当时正在施工中的田庄台大桥虽然也采用了桩基,但两岸桩的长度不足,桩尖仍处于易液化的砂层中,因此震后桩基和桥墩发生位移和下沉,并向河心方向倾斜,使大桥遭到严重破坏。由此可见,打桩是一项有效的抗震措施,其关键是进行合理的设计。

3)避免地基和结构在地震时发生共振

在地震波作用下,地表以一定的周期发生振动,根据微震观察资料,某些地基土的自振周期如表8-4所示。

表8-4　地基土的自振周期

地基土种类	微震时的自振周期(s)
坚硬岩石	0.15
强风化软岩石	0.25
洪积层	0.40
冲积层	0.60

在高烈度的地震区要考虑地基土层的特点和下部建筑物的地震反应,合理选择地基方案和上部结构形式,防止发生共振而加大震害。

冲积层具有较大的自振周期,冲积层上的建筑物震害随着土层的加厚而加剧。而坚硬岩石地基的自振周期较短,即使发生很大振动也是振动较低的反复荷载。一般来说,房屋受震变形小,震害也是较小的。在防止地基和上部结构发生共振的前提下,坚硬地基上的建筑物震害较冲积层上的建筑物震害要小得多。因此,选择合适的场地或根据场地选择不同刚度的建筑物就能减少或避免地震的损害。

4)合理地进行地震区的地基基础设计

有些Ⅲ类场地的软弱地基常在地表有一个不太厚的硬层,而其下则为深厚的淤泥质土或饱和粉砂层。除了重要的和高耸的建筑物采用桩基外,一般都是充分利用这层较硬的土层作为持力层,采用浅基础。但是一般情况下,地震区的基础采用深埋形式较好,因为在地面附近沿深度方向地震的振幅显著减少。据测定在地下 3 m 处结构物的振幅仅为地表处的 3%,所以具有深基础的建筑物的振害要小些。例如,河北省宁河县城(9 度区)在唐山地震后大部分房屋倒塌,但县委办公室完好,这是因为除了其本身的砌筑质量较好外,主要是这幢办公楼带有一层地下室。

基础的构造形式对加强结构的抗震性能有显著影响。片筏基础对于抗地裂缝、调整建筑物的下沉或倾斜有较大帮助,在高烈度区不失为一种好的基础形式。例如,天津塘沽新港有 27 幢住宅建造在吹填土上,采用片筏基础。在唐山地震后,虽基础下沉了 7 cm,但房屋基本完好,裂缝较少。

对于地震区的山地建筑,要求基础砌筑在均一的地基土壤上,如基岩埋藏较浅,则应将基础全部落在岩石上;当基岩埋藏在较深的斜坡上时,单独基础可加纵、横两个方向的连系梁,或采用条形基础或十字条形基础,不宜采用侧向无拉结的单独基础。

对于填土,必须在最佳含水量下经过分层夯实,地震区绝不允许采用杂填土作为地基。天津市在杂填土上曾采用振动夯实法(振动力 10 t,影响深度 1.5 m)来加固地基。

对于重要的设备基础,应做成独立的深基础或采用桩基。

对于厂房整片地坪,发生地裂缝破坏时,进行修复就会影响生产,因此可以采用混凝土预制块铺砌。

【思考题】

1.岩质地基如何考虑变形问题?

2.岩质地基中的不良地质情况有几种? 加固处理措施有哪些?

3.土质地基的破坏形式有哪些?

4.土质地基的不良地质如何加固?

5.如何进行地基工程地质评价?

6.地基基础如何进行抗震?

模块九　边坡稳定性工程地质研究

【学习目的与要求】

1. 了解边坡的应力分布特征；
2. 熟悉边坡的分类要素；
3. 熟悉边坡的治理方法；
4. 掌握边坡的变形破坏类型；
5. 掌握影响边坡稳定性的因素；
6. 掌握边坡稳定性的分析与评价。

边坡由工程活动形成或自然形成，其位移和变形可能对周围的环境造成影响。在开发建设项目中，如公路、铁路、水利工程、电力等建设和露天矿山中，都不可避免地会遇到大规模填挖方边坡。如果在工程建设中的人工边坡是不可避免的，那么，进行边坡稳定性评价和分类，对边坡进行治理，保证它的稳定性就成为工程建设工作必不可少的环节。

任务1　概述

1. 边坡的分类要素及分类

目前国内外对于边坡已有很多分类方法，但由于所依据的分类原则、分类标准和分类目的的不同，迄今还没有一个公认的统一分类。近年来，尽管有学者做过这方面的尝试，但各种分类的名目繁多，同一术语的概念也有很大差异，一般都是按各自确定的分类原则，就边坡的破坏形式进行分类。但无论何种分类方式，其出发点都是为了更好地从不同的角度认识边坡，了解边坡的内部结构及稳定机理，采取恰当的工程措施，确保边坡稳定。综述目前国内外关于边坡分类的理论体系以及与边坡稳定性的关系，按照物质组成、岩体结构、风化程度、边坡成因、坡高和坡度、岩层走向与坡面走向的关系和边坡变形破坏七个因素对边坡进行分类。

1）按物质组成分类

边坡物质组成是边坡构成的物质基础。按照边坡物质组成对边坡进行分类是目前最为常见的一种分类方式。根据物质组成分类，目前常见的边坡形式分为两大类，即岩石边坡和土质边坡。岩石边坡和土质边坡又分为若干细分类型。其中岩石边坡的分类参考了地质学分类标准，分为岩浆岩边坡、沉积岩边坡和变质岩边坡。而土质边坡分类多参考国家标准《建筑地基基础设计规范》(GB 50007—2011),分为碎石土边坡、砂土边坡、粉土边坡、黏性土边坡四类。

2)按岩体结构分类

岩体结构指岩体中结构面与结构体的排列组合特征,其包含两个要素,即结构面和结构体。国家标准《岩土工程勘察规范》(GB 50021—2001)将岩体结构类型划分为整体状结构、块状结构、层状结构、碎裂状结构和散体状结构五大类。一般来说,对边坡整体稳定有利的边坡为整体结构、块状结构、次块状结构、碎块状结构边坡,这些边坡坡体内部不易形成圆弧形最大剪应力面,其稳定性主要受软弱结构面或贯通性好的长大结构面,即控制性结构面所控制。边坡稳定性受开挖坡度影响相对较小,最常见的变形破坏形式为平面滑坡和块体失稳。对边坡整体稳定不利的边坡为碎裂结构、散体结构边坡,其稳定性主要受岩块间的咬合力和最大剪应力面控制。实际工作中应根据岩体风化程度、松动破碎程度、结构体组合等特征进行岩体稳定性评价。

3)按风化程度分类

目前关于风化程度的划分及特征描述多是针对单个岩块,主要考虑岩石结构构造被破坏、矿物蚀变和颜色变化程度。在自然界里,岩石风化的程度总是从未风化逐渐演变为全风化的,国家标准《岩土工程勘察规范》(GB 50021—2001)中将岩石的风化程度划分为未风化、弱风化、中风化、强风化、全风化五种情况,相应的边坡即定义为未风化岩石边坡、弱风化岩石边坡、中风化岩石边坡、强风化岩石边坡、全风化岩石边坡。

4)按边坡成因分类

按边坡形成的原因,边坡分为自然边坡和人工边坡。自然边坡就是由自然地质作用形成的具有一定斜度的边坡。自然边坡按地质作用可细分为侵蚀边坡、剥蚀边坡、堆积边坡。人工边坡是由人工开挖、回填形成的具有一定斜度的边坡,包括挖方边坡和填方边坡。其中人工边坡按照其所临建筑物或行业不同,又细分为公路边坡、铁路边坡、建筑边坡、矿山边坡、堤坝边坡、河岸边坡、电站边坡等。

5)按坡高和坡度分类

坡高和坡度是定义和描述边坡几何特征的两个重要参数。它们对边坡稳定性的影响是巨大的,两者主要是通过改变边坡感生应力影响边坡稳定性。边坡感生应力主要包括卸载和加载两个方面。卸载主要是通过原始应力的释放来引起应力重分布,其主要来源就是人工开挖。卸载作用引起的可直接获取的参数就是边坡的几何边界条件,包括天然坡度、开挖坡度、开挖边坡高度、自然边坡高度。在自然边坡稳定性确定的前提下,人工开挖引起的坡度和坡高变化愈大,卸载作用引起的下滑力的增加量愈大,人工开挖边坡相对于自然边坡的稳定系数的变化就愈大,稳定性下降也愈明显。研究表明:30°~40°坡度是基岩滑坡的常发坡度,松散堆积层滑坡一般发生在坡度 20°以上的边坡上。表 9-1 所列为边坡坡高和坡度的各种分类标准。

表 9-1　边坡坡高和坡度的各种分类标准

按坡度分类				按坡高分类		
金德濂 （2000）	周德培 （2003）	叶建军 （2007）	姜德义 （2003）	周德培（2003） 叶建军（2007）	姜德义 （2003）	王铁桥 （2003）
缓坡 （<10°）	缓坡 （≤15°）	岩石缓坡 （≤30°）	缓坡 （≤15°）	岩石超高边坡 （>30 m）	超高边坡 （>100 m）	高边坡 （>10 m）
斜坡 （10°~30°）	中等坡 （15°~30°）	土质缓坡 （≤20°）	陡坡 （15°~35°）	土质超高边坡 （>15 m）	高边坡 （50~100 m）	
陡坡 （30°~45°）	陡坡 （30°~60°）	岩石斜坡 （30°~45°）	急坡 （35°~55°）	岩石高边坡 （15~30 m）	中边坡 （20~50 m）	
峻坡 （45°~65°）	急坡 （60°~90°）	土质斜坡 （20°~30°）		土质高边坡 （10~15 m）		
悬崖 （65°~90°）		岩石陡坡 （45°~90°） 土质斜坡 （30°~45°）	悬坡 （55°~90°）	岩石中高边坡 （8~15 m） 土质中高边坡 （6~10 m）	低边坡 （<20 m）	低边坡 （<10 m）
	倒坡 （>90°）					
倒坡 （>90°）		岩石倒坡 （>90°）		岩石低边坡 （<8 m） 土质低边坡 （<6 m）		

6）按岩层走向与坡面走向的关系分类

依据岩层走向与坡面走向的关系，边坡分为顺向坡（两者基本一致）、逆向坡（也称反倾边坡，两者走向基本一致，但倾向相反）、斜向坡（也称切层边坡，两者的走向成较大角度相交）。

就稳定性而言，一般顺向坡稳定性最差，斜向坡次之，逆向坡稳定性最好。就变形破坏方式而言，斜向坡的主要破坏模式为顺层滑动破坏。通常当岩层倾角小于 30°时边坡稳定性较好；当岩层倾角介于 30°~50°之间时，边坡的失稳概率显著增加，只要边坡切断岩层，就有可能产生滑坡；当岩层倾角大于 50°时，边坡的稳定性往往很差。顺向坡由于下部滑动受阻，在顺滑移方向的压应力作用下发生滑移-弯曲变形，产生挠曲，在隆起的岩层处发生压碎和拉裂，最终发展成具有崩滑或塌滑特性的滑坡。而在直立或陡倾坡内的层状岩体组成的陡坡中，多发生弯曲-拉裂变形。在自重产生的弯矩作用下，变形从边坡的前缘开始向临空方向发生悬臂梁式弯曲变形，最终发展为倾倒式的破坏。

7）按边坡变形破坏分类

根据边坡变形破坏的力学机制，边坡变形破坏分为蠕滑（滑移）-拉裂、滑移-压致拉裂、弯曲-拉裂、塑流-拉裂、滑移-弯曲等五种基本类型。在同一边坡变形体中，也可能包含两种或多种变形模式，它们可以以不同方式复合。同样，某一种变形模式也可在演化过程中转化为另一种模式。

边坡岩体的变形破坏主要通过改变结构体的大小、形态、排列组合状况来影响岩体的完整性,并加剧岩体风化程度和地下水的渗流特征,在岩体结构内生改造的基础上进一步弱化岩体结构特征,尤其是重力变形所形成的软弱面,直接决定着岩体的变形破坏方式,在工程开挖的情况下,极有可能引起岩体变形的复活或加剧。

2. 影响边坡稳定性的因素

1)地质条件

(1)岩土体的工程地质性质

岩土体的力学性质决定了边坡失稳的方式。坚硬岩石边坡失稳以崩塌和结构面控制型失稳为主;软弱岩石边坡失稳以应力控制型失稳为主。对由其他因素决定的边坡,岩土体的工程地质性质越优良,边坡稳定性越好。

(2)地质构造

地质构造表现为结构面的发育程度、规模、连通性、充填程度及充填物成分和结构面的产出状态对边坡稳定性的影响。在评价结构面对边坡稳定性的影响时,要特别注意结构面的产出状态与边坡面的相互关系。结构面与边坡面的组合不同,边坡的稳定性也不同,当结构面与边坡面反倾或结构面与陡坡顺倾时边坡稳定;当结构面与边坡顺倾时,易发生边坡失稳。

2)水文地质条件

"十个边坡九个水",这句话形象地反映了边坡失稳往往与地下水的活动有密切的关系这一客观事实。水文地质条件包括地下水的赋存、补给、径流和排泄条件。地下水的富集程度与气候条件、水文地质条件有关。由于岩土体的力学性质受水的影响很大,地下水富集程度的提高一方面增大坡体下滑力,另一方面降低软弱夹层和结构面的抗剪程度,引起孔隙水压力上升,降低滑动面上的有效正应力,导致滑动面的抗滑力减小。因此,地下水富集程度的改变相应地引起边坡稳定性发生改变。有不少边坡失稳与边坡水文地质条件恶化有关,而治理边坡也往往是由于改善了水文地质条件而获得成功。

3)新构造运动

新构造运动往往引起边坡形态、产出状态及水文地质条件的改变,从而导致边坡失稳。强烈的新构造运动——地震,对边坡稳定性的影响极大。地震往往伴有大量的边坡失稳,这是由于地震作用产生水平地震附加力,当水平地震附加力的作用方向不利时,边坡的下滑力增大,滑动面的抗滑力减小。另外,在地震作用下,岩土中的孔隙水压力增加和岩土体强度降低,均会对边坡的稳定性产生不利影响。

4)地貌因素

边坡的形态和规模等地貌因素对边坡稳定性的影响是显而易见的。不利形态和规模的边坡往往在坡顶产生张应力,并引起张裂缝;在坡脚产生的强烈的剪应力,会形成剪切破坏带,这些作用极大地降低了边坡的稳定性。边坡面与地质结构面的不利组合还会导致边坡结构面控制型失稳。

5)气候因素

大气降雨是地下水的主要补给源。气候类型不同,大气降雨量也不同。由于不同地区的大气降雨量不同,即使其他条件相同,边坡的稳定性也不同。暴雨或长期降雨以及融雪过后,会出现边坡失稳增多的现象,这说明大气降雨等对边坡的稳定性有很大的影响。大气降雨、融雪的增加提高了地下水的补给量,一方面降低岩体的强度,增加孔隙水的压力,使边坡滑动面的抗滑能力降低,另一方面增大边坡的下滑力,两者结合起来极大地降低了边坡的稳定性,从而导致裂隙增加、扩大,影响边坡稳定性。岩石风化速度、风化层厚度以及岩石风化后的物理变化和化学变化(矿物成分改变)均与气候有关。

6)风化作用

风化作用使岩土的抗剪强度减弱,裂隙增加、扩大,影响边坡的形状和坡度,透水性增加,使地面水易于侵入,改变地下水的动态;沿裂隙风化时,可使岩土体脱落或沿斜坡发生崩塌、堆积、滑移等。

7)人类的工程活动因素

(1)削坡

不当的削坡往往使坡脚结构面或软弱夹层的覆盖层变薄或切穿,减小坡体滑动面抗滑力,而边坡下滑力却没有相应减少,这样边坡的稳定性降低。当结构面或软弱夹层的覆盖层被切穿时,结构面与边坡面构成不利组合,导致边坡出现结构面控制型失稳。

(2)坡顶加载

对边坡稳定性产生的不利因素表现在两方面:一是在增加坡体下滑力的同时,没有成比例地增加滑动面的抗滑力;二是加大了坡顶张应力和坡脚剪应力的集中程度,使边坡岩土体破坏,强度降低,因而引起边坡稳定性降低。当边坡加载物为松散物时,情况就更为严重,因为松散加载物能减少大气降雨的地表径流,增加大气降雨的入渗量,也会降低边坡的稳定性。

(3)地下开挖

地下开挖主要包括采矿和开掘铁路、公路、引水隧道等,这类活动所引起的地表移动与边坡失稳常与三个因素有关。一是与地下开挖位置有关。地下开挖越接近边坡面,地表移动和边坡失稳越强烈,但其范围却显著减小;近地表的地下采掘往往引起小范围沉降和塌陷,边坡的变形和破坏是局部的;当地下开挖埋深较大时,地表移动和边坡失稳的范围比较大,失稳往往是整体的。二是与地下开挖规模有关。地下开挖规模越大,边坡的应力场改变就越大,在坡顶和坡脚引起的应力集中也越强烈,边坡稳定性的降低也就越大。三是与边坡地质条件有关。地下开挖对边坡影响程度受边坡地质条件控制,在顺倾边坡中,地下采掘工程如果平行于边坡走向,开挖活动往往切割边坡的锁固段,降低了边坡稳定性,甚至使其失稳。如果地下工程垂直于边坡走向,地下开挖对边坡的影响就要小得多。地下开挖引起的地表移动和边坡失稳具有先沉陷、后开裂、再滑动的活动规律。地下开挖首先引起边坡地表移动,当地表移动到一定程度时,在边坡坡顶附近拉裂,并出现拉裂缝,坡脚附近出现剪切破坏带。当边坡岩土体破坏较严重时,拉裂缝与剪切破坏带贯通或近乎贯通,边坡滑动面的抗滑力急剧下降,边坡的稳定性显著降低,甚至失稳。

任务 2　边坡的变形破坏类型

边坡在形成过程中,边坡岩土体内原始应力重新分布,导致岩土体原有平衡状态发生变化。在此条件下,坡体将发生不同程度的局部或整体的变形,以达到新的平衡。边坡变形破坏的发展过程,可以是漫长的,也可以是短暂的。边坡变形破坏的形式和过程是边坡岩土体内部结构、应力作用方式、外部条件综合影响的结果,因此边坡变形破坏的类型是多种多样的。对边坡变形破坏的基本类型进行划分是研究边坡的基础。

1. 土质路堑边坡的变形破坏类型

土质路堑边坡一般高度不大,多为几米到二三十米,但也有个别土质路堑边坡高达三十米以上(如天兰线高阳至云图间的黄土高边坡)。边坡在动静荷载、地下水、雨水、重力和各种风化营力的作用下,可能发生变形破坏。根据人们的观察和分析,变形破坏现象可分为两大类:一类是小型的坡面局部破坏,另一类是较大规模的边坡整体性破坏。

1)坡面局部破坏

坡面局部破坏包括剥落、冲刷和表层滑塌等类型。表层土的松动和剥落是这类变形破坏的常见现象。它们是由于水的浸润与蒸发、冻结与融化、日光照射等风化营力对表层土产生复杂的物理化学作用所导致的。边坡冲刷是指雨水在边坡面上形成的径流因动力作用带走边坡上较松散的颗粒,形成条带状的冲沟。表层滑塌是由于边坡上有地下水出露,形成点状或带状湿地,产生的坡面表层滑塌现象,这类破坏由雨水浸湿、冲刷也能产生。上述这些变形破坏往往是边坡更大规模的变形破坏的前奏。因此,应对轻微的变形破坏及时进行整治,以免其进一步发展,引起大的灾害。对于因径流引起的冲刷,应做好地面排水,使边坡水流量减至最小。对已形成的冲沟,应在维修中予以嵌补,以防其继续向深处发展。对因地下水所引起的表层滑塌,应及时截断地下水或疏导地下水工程,以制止边坡变形的发展。

2)边坡整体性破坏

边坡整体坍滑和滑坡均属这类边坡变形破坏。土质边坡在坡顶或上部出现连续的拉张裂缝并下沉,或边坡中、下部出现鼓胀现象,都是边坡整体性破坏和滑动的征兆。一般地区这类破坏多发生在雨季或雨季后。对于有软弱基底的情况,边坡破坏常与基底的破坏连在一起。对于这类破坏,在征兆期应加强预报,以防发生事故。在处理前必须查明产生破坏的原因,切忌随意清挖,以免进一步坍塌,扩大破坏范围。当边坡上层为土、下层为基岩,且层间接触面的倾向与边坡方向一致时,由于水的下渗使接触面润滑,会造成上部土质边坡沿接触面滑走的破坏。因此,在勘察、设计过程中必须要对水体在路基中可能引起的不良影响予以充分重视。

由上述可知,第一类边坡变形破坏,只要在养护维修过程中,采用一定措施就可以制止或减缓它的发展,其危害程度也不如第二类边坡破坏严重。第二类变形破坏,危及行车安全,有时甚至会造成线路中断,处理起来也较费事。因此,在勘察设计阶段和施工阶段,应分析边坡可能发生的变形破坏,防患于未然。对于高边坡更应给予重视。

2. 岩质边坡变形破坏的基本形式

我国是一个多山的国家,地质条件十分复杂。山区道路、房屋多傍河而建或穿越分水岭,因而会遇到大量的岩质边坡稳定问题。边坡的变形破坏,会影响工程建筑物的稳定和安全。

岩质边坡的变形是指边坡岩体只发生局部位移或破裂,没有发生显著的滑移或滚动,不致引起边坡整体失稳的现象。而岩质边坡的破坏是指边坡岩体以一定速度发生了较大位移的现象,如边坡岩体的整体滑动、滚动和倾倒。变形和破坏在边坡岩体变化过程中是密切联系的,变形可能是破坏的前兆,而破坏则是变形进一步发展的结果。边坡岩体变形破坏的基本形式可概括为松动、松弛张裂、蠕动、剥落、滑移破坏、崩塌落石等。

1)松动

边坡形成初始阶段,坡体表部往往出现一系列与坡向近于平行的陡倾角张开裂隙,被这种裂隙切割的岩体便向临空方向松开、移动,这种过程和现象称为松动。它是一种斜坡卸荷回弹的过程和现象。

存在于坡体的这种松动裂隙,有些是在应力重分布中新生的,但大多是沿原有的陡倾角裂隙发育而成的。它仅有张开而无明显的相对滑动,张开程度及分布密度由坡面向深处而逐渐减小。当保证坡体应力不再增加和结构强度不再降低的前提下,斜坡变形不会剧烈发展,坡体稳定不致破坏。

边坡常有各种松动裂隙,实践中把发育有松动裂隙的坡体部位,称为边坡卸荷带,在此可称为边坡松动带。其深度通常用坡面线与松动带内侧界线之间的水平间距来度量。

边坡松动使坡体强度降低,又使各种营力因素更易深入坡体,加大坡体内各种营力因素的活跃程度。边坡松动是边坡变形与破坏的初始表现。所以,划分松动带(卸荷带),确定松动带范围,研究松动带内岩体特征,对论证边坡稳定性,特别是确定开挖深度或灌浆范围,都具有重要意义。

边坡松动带的深度,除与坡体本身的结构特征有关外,主要受坡形和坡体原始应力状态控制。显然,坡度愈高、愈陡,地应力愈强,边坡松动裂隙便愈发育,松动带深度也愈大。

2)松弛张裂

松弛张裂是指边坡岩体由卸荷回弹而出现的张开裂隙的现象。松弛张裂是在边坡应力调整过程中出现的变形。例如,由于河谷的不断下切,在陡峻的河谷岸坡上形成卸荷裂隙;路堑边坡的开挖可使岩体中原有的卸荷裂隙得到进一步的发展,或者由于开挖也可能形成新的卸荷裂隙。这种裂隙通常与河谷坡面、路堑边坡面相平行,如图9-1所示。而在坡顶或堑顶,则由于卸荷引起的拉应力作用

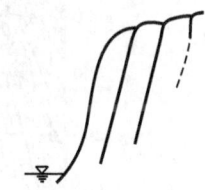

图 9-1 松弛张裂

形成张裂带。边坡愈高、愈陡,张裂带也愈宽。如通过大渡河谷的成昆铁路,有的路堑边坡堑顶紧接着高陡的自然山坡,其上的张裂带宽度可达一二百米,自地表向下的深度也可达百米以上。一般来说,路堑边坡的松弛张裂变形多表现为顺层边坡层间结合的松弛、边坡岩体中原有节理裂隙的进一步扩展以及岩块的松动等现象。

3)蠕动

蠕动是指边坡岩体在重力作用下长期缓慢的变形。这类变形多发生于软弱岩体(如页岩、千枚岩、片岩等)或软硬互层岩体(如砂岩页岩互层、页岩灰岩互层等)中,常形成挠曲型变形。边坡岩体为反坡向的塑性薄层岩层时,向临空面一侧发生弯曲,形成"点头弯腰"变形,很少折断,如图 9-2(a)所示,如贵昆线大海哨一带就有这种岩体变形。边坡岩体为顺坡向的塑性岩层时,在边坡下部常产生揉皱型弯曲,甚至发生岩层倒转,如成昆线铁西滑坡附近就有这种变形,如图 9-2(b)所示。由于这种变形是在地质历史期中长期缓慢地形成的,因此,在边坡上见到的这类变形都是自然山坡上的变形。当人工开挖边坡切割山体时,边坡上的变形岩体在风化作用和水的作用下,某些岩块可能沿节理转动,出现倾倒式的蠕动变形现象。变形再进一步发展,可使边坡发生破坏。

边坡蠕动大致可分为表层蠕动和深层蠕动两种基本类型。

(1)表层蠕动

边坡浅部岩土体在重力的长期作用下,向临空方向缓慢变形构成一剪变带,其位移由坡面向坡体内部逐渐降低直至消失,这便是表层蠕动。

破碎的岩质边坡及疏松的土质边坡,表层蠕动甚为典型。当坡体剪应力还不能形成连续滑动面之前,会形成一剪变带,出现缓慢的塑性变形。

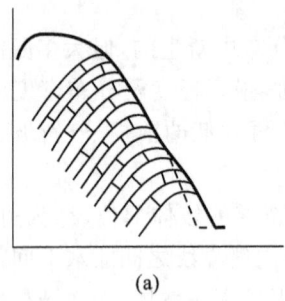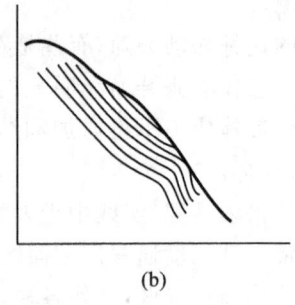

图 9-2 弯曲型蠕动变形

(a)"点头弯腰"变形;(b)揉皱变形

岩质边坡的表层蠕动,常称为岩层末端"挠曲现象",系岩层或层状结构面较发育的岩体在重力的长期作用下,沿结构面滑动和局部破裂而成的屈曲现象,如图 9-3 所示。

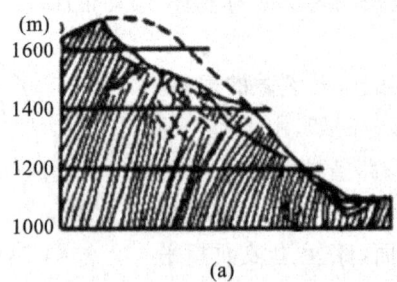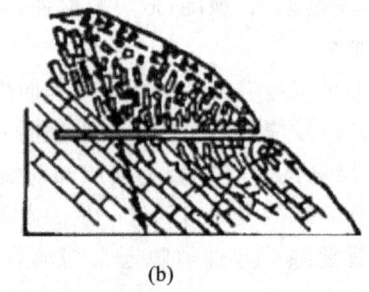

图 9-3 岩质边坡表层蠕动

(a)阿尔卑斯山谷反倾岩层中的蠕动;(b)湖南五强溪板溪群轻度变质砂岩、石英岩、板岩中的蠕动,深达四五十米

表层蠕动的岩层末端挠曲,广泛分布于页岩、薄层砂岩或石灰岩、片岩、石英岩,以及破碎的花岗岩体所构成的边坡上。软弱结构面愈密集,倾角愈陡,走向愈近于坡面走向时,其发育愈明显。它使松动裂隙进一步张开,并向纵深方向发展,影响深度有时竟达数十米。

(2)深层蠕动

深层蠕动主要发育在边坡下部或坡体内部,按其形成机制特点,深层蠕动有软弱基座蠕动和坡体蠕动两类。

坡体基座产状较缓且有一定厚度的相对软弱岩层,在上覆层重力作用下,基座部分向临空方向蠕动,并引起上覆层的变形与解体,是"软弱基座蠕动"的特征。软弱基座塑性较大,坡脚主要表现为向临空方向蠕动、挤出(见图 9-4);而软弱基座中存在脆性夹层,它可能沿张性裂隙发生错位。软弱基座蠕动会引起上覆岩体变形与解体。上覆岩体中软弱层会出现"揉曲",脆性层又会出现张性裂隙;当上覆岩体整体呈脆性时,会产生不均匀断陷,使上覆岩体破裂解体。上覆岩体中裂隙由下向上发展,且其下端因软弱岩层向坡外牵动而显著张开。此外,当软弱基座略向坡外倾斜时,蠕动更进一步发展,使被解体的上覆岩体缓慢地向下滑移,且被解体的岩块之间可完全丧失联结,如同漂浮在下伏软弱基座上。

坡体沿缓倾软弱结构面向临空方向缓慢移动变形,称为坡体蠕动。它在卸荷裂隙较发育并有缓倾结构面的坡体中比较普遍(见图 9-5);有缓倾结构面的岩体又发育有其他陡倾裂隙时,构成坡体蠕动基本条件。缓倾结构面夹泥,抗滑力很低,便会在坡体重力作用下产生缓慢的移动变形。这样,坡体必然发生微量转动,使转折处首先遭到破坏。这里首先出现张

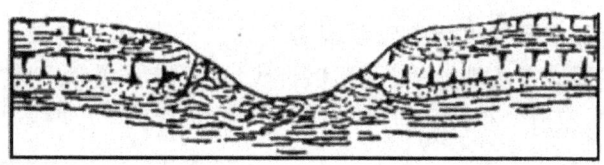

图 9-4　软弱基座挤出

性羽裂,将转折端切断(切角滑移);继续破坏,形成次一级剪切面,并伴随有架空现象;进一步便会形成连续滑动面。滑面一旦形成,其推滑力超过抗滑力,便导致边坡破坏。

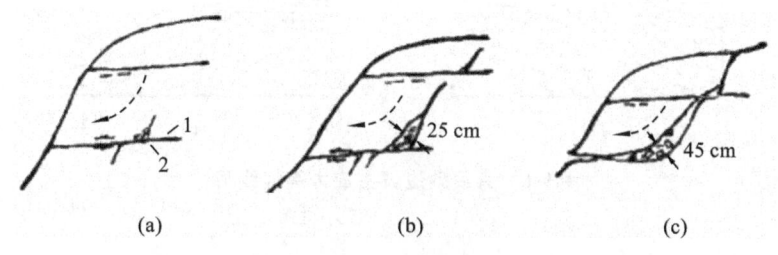

(a)　　　　　　　　(b)　　　　　　　(c)

图 9-5　坡体蠕滑

(a)切角滑移;(b)次一级剪切面开始形成;(c)滑面形成

1—层面;2—羽裂

4)剥落

剥落指的是边坡岩体在长期风化作用下,表层岩体破坏成岩屑和小块岩石,并不断向坡下滚落,最后堆积在坡脚,而边坡岩体基本上是稳定的。产生剥落的原因主要是各种物理风化作用使岩体结构发生破坏。如阳光、温度、湿度的变化、冻胀等,都是表层岩体不断风化破碎的重要因素。对于软硬相间的岩石边坡,由于软弱易风化的岩石常常先风化破碎,所以,首先发生剥落,从而使坚硬岩石在边坡上逐渐突出,在这种情况下,突出的岩石可能发生崩塌。因此,风化剥落在软硬互层边坡上可能引起崩塌。

5)滑移破坏

滑移破坏是指边坡上的岩体沿一定的面或带向下移动的现象,它是岩质边坡岩体常见的变形破坏形式之一。在边坡中的具体破坏形式多为顺层滑动和双面楔形体滑动。

6)崩塌落石

崩塌是指陡坡上的巨大岩体在重力作用下突然向下崩落的现象;而落石是指个别岩块向下崩落的现象。有关崩塌落石的内容,详见本节相关章节。

任务 3　岩质边坡的应力分布特征

边坡的变形破坏,取决于坡体中的应力分布和岩土体的强度特点。了解坡体中应力分布特征,对认识边坡变形破坏机制很有必要,对正确评价边坡稳定、制定切合实际的设计和整治方案具有指导意义。

边坡开挖以后,一部分上部岩体被挖掉,由于卸荷作用,岩体内的应力重新调整,从而出现应力重分布的现象。在靠近边坡面附近,最大主应力方向近于平行临空面。在陡峻边坡的坡面和坡顶则会出现拉应力,并形成拉应力带。在坡脚附近形成剪应力集中带,愈近坡脚应力集中程度愈高。

　　边坡应力分布特征主要与边坡的坡形密切相关。通常,边坡的坡形是指边坡横断面的形状。边坡的坡形主要有直线坡(一坡到顶)、折线坡(下陡上缓和上陡下缓两种)、台阶坡。在不同坡型的边坡中,应力分布特征如图9-6～图9-9所示。

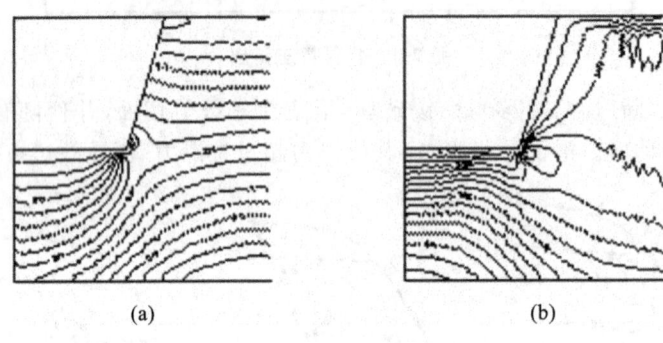

(a)　　　　　　　　　　　　(b)

图 9-6　直线型边坡主应力等值线图

(a)最大主应力;(b)最小主应力

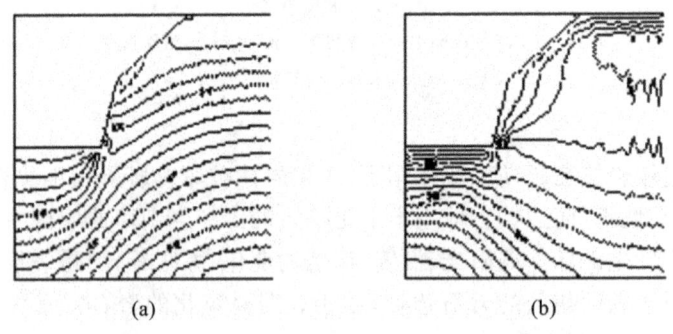

(a)　　　　　　　　　　　　(b)

图 9-7　折线型(下陡上缓)边坡主应力等值线图

(a)最大主应力;(b)最小主应力

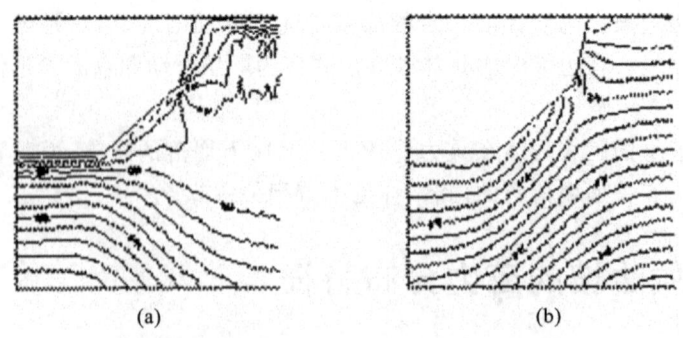

(a)　　　　　　　　　　　　(b)

图 9-8　折线型(上陡下缓)边坡主应力等值线图

(a)最大主应力;(b)最小主应力

　　理论分析和实际调查表明,边坡坡脚处的集中应力可能导致边坡的剪切破坏,边坡坡顶的拉张区可能引起平行坡面的拉张裂缝,因此,应力集中区和拉张区的分布是边坡分析中最应该注意的问题。

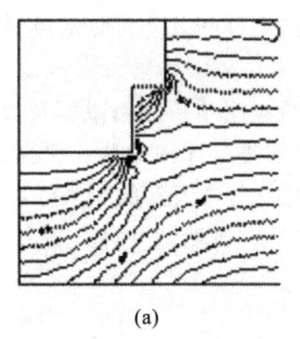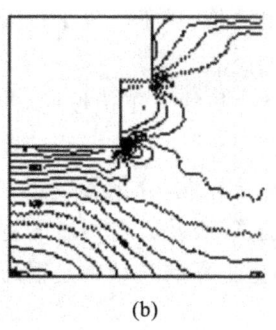

(a)   (b)

图 9-9 台阶型(一级台阶)边坡主应力等值线图

(a)最大主应力;(b)最小主应力

不论边坡采用何种坡形,其坡脚的应力状态都是边坡研究设计的重点。但坡形不同,各自的应力状态不同。直线坡的应力集中区在坡脚处。折线坡有两个重点应力区——坡脚和变坡点。当坡形为下陡上缓时,坡脚是应力集中区,变坡点是拉张区。当坡形为上陡下缓时,应力集中区在变坡点,消除了坡脚的应力集中;同时,由于应力集中点向坡顶上移,降低了它的埋深,使集中的应力值下降,对边坡稳定有利。但是当坡脚需要防护时,在坡腰处修建支挡防护工程是不方便的,也给下部缓坡增加了额外荷载,所以,在实际工程中不宜采用上陡下缓坡形。台阶坡的应力状态表现为台阶上、下坡脚的集中应力和平台坡顶的拉张。虽然平台的设置降低并分散了应力在坡脚的集中,改善了边坡力学特征,但是在平台处,由于平台后缘的剪切和平台前缘的拉张相互交叉,该处的应力分布十分复杂,容易产生破坏。因此,要求平台有一定宽度。

任务 4 边坡稳定性评价的方法

随着人类工程活动向更深层次发展,在经济建设过程中,遇到了大量的边坡工程,且其规模越来越大,重要程度也越来越高,有时还会影响人类工程活动。人们越来越注重由于边坡失稳造成的地质灾害,故边坡稳定性研究一直是重中之重。边坡稳定性分析与评价的目的,一是对与工程有关的天然边坡稳定性作出定性和定量评价;二是要为合理地设计人工边坡和边坡变形破坏的防治措施提供依据。边坡稳定性分析评价的方法主要有地质分析法(历史成因分析法)、力学计算法、工程地质类比法、过程机制分析法和理论分析边坡已有的变形迹象,阐明其形成演变机制。分析中要特别注意变形模式的转化标志,它往往是失稳的前兆。边坡稳定性分析方法很多,简要归纳如下。

1.定性评价方法

定性评价方法主要是分析影响边坡稳定性的主要因素、失稳的力学机制、变形破坏的可能方式及工程的综合功能等,对边坡的成因及演化历史进行分析,以此评价边坡稳定状况及其可能的发展趋势。该方法的优点是可以综合考虑影响边坡稳定性的因素,快速地对边坡的稳定性作出评价和预测。常用的定性评价方法有如下几种。

1)地质分析法

地质分析法也叫历史成因分析法,是指根据边坡的地形地貌、地质条件和边坡变形破坏的基本规律,追溯边坡演变的全过程,预测边坡稳定性发展的总趋势及其破坏方式,从而对边坡的稳定性作出评价,对于已发生过滑坡的边坡,则判断其能否复活或转化。

2)工程地质类比法

把已有的自然边坡或人工边坡的研究设计经验应用到条件相似的新边坡的研究设计中去,这就是工程地质类比法。该方法需要对已有边坡进行详细的调查研究,全面分析工程地质因素的相似性和差异性,分析影响边坡变形发展的主导因素的相似性和差异性,同时,还应考虑工程的类别、等级及其对边坡的特定要求等。它虽然是一种经验方法,但在边坡设计中,特别是在中小型工程的设计中是很通用的方法。

3)图解法

图解法可以分为以下两类。

①用一定的曲线和诺谟图来表征边坡有关参数之间的定量关系,由此求出边坡稳定性系数,或已知稳定系数且其他参数(φ、c、γ、结构面倾角、坡角、坡高)仅一个未知的情况下,求出稳定坡角或极限坡高。这是力学计算的简化。

②利用图解求边坡变形破坏的边界条件,分析软弱结构面的组合关系,分析滑体的形态、滑动方向,评价边坡的稳定程度,为力学计算创造条件。常用的为赤平极射投影分析法和实体比例投影法。

4)边坡稳定专家系统

工程地质领域最早研制出的专家系统是用于地质勘察的专家系统 Propecter,由斯坦福大学于 20 世纪 70 年代中期完成。另外,MIT 在 20 世纪 80 年代中期研制的测井资料咨询的专家系统也得到成功应用。国内许多单位正在进行研制,并取得了很多的成果。专家系统使得一般工程技术人员在解决工程地质问题时能像有经验的专家一样,给出比较正确的判断并得出结论,因此,专家系统的应用为工程地质的发展提供了一条新思路。

2. 定量评价方法

定量评价方法实质是一种半定性的方法,虽然评价结果表现为确定的数值,但最终判定仍依赖人为的判断。目前,所有定量的计算方法都基于定性方法之上。

1)极限平衡法

极限平衡法在工程中应用最为广泛,这个方法以摩尔-库仑抗剪强度理论为基础,将滑坡体划分为若干条块,建立作用在这些条块上的力的平衡方程式,求解安全系数。这个方法没有像传统的弹、塑性力学那样引入应力-应变关系来求解本质上为不静定的问题,而是直接对某些多余未知量作假定,使得方程式的数量和未知数的数量相等,因而使问题变得静定可解。根据边坡破坏的边界条件,应用力学分析的方法,对可能发生的滑动面在各种荷载作用下进行理论计算和抗滑强度的力学分析。通过反复计算和分析比较,对可能的滑动面给出稳定性系数。刚体极限平衡分析方法很多,在处理上,各种条分法还在以下几个方面引入简化条件:①对滑裂面的形状作出假定,如假定滑裂面形状为折线、圆弧、对数螺旋线等;②放松静力平衡要求,求解过程中仅满足部分力和力矩的平衡要求;③对多余未知数的数值和分布形状作假定。该方法比较直观、简单,对大多数边坡的评价结果比较令人满意。该方法的关键在于对滑体的范围和滑面的形态进行分析,正确选用滑面计算参数,正确分析滑体的各种荷载。基于该原理的方法很多,有条分法、圆弧法、Bishop 法、Janbu 法、不平衡传递系数法等。

目前,刚体极限平衡方法已经从二维发展到三维。

2）数值分析法

数值分析法主要是利用某种方法求出边坡的应力分布和变形情况,研究岩体中应力和应变的变化过程,求得各点上的局部稳定系数,由此判断边坡的稳定性。数值分析法主要有以下几种。

（1）有限单元法（FEM）

有限单元法是目前应用最广泛的数值分析法。其解题步骤已经系统化,并形成了很多通用的计算机程序。其优点是:部分考虑了边坡岩体的非均质、不连续介质特征,考虑了岩体的应力应变特征,因而可以避免将坡体视为刚体、过于简化边界条件的缺点,能够接近实际地从应力、应变分析边坡的变形破坏机制,对了解边坡的应力分布及应变位移变化很有利。其不足之处是:数据准备工作量大,原始数据易出错,不能保证整个区域内某些物理量的连续性;对解决无限性问题、应力集中问题等,其精度比较差。

（2）边界单元法（BEM）

边界单元法只需对已知区的边界极限离散化,因此具有输入数据少的优点。由于对边界极限离散,离散化的误差仅来源于边界,区域内的有关物理量是用精确的解析公式计算的,故边界元法的计算精度较高,在处理无限域方面有明显的优势。其不足之处为:一般边界元法得到的线性方程组的关系矩阵是不对称矩阵,不便应用有限元中成熟的对稀疏对称矩阵的系列解法。另外,边界元法在处理材料的非线性和严重不均匀的边坡问题方面,远不如有限元法。

（3）离散单元法（DEM）

离散单元法是由 Cundall（1971）首先提出的。该方法利用中心差分法解析动态松弛求解,为一种显式解法,不需要求解大型矩阵,计算比较简便。其基本特征在于:允许各个离散块体发生平动、转动,甚至分离,弥补了有限元法或边界元法的介质连续和小变形的限制。因此,该方法特别适用于块裂介质的大变形及破坏问题的分析。其缺点是计算时步需要很小,阻尼系数难以确定等。

离散单元法可以直观地反映岩体变化的应力场、位移场及速度场等各个参量的变化,可以模拟边坡失稳的全过程。

（4）块体理论法（BT）

块体理论法是由 Goodman 和 Shi（1985）提出的,该方法利用拓扑学和群论评价三维不连续岩体稳定性。其建立在构造地质和简单的力学平衡计算的基础上。利用块体理论能够分析节理系统和其他岩体不连续系统,找出沿规定临空面岩体的临界块体。块体理论为三维分析方法,随着关键块体类型的确定,能找出具有潜在危险的关键块体在临空面的位置及其分布。块体理论不提供大变形下的解答,能较好地应用于选择边坡开挖的方向和形状。

3）圆弧法岩坡稳定分析

对于均质的以及没有断裂面的岩坡,在一定条件下可将其看作平面问题,用圆弧法进行稳定分析。圆弧法是最简单的分析方法之一。

在用圆弧法进行分析时,首先假定滑动面为一圆弧（见图 9-10）,把滑动岩体看作刚体,求滑动面上的滑动力及抗滑力,再求这两个力对滑动圆心的力矩。抗滑力矩 M_R 和滑动力矩 M_S 之比,即为该岩坡的稳定安全系数 F_S。

$$F_S = \frac{抗滑力矩}{滑动力矩} = \frac{M_R}{M_S} \tag{9-1}$$

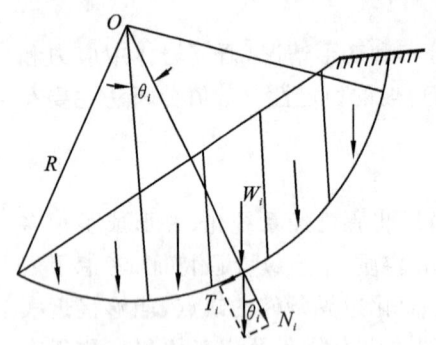

图 9-10 圆弧法岩坡稳定分析

如果 $F_S>1$，则沿着这个计算滑动面是稳定的；如果 $F_S<1$，则是不稳定的；如果 $F_S=1$，则说明这个计算滑动面处于极限平衡状态。

由于假定计算滑动面上的各点覆盖岩石重量各不相同，因此，由岩石重量引起在滑动面上各点的法向压力也不同。抗滑力中的摩擦力与法向应力的大小有关，所以应当计算出假定滑动面上各点的法向应力。为此可以把滑弧内的岩石分条，用条分法进行分析。

如图 9-10 所示，把滑体分为 n 条，其中第 i 条传给滑动面上的重量为 W_i，它可以分解为两个力：一个力是垂直于圆弧的法向力 N_i，另一个力是切于圆弧的切向力 T_i。由图可知

$$N_i = W_i\cos\theta_i \atop T_i = W_i\sin\theta_i \quad \}$$

(9-2)

力 N_i 通过圆心，其本身对岩坡滑动不起作用。但是 N_i 可使岩条滑动面上产生摩擦力 $N_i\tan\varphi_i$（φ_i 为该弧所在的岩层的内摩擦角），其作用方向与岩体滑动方向相反，故对岩坡起着抗滑作用。此外，滑动面上的凝聚力 c 也是起抗滑作用的，所以第 i 条岩条滑弧上的抗滑力为

$$c_i l_i + N_i\tan\varphi_i$$

因此第 i 条岩条产生的抗滑力矩为

$$(M_R)_i = (c_i l_i + N_i\tan\varphi_i)R$$

式中　c_i——第 i 条滑弧所在岩层的凝聚力，N；

　　　φ_i——第 i 条滑弧所在岩层的内摩擦角，度；

　　　l_i——第 i 条岩条的滑弧长度，m。

同样，对每一岩条进行类似分析，可以得到总的抗滑力矩为

$$M_R = \left(\sum_{i=1}^{n} c_i l_i + \sum_{i=1}^{n} N_i\tan\varphi_i\right)R$$

(9-3)

式中　n——分条数目，图 9-10 中 n 为 6。

滑动面上总的滑动力矩为

$$M_R = \sum_{i=1}^{n} T_i R$$

(9-4)

将式(9-3)及式(9-4)代入安全系数公式，得到假定滑动面上的安全系数为

$$F_S = \frac{\sum\limits_{i=1}^{n} c_i l_i + \sum\limits_{i=1}^{n} N_i\tan\varphi_i}{\sum\limits_{i=1}^{n} T_i}$$

(9-5)

由于圆心和滑动面是任意假定的，因此要假定多个圆心和相应的滑动面作类似的分析，进行试算，从中找到安全系数最小的一个，即为真正的安全系数，其对应的圆心和滑动面即为最危险的圆心和滑动面。

根据圆弧法的大量计算结果，绘制出了如图 9-11 所示的曲线，该曲线表示各种不同计算指标的均质岩坡高度与坡角的关系。图中，横轴表示坡角 α，纵轴表示坡高系数 H'，H_{90} 表示均质垂直岩坡的极限高度，亦即坡顶张裂缝的最大深度，则

$$H_{90} = \frac{2c}{\gamma}\tan\left(45° + \frac{\varphi}{2}\right) \tag{9-6}$$

利用这些曲线可以很快地确定坡高或坡角,其计算步骤如下。

①根据岩体的性质指标(c、φ、γ),按式(9-6)确定H_{90}。

②如果已知坡角,要求坡高,则在横轴上找到已知坡角值的那点,自该点向上作一垂直线,相交于对应已知内摩擦角φ的曲线,得一交点,然后从这一点作一水平线交于纵轴,求得H',将H'乘以H_{90},得所要求的坡高H,即

$$H = H'H_{90} \tag{9-7}$$

③如果已知坡高H,需要确定坡角,则首先用式$H' = \dfrac{H}{H_{90}}$确定H',然后根据这个H',在纵轴上找到相应点,通过该点作一水平线相交于对应已知内摩擦角φ的曲线,得一交点,然后从该交点作向下的垂直线交于横轴,求得坡角。

[**例题 9-1**]　已知均质岩坡的$\varphi = 26°$,$c = 400 \text{ kPa}$,$\gamma = 25 \text{ kN/m}^3$,问当岩坡高度为300 m时,应当采用多大的坡角?

[**解**]　根据已知的岩石指标计算H_{90}

$$H_{90} = \frac{2 \times 400}{25}\cot(45° - 13°) \text{ m} = 51.2 \text{ m}$$

根据H_{90}计算H'

$$H' = \frac{H}{H_{90}} = \frac{300}{51.2} = 5.9$$

按照图 9-11 的曲线,根据$\varphi = 26°$以及$H' = 5.9$,求得

$$\alpha = 46°30'$$

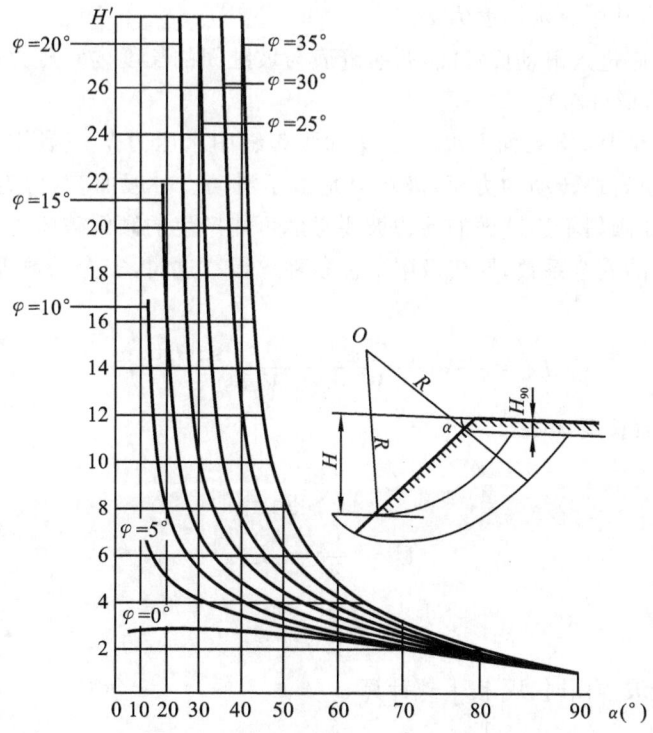

图 9-11　各种不同计算指标的均质岩坡高度与坡角的关系曲线

4)平面滑动稳定分析方法

(1)平面滑动的一般条件

岩坡沿着单一的平面发生滑动,一般必须满足下列几个条件(见图 9-12)。

①滑动面的走向必须与坡面平行或接近平行(在±20°的范围内)。

②滑动面必须在边坡面露出,即滑动面的倾角 β 必须小于坡面的倾角 α,即 $\beta < \alpha$。

③滑动面的倾角 β 必须大于该平面的摩擦角 φ,即 $\beta > \varphi$。

④岩体中必须存在滑动阻力很小的分离面,以定出滑动的侧面边界。

(2)平面滑动分析

大多数岩坡在滑动之前坡顶上或在坡面上会出现张裂缝,如图 9-12 所示。张裂缝中不可避免地还充有水,从而产生侧向水压力,使岩坡的稳定性降低。在分析中往往作下列假定。

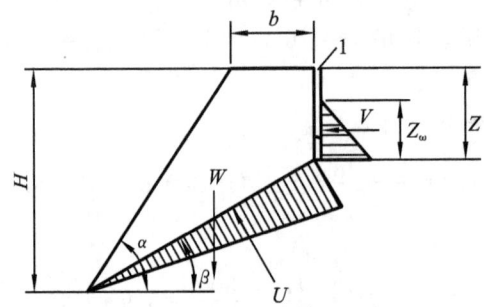

图 9-12　平面滑动稳定分析简图

①滑动面及张裂缝的走向平行于坡面。

②张裂缝垂直,其中充水深度为 Z_ω。

③水沿张裂缝底进入滑动面渗漏,张裂缝底与坡趾间的长度内水压力按线性变至零(如图 9-12 所示的三角形分布)。

④滑动块体重量 W、滑动面上水压力 U 和张裂缝中水压力 V 三者均通过滑体的重心。换言之,假定没有使岩块转动的力矩,破坏只是由于滑动。一般而言,力矩造成的误差可以忽略不计,但具有陡倾斜不连续面的陡边坡要考虑可能产生的倾倒破坏。

潜在滑动面上的安全系数,要按极限平衡条件求得。这时,安全系数等于总抗滑力与总滑动力之比,即

$$F_s = \frac{cL + (W\cos\beta - U - V\sin\beta)\tan\varphi}{W\sin\beta + V\cos\beta} \tag{9-8}$$

式中　L——滑动面长度,m。

$$L = \frac{H - Z}{\sin\beta} \tag{9-9}$$

$$U = \frac{1}{2}\gamma_\omega Z_\omega L \tag{9-10}$$

$$V = \frac{1}{2}\gamma_\omega Z_\omega^2 \tag{9-11}$$

当张裂缝位于坡顶面时,W 按下式计算

$$W = \frac{1}{2}\gamma H^2 \{[1 - (Z/H)^2]\cot\beta - \cot\alpha\} \tag{9-12}$$

当张裂缝位于坡面上时，W 按下式计算

$$W = \frac{1}{2}\gamma H^2\left[(1 - Z/H)^2\cot\beta(\cot\beta\tan\alpha - 1)\right] \qquad (9\text{-}13)$$

当边坡的几何要素和张裂缝内的水深为已知时，用上述公式计算安全系数很简单。但有时需要对不同的边坡几何要素、水深、不同抗剪强度的影响进行比较，这时用上述公式计算就相当麻烦了。为了简化起见，可以将式(9-8)重新整理为下列无量纲的形式。

$$F_s = \frac{(2c/\gamma H)P + [Q\cot\beta - R(P + S)\tan\varphi]}{Q + RS\cot\beta} \qquad (9\text{-}14)$$

$$P = (1 - Z/H)\csc\beta \qquad (9\text{-}15)$$

当张裂缝在坡顶面上时，Q 按下式计算

$$Q = \{[1 - (Z/H)^2]\cot\beta - \cot\alpha\}\sin\beta \qquad (9\text{-}16)$$

当张裂缝在坡面上时，Q 按下式计算

$$Q = [1 - (Z/H)^2]\cos\beta(\cot\beta\cot\alpha - 1) \qquad (9\text{-}17)$$

$$R = \frac{\gamma_\omega}{\gamma}\frac{Z_\omega}{Z}\cdot\frac{Z}{H} \qquad (9\text{-}18)$$

$$S = \frac{Z_\omega}{Z}\cdot\frac{Z}{H}\sin\beta \qquad (9\text{-}19)$$

P、Q、R、S 均为无量纲量，即它们只取决于边坡的几何要素，而不取决于边坡尺寸。因此，当凝聚力 $c = 0$ 时，安全系数 F_s 不取决于边坡的具体尺寸。

图 9-13、图 9-14、图 9-15 分别表示不同边坡几何要素的 P、S、Q 的值，可供计算使用。两种张裂缝的位置都包含在 Q 比值的图解曲线中，所以不论边坡外形如何，都不需要检查张裂缝的位置，就能求得 Q 值。但应注意，张裂缝的深度一律从坡顶面算起。

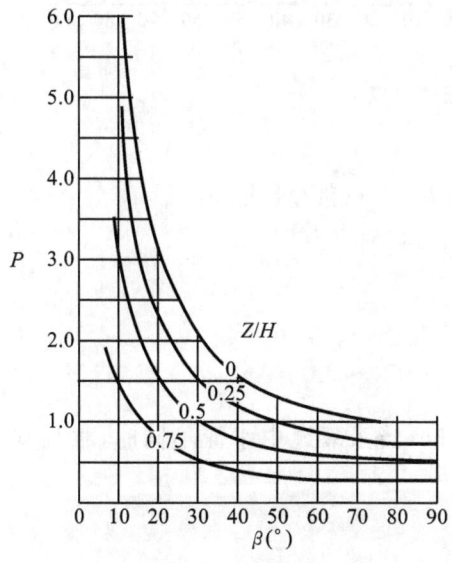

图 9-13　不同边坡几何要素的 P 值

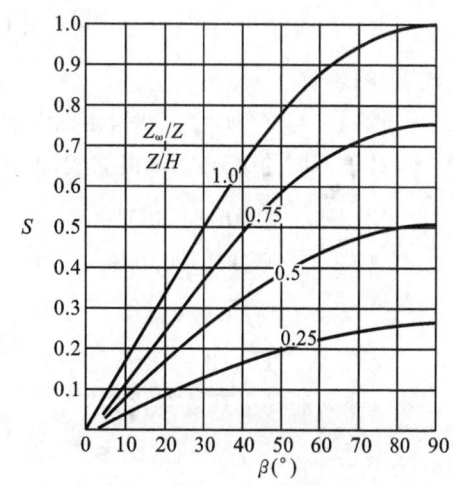

图 9-14　不同边坡几何要素的 S 值

[**例题 9-2**] 设有一岩石边坡，高 30.5 m，坡角 $\alpha = 60°$，坡内有一层面穿过，层面的倾角为 $\beta = 30°$。在边坡坡顶面线 8.8 m 处有一条张裂缝，其深度为 $Z = 15.2$ m。岩石块体密度为 $\gamma = 25.6$ kN/m³。层面的凝聚力 $c = 48.6$ kPa，内摩擦角 $\varphi = 30°$，求水深 Z_ω 对边坡安全系

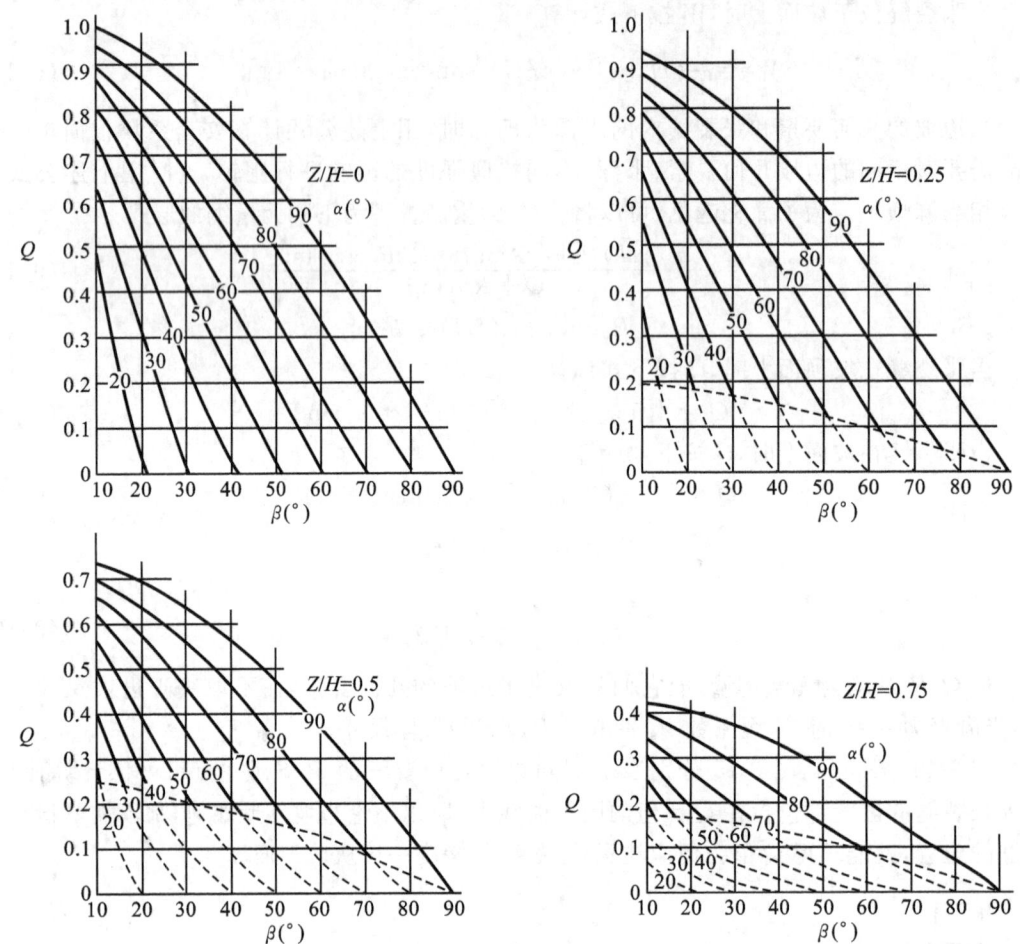

图 9-15　不同边坡几何要素的 Q 值

数 F_s 的影响。

[解] 当 $Z/H=0.5$ 时,由图 9-13 和图 9-15 查得 $P=1.0$ 和 $Q=0.36$。

对于不同的 Z_w/Z,R(根据式(9-18))和 S(根据图 9-14)的值为

Z_w/Z	1.0	0.5	0
R	0.195	0.098	0
S	0.5	0.26	0

又知 $2c/\gamma H=2\times48.6/25.6\times30.5=0.12$,所以,当张裂缝中水深不同时,根据式(9-14)计算的安全系数变化如下。

Z_w/Z	1.0	0.5	0
F_s	0.77	1.10	1.34

将这些值绘成如图 9-16 所示的曲线,可见张裂缝中的水深对岩坡安全系数的影响很大。因此,采取措施防止水从顶部进入张裂缝,是提高安全系数的有效办法。

(3)双平面滑动岩坡稳定分析

岩坡内有两条相交的结构面,形成潜在的滑动面(见图 9-17)。上面的滑动面的倾角 α_1

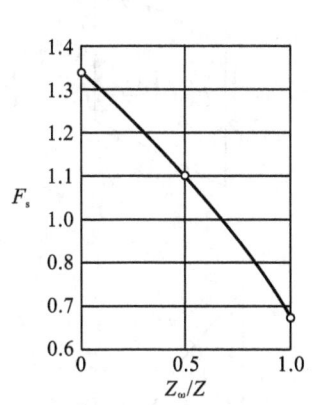

图 9-16　张裂缝中水深对边坡安全系数的影响　　　图 9-17　双平面抗滑稳定分析模型

大于结构面内摩擦角 φ_1，即 $\alpha_1 > \varphi_1$，设 $c_1 = 0$，则其上岩块体有下滑的趋势，从而通过接触面将力传递给下面的块体，称上面的岩块体为主动滑块体。下面的潜在滑动面的倾角 α_2 小于结构面的内摩擦角 φ_2，即 $\alpha_2 < \varphi_2$，按原理下面的岩块体是不致滑动的，但是它受到了上面滑块体传来的力，也可能滑动，称下面的岩块体为被动滑块体。为了使岩体保持平衡，必须对岩体施加支撑力 F_b，该力与水平线成 θ 角。假设主动滑块体与被动滑块体之间的边界面垂直，对上、下两滑动体分别进行如图 9-17 所示力系的分析，可以得知为达到极限平衡而所需施加的支撑力

$$F_b = \frac{W_1 \sin(\alpha_1 - \varphi_1)\cos(\alpha_2 - \varphi_2 - \varphi_3) + W_2 \sin(\alpha_1 - \varphi_1 - \varphi_3)}{\cos(\alpha_2 - \varphi_2 + \theta)\cos(\alpha_1 - \varphi_1 - \varphi_3)} \qquad (9\text{-}20)$$

式中，φ_1、φ_2 以及 φ_3 分别为上滑动面、下滑动面以及垂直滑动面上的摩擦角；W_1 和 W_2 分别为单位宽度主动滑块体和被动滑块体的质量。

为了简单起见，假定所有摩擦角是相同的，即 $\varphi_1 = \varphi_2 = \varphi_3 = \varphi$。

如果已知 F_b、W_1、W_2、α_1 和 α_2 之值，则可以用下列方法确定岩坡的安全系数：首先用公式(9-20)确定保持极限平衡所需要的摩擦角值 $\varphi_{required}$（或 $\varphi_{需要}$），然后将岩体结构面上的设计的内摩擦角值 $\varphi_{available}$（或 $\varphi_{采用}$）与之比较，用下列公式确定安全系数

$$F_s = \frac{\tan\varphi_{available}}{\tan\varphi_{required}} \qquad (9\text{-}21)$$

在开始滑动的实际情况中，通过岩坡的位移测量可以确定出坡坝、坡趾以及其他各处总位移的大小和方向。如果总位移量在整个岩坡中到处一样，并且位移的方向是向外的和向下的，则可能是刚性滑动的运动形式。于是，总位移矢量的方向可以用来定出 α_1 和 α_2 的值，并且通过张裂缝的位置可确定 W_1 和 W_2 的值。假设安全系数为 1，可以计算出 $\varphi_{available}$（或 $\varphi_{采用}$）的值，比值即为式(9-20)的根。如果在主动区开挖或在被动区填方或在被动区进行锚固，这些新条件下所需的内摩擦角 $\varphi_{available}$（或 $\varphi_{采用}$）也可根据式(9-20)得出。在新条件下的安全系数的增加也就不难求得。

（4）力多边形法岩坡稳定分析

如图 9-18(a)所示，两个或两个以上多平面的滑动或者其他形式的折线和不规则曲线的滑动，都可以按照极限平衡条件，用力多边形(分条图解)法来进行分析。

假定根据工程地质分析，ABC 是一个可能的滑动面，将这个滑动区域（简称为滑楔）用

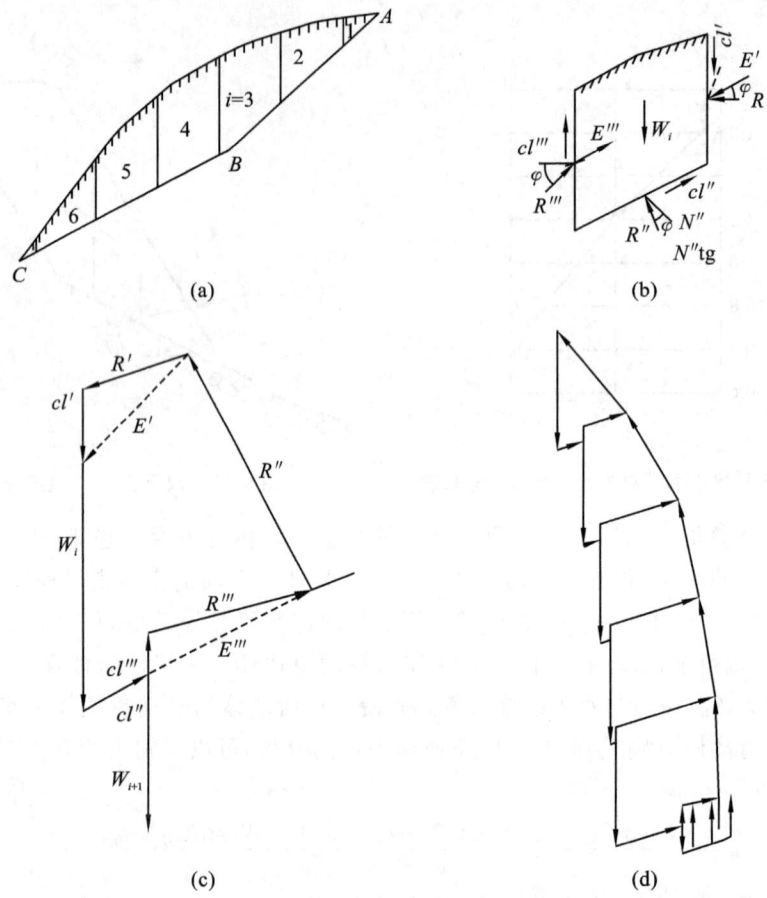

图 9-18 力多边形岩坡稳定分析

(a)当岩坡稳定分析时对岩坡分条;(b)第 i 条岩条受力示意图;
(c)第 i 条岩条的力多边形;(d)整个岩块的力多边形

垂直线划分为若干岩条,对于每一岩条都考虑到相邻岩条的反作用力,并绘制每一岩条的力多边形。以第 i 条为例,岩条上作用着下列各力(见图 9-18(b))。

①W_i——所考虑的第 i 条岩条的质量。

②R'——相邻的上面的岩条对第 i 条岩条的反作用力。

③cl'——相邻的上面的岩条与第 i 条岩条垂直界面之间的凝聚力(这里 c 为单位面积凝聚力,l' 为相邻交界线的长度);R' 与 cl' 组成合力 E'。

④R'''——相邻的下面的岩条对第 i 条岩条的反作用力。

⑤cl'''——相邻的下面的岩条对第 i 条岩条之间的凝聚力(l''' 为相邻交界线的长度);R''' 与 cl''' 组成合力 E'''。

⑥R''——第 i 条岩条底部的反作用力。

⑦cl''——第 i 条岩条底部的凝聚力(l'' 为第 i 条底部的长度)。

根据这些力绘制力的多边形,如图 9-18(c)所示。在计算时,应当从上往下(在本例中是从右向左)自第一条岩条一个一个地循序进行图解计算(在图中分为 6 条),一直计算到最下面的一条岩条。力的多边形可以绘在同一图上,如图 9-18(d)所示。如果绘制到最后一个力多边形是闭合的,则说明岩坡刚好是处于平衡状态,也就是稳定安全系数等于 1(见图9-18(d)的实线)。如果绘出的力多边形不闭合,如图 9-18(d)左边的箭头所示,则说明该岩坡是不稳定的,为了图形的闭合还缺少一部分凝聚力。如果最后的力多边形如图 9-18(d)右边的箭头所示,则说明岩坡是稳定的,为了多边形的闭合应少用一些凝聚力,亦即凝聚力还有多余。

用岩体的凝聚力 c 和内摩擦角 φ 进行上述的这种分析,只能看到岩坡是否稳定,但不能求出岩坡的稳定安全系数。为了求得安全系数,必须进行多次试算。这时一般可以先假定一个安全系数,例如 $(F_s)_1$,把岩体的凝聚力 c 和内摩擦系数 $\tan\varphi$ 都除以 $(F_s)_1$,即可得到

$$\left.\begin{array}{l} \tan\varphi_1 = \dfrac{\tan\varphi}{(F_s)_1} \\[3mm] c_1 = \dfrac{c}{(F_s)_1} \end{array}\right\} \tag{9-22}$$

然后,用 c_1、φ_1 进行上述图解验算。如果图解结果,力多边形刚好是闭合的,则所假定的安全系数就是在这一滑动面下的岩坡安全系数;如果不闭合,则重新假定安全系数 $(F_s)_2$,…,$(F_s)_n$,用 $c_2,\varphi_2,\cdots,c_n,\varphi_n$ 进行计算,直至闭合为止,求出真正的安全系数。

如果岩坡有水压力、地震力以及其他的力,也可以在图解中把它们包括进去。

5)近代理论计算法

近代理论计算分析是将土力学、岩石(岩体)力学、弹塑性力学、断裂力学、损伤力学等多种力学和数学计算方法应用于边坡稳定性的定量评价和预测。量化分析涉及稳定性计算、失稳时间预报、稳定空间预测等。目前采用的主要计算方法有地质模型法、可靠度法、流行元法、模糊综合评价法、灰色系统评价法、聚类分析法、神经网络法、遗传算法等。

实践证明,任何计算方法的成功都必须建立在深入查明原型特征和作出符合实际情况的演化机制分析的基础之上,机制分析至少从以下几个方面为理论计算提供了必不可少的信息。

(1)力学模型和数学模型

必须根据地质和演化机制模式建模。潜在破坏面的位置和形态特征、坡体中的变形破裂迹象以及水动力学模式等,均应通过变形破坏机制分析加以确定。

(2)主导因素和敏感因素

根据边坡形成演化全过程与各环境动力因素的相关分析加以确定的主导因素和敏感因素,不仅是单体斜坡稳定性计算中建立动力作用模型的依据,而且也是群体边坡稳定性评价时确定权值和隶属度等有关参数的重要信息。

(3)计算参数的选取

坡体各种强度参数和物理、水理性质等参数,都是随边坡演化而变化的变量,因而只有判明边坡的演化机制和发展阶段,才能正确选定。例如,进入滑移面贯通阶段的变形体,滑移面强度已接近残余值;缓慢变形的蠕变体,可采用流变试验确定有关参数。此外,在采用反演分析推定参数时,也必须对变形破坏机制和(或)破坏后的运动学特征作出正确判断。

(4)计算方法的选择

各种计算方法的选择也要建立在机制分析的基础上。变形破坏根据计算法,可以更充分地反映边坡演变的实际情况,是值得进一步探索、完善的量化分析方法。

任务 5　边坡加固与防护措施

随着人口的增长和土地资源的开发,边坡问题已变成同地震和火山相并列的全球性三大地质灾害(源)之一。近年来,随着人类工程活动规模的不断扩大和场区工程地质条件的

限制,因边坡失稳引起的崩塌、滑坡、泥石流等地质灾害给人们的生命和财产带来了巨大损失,边坡的稳定性问题日益突出。它涉及高层建筑基坑边坡、公路边坡、铁道边坡、水电工程边坡、矿山开采工程边坡。在工程施工过程中,边坡稳定与加固一直是影响工程质量与进度的关键因素,所以边坡治理非常重要,并且应先于主体工程进行治理。边坡的治理包括减载、边坡开挖和压坡、排水和防渗、坡面防护、边坡锚固及支挡结构设置等措施,岩石和土质边坡支护措施各不相同,根据现场情况确定合适的开挖坡比和支护措施。

1. 边坡防治原则

在选择边坡防治措施前,要具体调查地形、地质和水文条件;认真研究和确定边坡的类型及其发展阶段;对潜在滑坡体,要分析其形成滑坡的主次要因素及彼此的联系;结合公路的重要程度、施工条件及其他各种情况综合考虑。对于性质复杂的大型边坡,可以绕避时应尽量绕避。当绕避有困难或在经济上显著不合理时,应视边坡规模、公路与边坡的相互影响程度、防治费用等条件,设计几种具体方案进行比选。对于可能忽然发生急剧变形的边坡,应采取迅速有效的工程措施。对于已经缓慢滑动的大型边坡,宜全面规划,分期整治,仔细观察每期工程的效果,以采取相应的治理措施。对于施工及运营中产生的大型边(滑)坡,应慎重制订出绕避方案或局部改移路线和防治措施相结合的方案等,在进行全面综合比较后决定取舍。对于古滑坡,应采取预防措施,避免其复活或产生新的滑坡。对于性质简单的中小型边(滑)坡,可进行整治,路线不需要绕避。但应注重调整路线平、纵面位置,以求整治简单、工程量小、施工方便、经济合理。路线通过边(滑)坡位置,一般边(滑)坡上缘或下缘比边(滑)坡中部好。边(滑)坡下缘的路基宜设成路堤形式,以增加抗滑力;边(滑)坡上缘的路基宜设成路堑形式,以减轻滑体重量;对于窄长而陡峭的边(滑)坡,可采用旱桥通过。边(滑)坡整治之前,一般应先做好临时排水系统,以减缓滑坡的发展,然后针对引起滑坡滑动的主要因素,采取相应的措施。

2. 边坡防治措施

1)排水

(1)地表排水

滑坡体以外的地表水,应予以拦截引离;滑坡体上的地表水,要注重防渗,并尽快汇集引出。

(2)地下排水

排除滑坡地下水的工程措施有渗沟、盲洞及平孔等。渗沟按其作用不同可分为支撑渗沟、边坡渗沟及截水沟三种。盲洞主要适用于截排或引排集中于滑面四周埋藏又较深的地下水。对于地面上的其他含水层,可在渗水隧洞顶上设置若干渗井或渗管将水引入洞内;对于渗水隧洞以下的承压含水层,可在洞的底部设渗水孔将水引入洞内。平孔主要用于排除滑坡地下水,具有施工方便、工期较短、节省材料和劳动力的特点,是一种经济有效的措施。

2)减重

减重是在滑坡后部挖出一定数量的滑体而使滑坡稳定下来。它适用于推动式滑坡或由错落转化的滑坡,并且滑床上陡下缓,滑坡后部及两侧的地层稳定,不致因为塌方引起滑坡向后及向两侧发展。在一般情况下,滑坡减重只能减小滑体的下滑力,不能改变其下滑的趋势,因此减重常与其他整治措施配合使用。

3)支挡

(1)重力式抗滑挡土墙

重力式抗滑挡土墙以墙身自重来维持挡土墙在土压力作用下的稳定,它是我国在公路滑坡防治中最常用的一种挡墙形式。重力式抗滑挡土墙的墙背坡度一般采用1：0.25,墙后常设卸荷平台,墙基一般做成倒坡或台阶形,墙高和基础的埋深必须按地基的性质、承载力的要求、地形和水文地质等条件,通过验算来确定。此外,为避免因地基不均匀沉陷而引起墙身开裂,应根据地质条件的变化和墙高、墙身断面的变化来设置沉降缝和伸缩缝。

（2）抗滑桩

抗滑桩是穿过滑体深入滑床以下稳定部分以固定滑体的一种桩柱。多根抗滑桩组成的桩群共同支撑滑体的下滑力,阻止其滑动。同抗滑挡墙相比,抗滑桩的抗滑能力大,施工较复杂,但效果显著,因而应用广泛。抗滑桩在滑坡治理中是造价最大的工程项目,因此优化抗滑桩设计显得尤为重要,从理论上应该采用优化数学模型。由于桩结构计算和约束条件的数学表达模型过于复杂,目前国内外尚无这方面的科研成果和程序。可行的做法是根据经验初步拟定桩结构尺寸,不断试算、验算,直到满足要求。

（3）预应力锚固

预应力锚固是近十多年发展起来的边坡加固的一种新型防护工程措施,在公路滑坡防治中也有许多成功的工程实例。它对岩质陡坡和危岩的加固,滑移面埋深浅的岩质滑坡加固效果很好,也可以用于强风化岩质陡边坡加固喷锚护壁。预应力锚固岩体边坡的优越性在于能为节理岩体边坡、断层、软弱带等提供一种强有力的"主动"支护手段。预应力锚固经常与抗滑桩结合使用,形成预应力锚索抗滑桩。由于在桩上增加了预应力锚索,桩的埋深变浅,断面变小,可以节省材料和投资,经济效益显著。

（4）坡面防护工程

在对山区公路滑坡采取适当的工程措施整治之后,仍可能有松散的岩体进入线路,因此有必要采取防护措施加以保护。在坡面植草防止坡面表层被水冲刷侵蚀、土层流失和风化作用,是最简便、最经济的护坡措施,适用于土质和风化基岩或失水易干裂的半岩土边坡。另外,也可以采用构筑物护坡,常用的构筑物护坡工程及其适用条件简述如下。

①干砌石及混凝土砌块护坡。适用于坡度缓于1：1、高度3 m以下且有涌水情况的边坡,涌水大的地方应设置反滤层或暗沟。

②格状框条护坡。这种护坡措施是将边坡分割成格状,起防止表层滑动的作用。框格内可用植被防护。

（5）锚喷护坡

在坡面上按一定的间距、行距、角度、深度,设置一定数量的锚杆,而后布上钢筋网,喷射混凝土,形成锚杆与薄壁钢筋混凝土联合作用的护坡体系。

4）工程实例

某二级公路K76＋870～K78＋040段左侧边坡为剥蚀丘陵地貌,最高地面高程为172 m,最低地面高程为149 m,相对高差为23 m,地形起伏不大,坡度为20°～30°。该边坡平面形态呈半圆弧形,边坡主轴与路线呈86.20°夹角,边坡主轴长约40.5 m,边坡前缘最宽处为119.1 m;边坡上段表面覆盖有一层约2 m厚的亚黏土,滑体最厚处有13.85 m,边坡滑向为32°;边坡后缘距路基中线约52 m;边坡周边范围内裂缝发育,见多条宽10～50 cm的裂缝并不断发展,形成2个边坡台阶;边坡体积约28 000 m³,属中型边坡。

（1）稳定性定性分析

对该公路边坡采用工程地质法进行稳定性分析。根据边坡周边范围内裂缝发育、见多条宽10～50 cm的裂缝、形成2个边坡台阶的特征,判定该边坡处于不稳定状态。

（2）稳定性定量分析

根据边坡的地质情况和边坡特征，选取边坡 1-1、2-2 断面（见图 9-19、图 9-20），采用传递系数法进行稳定性系数计算（见表 9-2、表 9-3）。

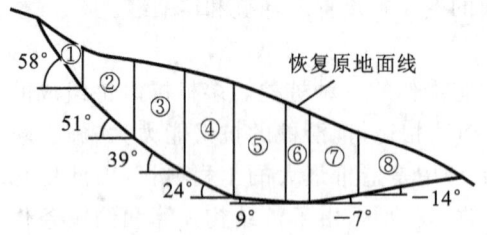

图 9-19　边坡 1-1 断面

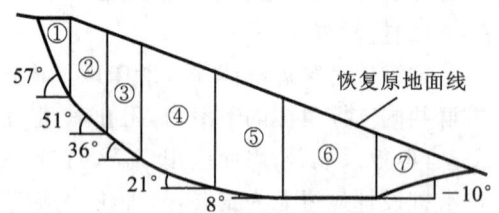

图 9-20　边坡 2-2 断面

表 9-2　边坡 1-1 断面稳定性计算参数表

滑块编号	1	2	3	4	5	6	7	8
滑块面积(m^2)	15.4	37.4	63.8	73.9	76.1	40.2	54.2	45.0
土体密度($kN \cdot m^2$)	19.6	19.6	19.6	19.6	19.6	19.6	19.6	19.6
块体总重(kN)	300.6	734.5	1 250.3	1 436.2	1 491.1	787.1	1 062.6	881.3
滑动面长度(m)	10.9	7.8	6.5	4.9	5.0	3.1	5.4	10.2
滑动面倾角(″)	58	51	39	24	9	0	−7	−14
滑动面黏聚力(kPa)	16.8	16.8	16.8	16.8	16.8	16.8	16.8	16.8
滑动面摩擦角(″)	11	11	11	11	11	11	11	11
法向分力(kN)	159.2	462.2	971.6	1 312.0	1472.8	787.0	1054.7	854.4
下滑力(kN)	254.9	570.8	786.8	584.2	233.3	0	−129.5	−212.4
稳定系数	0.892	0.550	0.495	0.529	0.641	0.737	0.917	1.080

表 9-3　边坡 2-2 断面稳定性计算参数表

滑块编号	1	2	3	4	5	6	7
滑块面积(m^2)	6.0	15.5	23.5	46.2	42.3	17.4	6.0
土体密度($kN \cdot m^2$)	19.6	19.6	19.6	19.6	19.6	19.6	19.6
块体总重(kN)	116.6	303.1	461.5	905.5	829.3	340.8	116.6
滑动面长度(m)	97.2	3.3	3.1	5.2	5.0	5.8	7.0
滑动面倾角(″)	57	51	36	21	8	0	−10
滑动面黏聚力(kPa)	3.1	3.1	3.1	3.1		3.1	3.1
滑动面摩擦角(″)	12	12	12	12	12	12	12
法向分力(kN)	38.0	190.8	373.3	845.4	821.3	718.1	336.0
下滑力(kN)	110.3	235.6	271.2	324.5	115.4	0	−59.4
稳定系数	0.276	0.247	0.274	0.386	0.545	0.714	0.847

由计算可知其处于不稳定状态。

（3）工程措施

①抗滑锚索。该方案先进科学，近年来国内采用较多，效果很好，由于孔径小，对岩质边

坡易于施工。缺点是需要大量的设备同时施工,而且必须具备施工平台,以便钻机就位。

②抗滑桩。该方案较为传统、可靠,使用历史悠久,效果极佳。所需施工机具少,主要靠人工开挖,可同时开展工作,功效高。缺点是材料需要量大,成本高,采用爆破挖孔时对坡体稳定性不利,且会威胁到施工人员安全。蠕动滑坡有滑移破坏的可能,其治理必须措施得力、组织严密、施工迅速,才能防患于未然。

经过方案比选,采用了人工挖孔抗滑桩方案,抗滑桩平面尺寸为 2 m×3 m,桩距为 8 m,桩长 20 m 左右,嵌固段长度基本为桩长的1/2。滑坡治理采取了综合治理措施。填塞裂缝,消除洼地,坡面喷护,防止地面水侵入坡体;设置排水明沟截水排水,坡体上方采取挖方卸载辅助措施等。该滑坡经整治,蠕变得到遏制,裂隙停止扩展,治理效果良好。

【思考题】

1.边坡的分类有哪些?

2.简述边坡的应力分布特征。

3.岩石边坡加固常见的方法有哪些?

4.岩质边坡主要变形的模式及可能的破坏方式有哪些?

5.影响岩质边坡稳定性的因素有哪些?

6.岩质边坡的稳定性分析、计算方法有哪几种? 其主要分析、计算步骤是什么?

模块十　地下洞室围岩稳定性工程地质分析

【学习目的与要求】

1. 了解围岩稳定性的分析方法；
2. 了解弹性抗力的概念；
3. 熟悉地下工程位置选择的工程地质评价；
4. 熟悉公路、铁路、隧道设计规范关于围岩分级的方法；
5. 掌握围岩、围岩压力的概念；
6. 掌握影响围岩压力的因素及围岩压力的分类；
7. 掌握影响围岩稳定的因素及提高围岩稳定的措施。

任务1　地下工程位置选择的工程地质评价

为确保地下洞室的安全，应研究围岩的稳定性和由自承能力引起的地质问题。一般来说，地下洞室所要解决的主要工程地质问题有以下两个方面。

①在选择地下建筑工程位置时，判定拟建工程的区域稳定性和山体岩体的稳定性（包括洞口边坡稳定和洞身岩体的稳定）。这时，一般多从拟建洞室山体的地形、地貌、地层岩性、地质构造、水文地质条件及其他影响建洞的不良地质现象等方面来判断岩体的稳定性。

②在已选定的工程位置上判定地下建筑工程所处岩体的稳定性。这个阶段除进行一般的岩体稳定性评价以外，还要解决一些与土建设计有关的岩体稳定方面的问题，这些问题如下所示。

a. 洞室四周岩体的围岩压力的评价（即岩体本身对衬砌支护的压力评价）。

b. 岩体内地下水压力的评价（即地下水对衬砌支护的压力）。

c. 提出保护围岩稳定性和提高稳定性的加固措施。

下面着重就建洞山体的基本工程地质条件、地下工程总体位置和洞口、洞室轴线的选择要求，分别加以分析和讨论。

1. 地下洞室总体位置的选择

在进行地下洞室总体位置选择时，首先要考虑区域稳定性。此项工作是向有关部门收集当地的有关地震、区域地质构造史及现代构造运动等资料，进行综合地质分析和评价。特别是对于区域性深大断裂交汇处，近期活动断层和现代构造运动较为强烈的地段，尤其要引起注意。

一般认为，若具备下列条件则宜于建洞。

①基本地震烈度一般小于8度，历史上地震烈度及震级不高，无毁灭性地震。

②区域地质构造稳定，工程区无区域性断裂带通过，附近没有发震构造。

③第四纪以来没有明显的构造活动。

区域稳定性问题解决以后,即地下工程总体位置选定后,进一步就是要选择建洞山体,一般认为理想的建洞山体应具有以下条件。

①在区域稳定性评价基础上,将洞室选择在安全可靠的地段。

②建洞区构造简单,岩层厚,其产状平缓,构造裂隙间距大、组数少,无影响整个山体稳定的断裂带。

③岩体完整,成层稳定,且具有较厚的、单一的、坚硬或中等坚硬的地层;岩体结构强度不仅能抵抗静力荷载,而且能抵抗冲击荷载;地形完整,山体受地表水切割破坏少,没有滑坡、塌方等早期埋藏和近期破坏的地形。

④无岩溶或岩溶很不发育,地下水影响小。

⑤无有害气体及异常地热。

2. 洞口选择的工程地质条件

洞口选择的工程地质条件,主要是考虑洞口处的地形及岩性、洞口底的标高、洞口的方向等问题。

1)洞口的地形和地质条件

洞口宜设在山体坡度较大的一面(大于 30°),岩层完整,覆盖层较薄,最好设置在岩层裸露的地段,以免切口刷坡时刷方太大,破坏原来的地形地貌。一般来说,洞口不宜设在悬崖峭壁之下,以免岩块掉落,堵塞洞口。特别是在岩层破碎地带,容易发生山崩和土石塌方,堵塞洞口和交通要道。

2)洞口底标高的选择

洞口底的标高一般应高于谷底最高洪水位以上 0.5~1.0 m 的位置,以免在山洪暴发时,洪水泛滥,倒灌流入地下洞室及发生泥石流聚集。

3)洞口边坡的物理地质现象

在选择洞口位置时,必须将进出口地段的物理地质现象调查清楚。洞口应尽量避开易产生崩塌、剥落和滑坡的地段,或易产生泥石流和雪崩的地区。

3. 洞室轴线选择的工程地质条件

洞室轴线的选择主要根据地层岩性、岩层产状、地质构造以及水文地质条件等方面综合分析考虑来确定。

1)布置洞室的岩性要求

洞室工程的布置对岩性的要求是:尽可能从地层岩性均一、层位稳定、整体性强、风化轻微、抗压与抗剪强度较大的岩层中通过。

岩浆岩和变质岩大部分均属于坚硬岩石,如花岗岩、闪长岩、辉长岩、辉绿岩、安山岩、流纹岩、片麻岩、大理岩、石英岩等。在这些岩石组成的岩体内建洞,只要岩石未受风化,且较完整,一般洞室(地面下不超过 300 m,跨度不超过 10 m)的岩石强度是不成问题的。换言之,在这些岩石所组成的岩体内建洞,其围岩的稳定性取决于岩体的构造和风化等方面,而不在于岩性。变质岩中有部分岩石是属于半坚硬的,如黏土质片岩、绿泥石片岩、千枚岩和泥质板岩等,在这些岩石组成的岩体内建洞容易崩塌,影响洞室稳定性。

沉积岩的岩性比较复杂。总的来说,比上述两类岩石差。在这类岩石中较坚硬的有岩溶不太发育的石灰岩、硅质胶结的石英砂岩、砾岩等,而岩性较为软弱的有泥质页岩、黏土岩、泥砂质胶结的砂、砾岩和部分凝灰岩等,这些较软弱的岩石往往具有易风化的特性。

2)地质构造与洞室轴线的关系

洞室轴线的位置确定,纯粹根据岩性好坏往往是不够的,通常还与岩体所处的地质构造的复杂程度有着密切关系。岩层的产状及成层条件对洞室的稳定性有很大影响,尤其是当岩层的层次多、层薄或夹有极薄层的易滑动的软弱岩层时,对修建地下洞室很不利。

下面进一步分析有关洞室轴线与岩层产状要素以及与地质构造的关系对洞室稳定性的影响。

(1)洞室轴线平行于岩层走向

当洞室轴线平行于岩层走向时,根据岩层产状要素和厚度不同,大体有如下三种情况。

①在水平岩层中(岩层倾角小于10°),若岩层薄,彼此之间联结性差,又属不同性质,在开挖洞室(特别是大跨度洞室)时,常发生塌顶,因为此时洞顶层的作用如同过梁,很容易由于层间拉应力达到极限强度而导致破坏。如果水平岩层具有各个方向的裂隙,则常常造成洞室大面积的坍塌。因此,在选择洞室位置时,最好选在层间联结紧密、厚度大(即大于洞室高度两倍以上)、不透水、裂隙不发育又无断裂破碎带的水平岩体部位,这样对于修建洞室是有利的,如图10-1所示。

②一般倾斜岩层对洞室来说是不利的,因为此时岩层完全被洞室切割,若岩层间缺乏紧密联结,又有几组裂隙切割,则洞室两侧边墙所受的侧压力不一致,容易造成洞室边墙的变形,如图10-2所示。

图 10-1　水平岩层中洞址

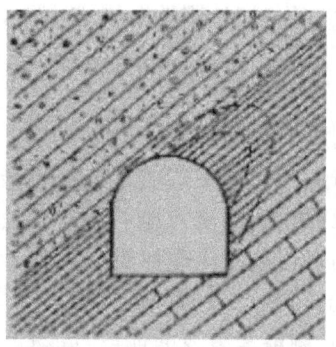

图 10-2　倾斜岩层中洞址

③在近似直立的岩层中,与上述倾斜岩层出现类似的动力地质现象,在这种情况下,最好限制洞室同时开挖的长度,而应采取分段开挖。若整个洞室位置处在厚层、坚硬、致密、裂隙又不发育的完整岩体内,其岩层厚度大于洞室跨度一倍或更大时,则情况例外。但一定要注意不能把洞室选在软硬岩层的分界线,如图10-3所示。因为地层岩性不一样,地下水作用下更易促使洞顶岩层向下滑动,破坏洞室,并给施工造成困难。特别要注意,不能将洞室置于直立岩层厚度与洞室跨度相等或小于跨度的地层内,如图10-4所示。

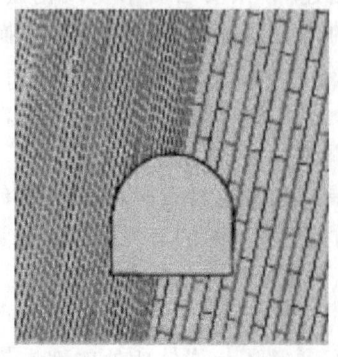

图 10-3　陡立岩层中洞址

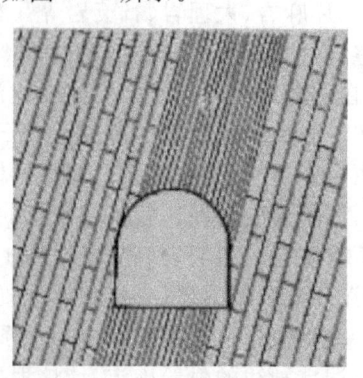

图 10-4　陡立岩层岩性分界处洞址

（2）洞室轴线与岩层走向垂直正交

当洞室轴线与岩层走向垂直正交时，为较好的洞室布置方案。因为在这种情况下，当开挖洞室时，由于洞室顶部岩石应力重分布，断面形成一抛物线形的自然拱，因而岩层被开挖对岩体稳定性的削弱要小得多，其影响程度取决于岩层倾角大小和岩性的均一性。

①当岩层倾角较陡时，各岩层可不依靠相互间的内聚力联结而能完全稳定。因此，若岩性均一、结构致密、各岩层间联结紧密、节理裂隙不发育，则在这些岩层中开挖地下工程较好，如图10-5所示。

②当岩层倾角较平缓，洞室轴线与岩层倾斜的夹角较小，若岩性又属于非均质的、相交层面节理裂隙又发育时，在洞顶就容易发生局部石块坍落现象，洞室顶部出现阶梯形特征，如图10-6所示。

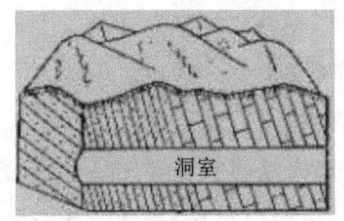

图10-5　单斜（陡倾立）构造中洞址

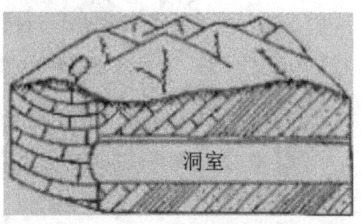

图10-6　单斜（缓倾斜）构造中洞址

（3）洞室轴线穿过褶曲地层

洞室轴线穿过褶曲地层时，由于地层受强烈褶曲后，其外线被拉裂，内线被挤压破碎，加上风化营力作用，岩层往往破碎厉害。因而在开挖过程遇到的岩层岩性变化往往较大，有时在某些地段常遇到大量地下水，而在另一些地段可能发生洞室顶板岩块大量坍落。一般洞室轴线穿越褶曲地层时可遇到以下几种情况。

①洞室轴线横穿向斜层。在向斜的轴部有时可遇到大量地下水的威胁和洞室顶板岩块崩落的危险。因轴部的岩层遭到挤压破碎常呈上窄下宽的楔形石块，如图10-7所示，组成倒拱形，因而其轴部岩层压力增加，洞顶岩块最容易突然坍落到洞室。另外，由于轴部岩层破碎又弯曲呈盆形，因此这些地带往往是自流水储存的场所。若当洞室开挖在多孔隙的岩层中，在高压力下，大量的地下水将突然涌入洞室；如果所处岩层属致密的坚硬岩石，则承压状态的地下水将出现于许多节理中，对洞室围岩稳定和施工将会造成很大的威胁，如图10-8所示。

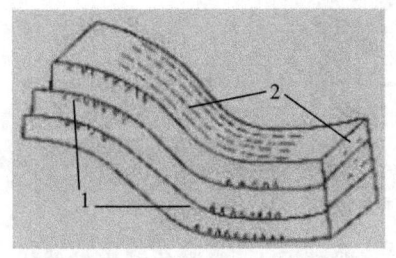

图10-7　褶曲构造中裂隙的分布

1—张开裂隙；2—剪切裂隙

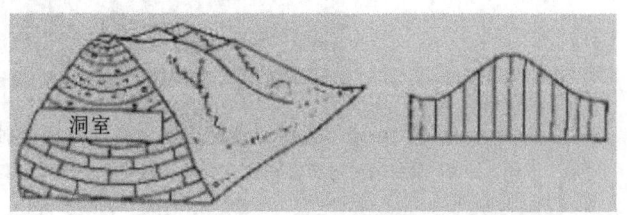

图10-8　向斜地段洞室轴线上压力分布示意图

②洞室轴线横穿背斜层。由于背斜呈上拱形，虽岩层破碎，但犹如石砌拱形结构，能很

好地将上覆岩层的荷载传递到两侧岩体中去,因而地层压力既小又较少发生洞室顶部坍塌的事故。但是应注意若岩层受到剧烈的动力作用被压碎,则顶板破碎岩层容易产生小规模掉块。因此,当洞室穿过背斜层时也必须进行支撑和衬砌,如图 10-9 所示。

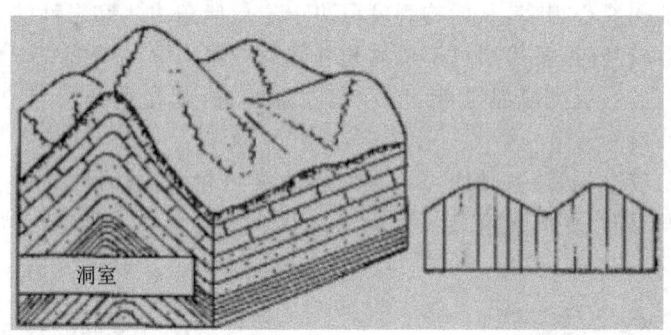

图 10-9 背斜地段洞室轴线上压力分布示意图

③当洞室轴线与褶曲轴线重合时,也有几种不同情况。

a.当洞室穿过背斜轴部时,从顶部压力来看,可以认为比通过向斜轴部优越,因为在背斜轴部形成了自然拱圈。但是另一方面,背斜轴部的岩层处于张力带,遭受过强烈的破坏,故在轴部设置洞室一般是不利的(见图 10-10 中的 1 号洞室)。

b.当洞室置于背斜的翼部(见图 10-10 中的 2 号洞室)时,此时,顶部及侧部均处于受剪切力状态,在发育剪切裂隙的同时,由于地下水的存在,将产生动水压力,因而倾斜岩层可能产生滑动而引起压力的局部加强。

c.当洞室沿向斜轴线开挖(见图 10-10 中的 3 号洞室)时,对工程的稳定性极为不利,应另选位置。

若必须在褶曲岩层地段修建地下工程,可以将洞室轴线选在背斜或向斜的两翼,这时洞室的侧压力增加,在结构设计时应慎重分析,采取加固措施。

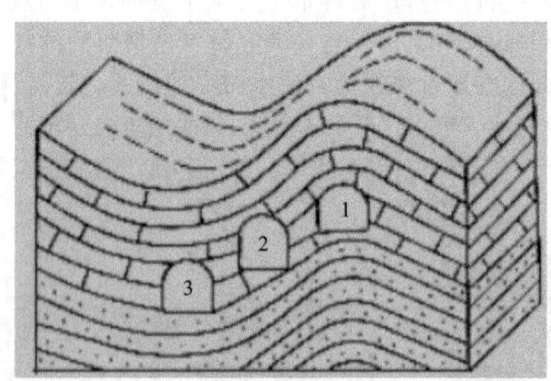

图 10-10 在褶曲地区当洞室轴线与褶曲轴线重合时位置比较示意图
1—洞室轴线与背斜轴线重合;2—洞室置于褶曲的翼部;3—洞室轴线与向斜轴线重合

④在断裂破碎带地区洞室位置布置洞室,应特别慎重。一般情况下,应避免洞室轴线沿断层带的轴线布置,特别是较宽的破碎带地段,当破碎带中的泥砂及碎石等尚未胶结成岩时,一般不允许建筑洞室工程,因为断层带的两侧岩层容易发生变位,导致洞室的毁坏;断层带中的岩石又多为破碎的岩块及泥土充填,且未胶结成岩,最易崩落,同时亦是地表水渗漏

的良好通道,故对地下工程危害极大(见图 10-11 中的 1 号洞室)。

当洞室轴线与断层垂直时(见图 10-11 中的 2 号洞室),虽然断裂破碎带在洞室内属局部地段,但在断裂破碎带处岩层压力增加,有时还会遇到高压的地下水,影响施工。若断层两侧为坚硬致密的岩层,则容易发生相对移动。特别是当遇到有几组断裂纵横交错的地段时,洞室轴线应尽量避开。

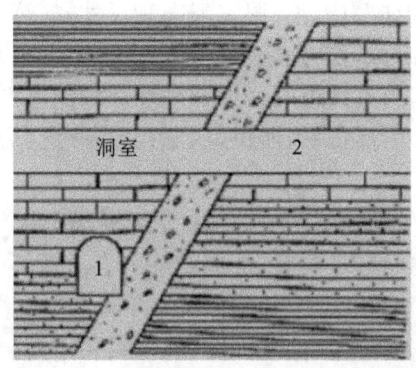

图 10-11 洞室轴线与断层轴线关系示意图

在新生断裂或地震区域的断裂,因还处于活动时期,断裂变位还在复杂地持续过程中,这些地段是不稳定的,不宜选作地下工程场地。若在这类地段修建地下工程,将会遇到巨大的岩层压力,且易发生岩体坍塌,压裂衬砌造成结构物的破坏。

总之,在断裂破碎带地区,洞室轴线与断裂破碎带轴线所成的交角大小,对洞室稳定及施工的难易程度影响很大。如洞室轴线与断裂带垂直或接近垂直,则需要穿越的不稳定地段较短,仅是断裂带及其影响范围岩体的宽度;若断裂带与洞室轴线平行或交角甚小,则洞室不稳定地段增长,且将发生不对称的侧向岩层压力。

任务 2 围岩稳定性的分析方法

根据地下洞室所在岩体的性质,又可将地下洞室分为土体洞室和岩体洞室两大类。土体和岩体的工程性质差别较大,两类洞室的变形破坏形式、影响因素以及稳定性评价方法等,均有所不同。

与岩体洞室相比,土体洞室的稳定性要低得多。一般情况下,土体洞室如果不给予支护,通常不能保持长期稳定。影响土体洞室稳定性的因素,主要是土体类型及工程性质、地下水状态、洞室断面尺寸、形态、洞室埋深等。在坚硬和较坚硬的土层中,洞室稳定性较好;在淤泥层、砂层、黏土层及遇水软化的黏土岩、膨胀土层中,洞室稳定性很差,常给施工带来巨大困难。对土体洞室的稳定性和土压力的评价,通常采用土力学的分析方法进行。

岩体洞室的稳定性主要取决于岩体中的岩体质量、地下水状态、地应力状态、洞室断面尺寸、形状以及埋深等。岩体洞室围岩稳定性评价常采用以下四种方法。

1. 围岩分级评价法

对洞室围岩进行工程分级,从而定性评价其稳定性,是普遍采用的一种方法。该方法以岩体质量评价为基础,结合已建工程的实践经验进行。洞室围岩分级评价法,在各类洞室建设中均被采用。对于普通的小型洞室,一般仅采用围岩分级评价即可;对于大中型洞室,则常在围岩分级基础上进行岩体稳定性理论分析(解析法和图解法);对于大型洞室或重点工程,还应进行各种模型试验,以预测洞室围岩的稳定性。

2. 解析法

1)连续介质力学分析法

连续介质力学分析法是指利用弹性理论、弹塑性理论以及各种数值分析方法,评价围岩的稳定性。该方法主要根据地应力大小、洞室形态和尺寸,检算相对完整岩体的洞室周边最大压应力和最大拉应力集中部位,检查该应力集中部位的压应力和拉应力是否超过岩体抗压强度和抗拉强度,是否引起洞室周边的变形与破坏。因洞室围岩的变形和破坏,一般都是从洞室周边开始,然后向围岩内部扩展,所以,洞室周边围岩应力检算有着重要作用。

2)极限平衡分析法

对于主要由结构面控制的围岩变形破坏,主要用极限平衡分析法进行检算。一般分为两种情况:一种是有软弱结构面穿过洞室,造成洞壁围岩沿结构面剪切滑移或在结构面附近脱落;另一种是多组节理将围岩切割成分离块体。可通过研究结构面处岩块重力在结构面上的各个分量和结构面的抗剪强度及抗拉强度,确定结构面处岩块的稳定性。

3)图解分析法

图解分析法主要采用赤平极射投影分析法,即将围岩中各组结构面产状投影到赤平极射投影图上,通过结构面产状在赤平极射投影图上的组合形态,分析洞室不稳定岩块的位置和滑动方向,并可确定洞室延伸部位和方向。但该方法确定的不稳定岩块的稳定性,还需要按块体极限平衡理论进行检算。

4)模型、模拟试验法

模型、模拟试验法主要有光弹性模拟试验法、相似材料模型试验法和离心模拟试验法等,通过室内模型受力变形过程,推演在洞室开挖过程中,围岩可能出现的变形和破坏方式及物理机制,从而判定围岩稳定性。

光弹性模拟试验法主要利用某些透明的光敏感材料,在受力变形时产生光学各向异性的特点,根据偏振方向不同的光线的光程差,确定主应力差值,利用反映出来的等色线和等倾线,确定模型中的应力分布状态。

相似材料模型试验法主要用重晶石粉、石膏、水泥、砂等材料按一定相似比例制成模型,在模型架上施加双向或三向荷载,模拟洞室的平面应力状态和平面应变状态,并进行模拟开挖,以预测洞室的变形和破坏。

离心模拟试验法主要采用一般原型材料,按原型密度和几何比例制作模型,在模型中埋置各种传感器,并放入离心机中,用增加离心加速度的方法增加离心力,从而增加模型中的重力,达到模型与原型几何相似和应力相似,模拟一定时间内原型的变形和破坏。

由于地下工程围岩岩体变形、破坏过程非常复杂,目前对其发生、发展机理还不完全清楚,因此,围岩岩体稳定分析方法仍在不断发展、完善之中。

任务 3 围岩的工程分类

围岩是指开挖地下洞室后其周围产生应力重分布范围内的岩土体,或指开挖后对其稳定性产生影响的那部分岩土体。

围岩的稳定性是指在开挖后不加支护的情况下围岩自身的稳定程度,可分为充分稳定、基本稳定、暂时稳定和不稳定等不同等级。

围岩分级(类)就是对不同地质条件特征的围岩进行类别及稳定性等级的划分,这种划分是隧道与地下工程进行工程类比设计的重要依据,是围岩稳定性评价的重要基础,是隧道设计、施工的依据,是进行科学管理及正确评价经济效益、确定结构荷载(围岩压力)、设计衬砌结构的类型及参数、制定劳动定额及材料消耗标准等的基础。

地下洞室结构体系的稳定性受两个方面的影响:一方面是地质因素,包括岩性及岩石的力学强度、岩体的地质结构构造特征(完整性、软弱结构面发育及分布、风化作用等),以及原岩应力状态和地下水状况;另一方面是工程因素,包括地下空间的断面形式、尺寸、埋深、施工方法、支护结构类型及支护时间等。地质因素的影响由于比较明显而往往受到人们的重视,而工程因素的影响由于人们对它的作用机理缺乏足够的认识而容易被忽视。

模块五中的任务 3 阐述了岩体的工程分类。有关围岩的工程分类,下面给出我国《铁路隧道设计规范》(TB 10003—2005)、《公路隧道设计规范》(JTG D70—2004)中关于围岩工程分类的方法。

1.《铁路隧道设计规范》(TB 10003—2005)围岩分类

1)围岩基本分级

围岩基本分级由岩石坚硬程度和岩体完整程度两个因素确定,而岩石坚硬程度和岩体完整程度分级采用定性划分和定量指标综合确定。岩石坚硬程度采用岩石单轴饱和抗压强度 σ_{cw} 这一定量指标,按表 10-1 进行划分。

表 10-1　岩石坚硬程度的划分

岩石等级		单轴饱和抗压强度 σ_{cw}(MPa)	代表性岩石
硬质岩	极硬岩	$\sigma_{cw}>60$	未风化或微风化的花岗岩、片麻岩、闪长岩、石英岩、硅质灰岩、钙质胶结的砂岩或砾岩等
	硬岩	$30<\sigma_{cw}\leqslant60$	弱风化的极硬岩,未风化或微风化的熔结凝灰岩、大理岩、板岩、白云岩、灰岩、钙质胶结的砂岩、结晶颗粒较粗的岩浆岩等
软质岩	较软岩	$15<\sigma_{cw}\leqslant30$	强风化的极硬岩,弱风化的硬岩,未风化或微风化的云母片岩、千枚岩、砂质泥岩、钙泥质胶结的粉砂岩和砾岩、泥灰岩、泥岩、凝灰岩等
	软岩	$5<\sigma_{cw}\leqslant15$	强风化的极硬岩,弱风化至强风化的硬岩,弱风化的较软岩和未风化或微风化的泥质岩类
	极软岩	$\sigma_{cw}\leqslant5$	全风化的各类岩石和成岩作用差的岩石

岩体完整程度根据结构面特征、结构面发育的组数和岩体结构类型等定性特征及定量指标——岩体完整性系数 K_v,按表 10-2 进行划分。

表 10-2 岩体完整程度的划分

完整程度	结构面特征	结构类型	岩体完整性系数 K_v
完整	结构面为 1～2 组,以构造型节理或层面为主,密闭型	巨块状整体结构	$K_v > 0.75$
较完整	结构面为 2～3 组,以构造型节理和层面为主,裂隙多呈密闭型,部分为微张型,少有充填物	块状结构	$0.55 < K_v \leqslant 0.75$
较破碎	结构面一般为 3 组,以节理和风化裂隙为主,在断层附近受构造影响较大,裂隙以微张型和张开型为主,多有充填物	层状结构,块石、碎石状结构	$0.35 < K_v \leqslant 0.55$
破碎	结构面多于 3 组,以风化裂隙为主,在断层附近受构造作用较大,裂隙以张开型为主,多有充填物	碎石角砾状结构	$0.15 < K_v \leqslant 0.35$
极破碎	结构面杂乱无序,在断层附近受断层作用影响大,裂隙全被泥质或泥夹碎屑充填,充填物厚度大	散体状结构	$K_v \leqslant 0.15$

以岩石坚硬程度和岩体完整程度的分级为基础,结合定量指标——围岩弹性纵波速度,按表 10-3 确定围岩基本分级。

表 10-3 围岩基本分级

围岩级别	岩体特征	土体特征	弹性波纵波速度(km/s)
I	极硬岩,岩体完整	—	>4.5
II	极硬岩,岩体较完整;硬岩,岩体完整	—	3.5～4.5
III	极硬岩,岩体较破碎;硬岩或软硬岩互层,岩体较完整;较软岩,岩体完整	—	2.5～4.0
IV	极硬岩,岩体破碎;硬岩,岩体较破碎或破碎;较软岩或软硬岩互层,且以软岩为主,岩体较完整或较破碎;软岩,岩体完整或较完整	具压密或成岩作用的黏性土、粉土及砂类土,一般钙质、铁质胶结的粗角砾土、粗圆砾土、碎石土、卵石土、大块石土、黄土(Q_1、Q_2)	1.5～3.0
V	软岩,岩体破碎至极破碎;全部极软岩及全部极破碎岩(包括受构造影响严重的破碎带)	一般第四系坚硬、硬塑黏性土,稍密及以上、稍湿及潮湿的碎(卵)石土、粗、细圆砾土、粗、细角砾土、粉土及黄土(Q_3、Q_4)	1.0～2.0
VI	受构造影响很严重,呈碎石、角砾及粉末、泥土状的断层带	软塑状黏性土、饱和的粉土、砂类土等	<1.0(饱和状态的土小于 1.5)

2)隧道围岩分级修正

隧道围岩级别应在围岩基本分级的基础上,结合隧道工程的特点,考虑地下水状态、初始地应力状态等必要的因素进行修正。地下水状态的分级按表10-4确定。

表 10-4　地下水状态的分级

级　别	状　态	渗水量(L/min·10 m)
Ⅰ	干燥或湿润	<10
Ⅱ	偶有渗水	10~25
Ⅲ	经常渗水	25~125

地下水影响对围岩级别的修正按表10-5进行。

表 10-5　地下水影响对围岩级别的修正

围岩基本级别 地下水状态分级	Ⅰ	Ⅱ	Ⅲ	Ⅳ	Ⅴ	Ⅵ
Ⅰ	Ⅰ	Ⅱ	Ⅲ	Ⅳ	Ⅴ	—
Ⅱ	Ⅰ	Ⅱ	Ⅳ		Ⅵ	—
Ⅲ	Ⅱ	Ⅲ	Ⅳ	Ⅴ	Ⅵ	—

对于围岩初始地应力状态,当无实测资料时,可根据隧道工程的埋深、地形地貌、地质构造运动史、主要构造线与开挖过程中出现的岩爆、岩芯饼化等特殊地质现象,按表10-6作出评估。

表 10-6　初始地应力状态评估

初始地应力状态	主　要　现　象	评估基准(σ_{cw}/σ_{max})
极高应力	硬质岩:开挖过程中有岩爆发生,有岩块弹出,洞壁岩体发生剥离,新生裂隙多,成洞性差	<4
	软质岩:岩芯常出现饼化现象,开挖过程中洞壁岩体发生剥离,位移极为明显,甚至发生大位移,持续时间长,不易成洞	
高应力	硬质岩:开挖过程中可能出现岩爆,洞壁岩体有剥离和掉块现象,新生裂隙较多,成洞性较差	4~7
	软质岩:岩芯时有饼化现象,开挖过程中洞壁岩体位移明显,持续时间较长,成洞性差	

注:σ_{max}为最大地应力值(MPa)。

初始地应力状态对围岩级别的修正可按表10-7进行。

表 10-7　初始地应力状态对围岩级别的修正

围岩基本级别 初始地应力状态	Ⅰ	Ⅱ	Ⅲ	Ⅳ	Ⅴ
极高应力	Ⅰ	Ⅱ	Ⅲ或Ⅳ	Ⅴ	Ⅵ
高应力	Ⅰ	Ⅱ	Ⅲ	Ⅳ或Ⅴ	Ⅵ

2.《公路隧道设计规范》(JTG D70—2004)围岩分级

1990年,我国颁布的《公路隧道设计规范》(JTJ 026—1990)中称为"围岩分类",分为Ⅰ~Ⅵ类,Ⅵ类围岩质量和稳定性最好,Ⅰ类围岩质量和稳定性最差。为了与国家标准《工程岩体分级标准》(GB 50218—1994)相一致,2004年颁布的《公路隧道设计规范》(JTG D70—2004)中改称"围岩分级"。新规范中的围岩分级采用了与国家标准《工程岩体分级标准》(GB 50218—1994)完全相同的分级思路和方法,即采用了两步分级法,只是分级的对象和范围更广,包括了土体。

首先根据岩石的坚硬程度和岩体的完整程度两个基本因素确定岩体基本质量指标 BQ,进行初步分级,然后在围岩详细定级时,考虑地下水条件、主要软弱结构面产状以及地应力状态的影响因素,给出影响修正系数 K_1、K_2、K_3,按修正后的岩体质量指标[BQ],结合岩体的定性特征进行综合评价,并确定围岩的级别。K_1、K_2、K_3 的取值分别参见表10-8、表10-9、表10-10。

表10-8　地下水影响修正系数 K_1 取值表

K_1　　BQ 地下水状态	>450	450~350	350~250	<250
潮湿或点滴状出水	0	0.1	0.2~0.3	0.4~0.6
淋雨状或涌流状出水,水压小于等于0.1 MPa或单位水量10 L/min	0.1	0.2~0.3	0.4~0.6	0.7~0.9
淋雨状或涌流状出水,水压大于0.1 MPa或单位水量10 L/min	0.2	0.4~0.6	0.7~0.9	1.0

表10-9　主要软弱结构面产状影响修正系数 K_2 取值表

结构面产状及其与洞轴线的组合关系	结构面走向与洞轴线夹角 $\alpha \leqslant 30°$,倾角 β 为 $30°$~$75°$	结构面走向与洞轴线夹角 $\alpha > 60°$,倾角 $\beta > 75°$	其他组合
K_2	0.4~0.6	0~0.2	0.2~0.4

表10-10　天然应力影响修正系数 K_3 取值表

K_3　　BQ 天然应力状态	>550	550~450	450~350	350~250	<250
极高应力区	1.0	1.0	1.0~1.5	1.0~1.5	1.5
高应力区	0.5	0.5	0.5	0.5~1.0	0.5~1.0

注:极高应力区指 $\sigma_{cw}/\sigma_{max} < 4$,高应力指 σ_{cw}/σ_{max} 为 4~7。σ_{max} 为垂直洞轴线方向平面内的最大天然应力。

$$[BQ] = BQ - 100(K_1 + K_2 + K_3) \tag{10-1}$$

新的公路隧道围岩分级级序与国家标准及铁路隧道围岩分级一致,将围岩分为Ⅰ~Ⅵ级,Ⅰ级围岩稳定性最好,Ⅵ级围岩稳定性最差(见表10-11)。

表 10-11　公路隧道围岩分级

围岩级别	围岩主要定性特性	围岩基本质量指标 BQ 或修正的围岩基本质量指标[BQ]
Ⅰ	坚硬岩,完整岩体,整体状或巨厚层状结构	＞550
Ⅱ	坚硬岩,岩体较完整,块状或厚层状结构;坚硬岩,岩体完整,块状整体结构	451～550
Ⅲ	坚硬岩,岩体较完整,巨块(石)碎(石)状镶嵌结构;较坚硬岩或软硬岩层,岩体较完整,块状体或中厚层结构	351～450
Ⅳ	岩体:坚硬岩,岩体破碎,碎裂结构;较坚硬岩,岩体较破碎至破碎,镶嵌碎裂结构;较软岩或软硬岩互层,且以软岩为主,岩体较完整至较破碎,中薄层状结构	251～350
Ⅳ	土体:压密或成岩作用的黏性土及砂性土;黄土(Q_1、Q_2);一般钙质、铁质胶结的碎石土、卵石土、大块石土	
Ⅴ	岩体:较软岩,岩体破碎;软岩,岩体较破碎至破碎;极破碎的各类岩体,碎裂状、松散结构	≤250
Ⅴ	土体:一般第四系的半干硬至硬塑的黏性土及稍湿的碎石土,卵石土,圆砾、角砾土及黄土(Q_3、Q_4)。非黏性土呈松散结构,黏性土及黄土呈松软结构	
Ⅵ	软塑状黏性土及潮湿、饱和粉细砂层、软土等	—

任务 4　围岩压力及弹性抗力

1. 围岩压力概念

洞室的开挖在岩体中形成了新的洞穴,这就破坏了岩体中原有的应力状态,使洞室周围岩体中的应力重新分布,这种重新分布的应力称为围岩应力。在围岩应力作用下,围岩不断变形并逐渐向洞室移动,一些强度较低的岩石由于应力超过强度的极限值而破坏,破坏了的岩石在重力作用下塌落。为保证洞室稳定,需要在洞内进行必要的支撑和衬砌。洞室围岩的变形破坏作用于支护和衬砌上的压力称为围岩压力,也称为山岩压力、地压等。

狭义的围岩压力是指围岩作用于支护上的压力,显然是将围岩和支护看成独立的两个体系。广义的围岩压力是将支护与围岩看作一个共同体,二次应力的全部作用力视为围岩压力。

2. 围岩压力分类

如果围岩强度高,开挖扰动产生的二次应力不会使围岩产生较大变形或破坏,支护结构上的压力则很小,有时不用支护围岩也不会坍塌。因此,围岩破坏与否取决于围岩能否承受二次地应力的作用。不同的岩体开挖洞室后,会有不同的围岩压力。目前,根据岩体类型和围岩压力特征,把围岩压力分成松动压力、变形压力、冲击压力和膨胀压力。

1)松动压力

因开挖引起围岩松动式塌落的岩体以重力形式作用于支护上的压力称为松动压力。这种压力直接表现为荷载形式,顶压大、侧压小。造成松动压力的因素很多,如围岩地质条件、岩体破碎程度、开挖施工方法等。

①在块状结构甚至整体结构的岩体中,可能出现个别松动掉块的岩石对支护结构造成落石压力。

②在碎裂结构岩体中,由于岩体节理发育,某些部位的岩体会沿弱面发生剪切破坏或拉坏,形成局部塌落的松动压力。

③在散体结构岩体中,由于岩体软弱破碎洞室顶部和两侧片帮冒落对支护结构就会形成散体压力。

2)变形压力

变形压力是围岩在二次应力作用下发生的变形受到支护的抑制作用而产生的压力。因此,变形压力除与围岩应力有关外,还与支护的施工方法、支护刚度等因素有关。按其成因有下列几种情况。

(1)弹性变形压力

当采用紧跟开挖面进行支护的施工方法时,由于开挖面的"空间效应"使支护受到一部分围岩的弹性变形作用而产生的压力称为弹性变形压力。

(2)塑性变形压力

在过大的二次应力作用下,围岩发生塑性变形而使支护受到的压力称为塑性变形压力。

(3)流变压力

在流变性很显著的围岩中,一定的二次应力会使围岩发生随时间而增加的变形。这种变形会使围岩鼓出,引起很大的洞室收敛变形。由此变形在支护上产生的压力称为流变压力,其特点是压力会随时间变化。合理设置支护会使流变压力最终趋于稳定,否则会随着时间推移而使支护受到破坏。

3)冲击地压

冲击地压又称为岩爆,它是指围岩内积聚的大量弹性变形能突然释放时所产生的压力。在高地应力的脆性岩体中开挖地下洞室时容易产生此种压力。

4)膨胀压力

在膨胀岩岩体中开挖地下洞室时,由于围岩遇水膨胀、崩解而引起的压力称为膨胀压力。膨胀岩吸水后因物理化学作用会发生体积膨胀、崩解,而围岩发生很大变形。从现象上看,其与流变压力有相似之处,即都是因变形而产生压力,压力也随时间变化。但二者机理不同,前者是物理化学作用引起的体积增大的变形,后者是力学作用产生的流变变形。

3. 弹性抗力

围岩的弹性抗力是指衬砌受力朝向围岩变形时围岩对衬砌呈现出的一种被动抗力。弹性抗力的存在,说明衬砌与围岩共同工作,从而可以减小由荷载特别是内水压力产生的衬砌内力,对衬砌是有利的。围岩抗力愈大,愈有利于衬砌的稳定。围岩抗力承担了一部分内水压力,从而减小了衬砌所承受的内水压力,起到了保护衬砌的作用。充分利用围岩抗力,可以大大地减小衬砌的厚度,降低工程造价。因此,对围岩的弹性抗力的估算不能过高或过低,应认真研究,并采取灌浆等措施,以保证衬砌与围岩紧密结合。

弹性抗力不仅与围岩的岩性和构造有关,还与围岩是否能承受所分担的荷载,即与围岩的强度和厚度有关。对于有压隧洞,考虑弹性抗力应满足以下条件。

①围岩厚度大于隧洞开挖直径的 3 倍。

②洞周没有不利的滑动面,在内水压力作用下不致产生滑动和上抬。

③衬砌和围岩的空隙必须回填密实。

④围岩厚度大于内水压力水头的 0.4 倍。

任务 5 影响围岩稳定性的因素及提高稳定性的措施

1. 影响围岩稳定性的主要因素

围岩稳定性评价是地下工程选址、规划、设计和施工的重要依据。影响围岩稳定性的因素归纳起来可分为地质因素和工程因素两个方面。

1)地质因素

影响围岩稳定性的地质因素是岩土体赋存的内在因素,可分为岩体结构特征、岩体强度和地下水活动三项基本因素。

(1)岩体结构特征

岩体结构特征是围岩分级的一项主要因素,可分为整体状结构、块状结构、层状结构、碎裂结构和散体结构五类。其对围岩稳定性的具体影响参见表 5-2。

(2)岩体强度

岩体强度通常可用岩块饱和单轴抗压强度乘以因考虑节理裂隙存在的岩体完整性系数 K_v 来表示。

(3)地下水活动

地下水活动对洞室围岩的影响有如下几个方面。

①增加支护结构上的压力。

②使围岩强度降低,造成围岩变形或失稳破坏。

③长期作用可加速围岩风化、溶蚀可溶性岩石;土体中的动水压力可造成施工中的洞室产生大规模塌方。

④已成地下洞室内可能产生渗漏泉涌,影响地下洞室的正常使用。

2)工程因素

影响洞室稳定性的工程因素是指岩土体在原始地形地貌的情况下后期形成的外在因素。这些因素可能有如下几点。

①由于设计的洞室断面形状不当或尺寸过大,产生的应力集中。

②施工方法不当,如不采用光面爆破且炸药量过多或全断面开挖时没有及时支护。

③洞顶开挖时超挖形成积水,向洞内逐渐渗漏。

④地下冷库由于设计或施工不当,使围岩发生冻胀,支护结构发生变形破坏。

⑤在已成洞室旁边开挖洞室,或在已成洞室下采煤(或挖洞),使已成洞室遭受破坏。

⑥围岩在地震、爆破等震动作用下,因岩土抗剪强度降低而产生变形或破坏等。

综上所述,工程因素包括洞室的埋深、形状、跨度、轴向、间距及所选取的施工方法、围岩暴露时间、支护形式等,并与使用期间有无地震、振动作用和相邻建筑的影响等有关。

2. 提高围岩稳定性的措施

充分利用围岩稳定性,可以减少人为的支护结构,这就要求保护和提高围岩的稳定性。

保护围岩稳定性,常采用光面爆破、掘进机开挖等先进的施工方法以及对围岩采取灌浆、锚固、支撑和衬砌等加固措施。一般的途径有两条:第一,保护地下洞室围岩原有的强度和承载能力,如及时封闭围岩以防风化,及时衬砌阻止围岩产生变形和松动;第二,赋予围岩一定的强度,使其稳定性有所提高,如给围岩注浆、封闭裂隙、加固危岩等。前者主要是采用合理的施工和支护衬砌方案,后者主要是加固围岩。

1)合理施工,尽量减少围岩的扰动

根据围岩稳定程度的不同,应选择不同的施工方案。尽可能采取全断面开挖,多次开挖会损坏岩体。若地下洞室断面较大,一次开挖成型困难时,可采用分步开挖、逐步扩大的施工方法,并根据围岩的特征,采用不同的开挖顺序以保护围岩的稳定性。

传统的矿山施工方法有明挖法和暗挖法两种。暗挖法又分为矿山法和盾构法两大类。矿山法包括全断面法、台阶法、台阶分步法、上下导坑法、单侧壁导坑法、双侧壁导坑法等。例如,当洞顶围岩不稳定而边墙围岩稳定性较好时,应先在洞顶开挖导洞并立即做好支护,当洞顶全部轮廓挖出做好支护后再扩大下部断面。如整个洞室的围岩均不稳定,则应先开挖侧墙导洞并做好支护后,再开挖上部断面。

2)支撑、衬砌、锚喷支护和灌浆加固

支撑是临时性加固洞壁的措施,衬砌是永久性加固洞壁的措施。此外还有锚喷支护、灌浆加固等。

(1)支撑

支撑多为钢支撑结合喷射混凝土支撑。在不太稳定的岩体中开挖时,应考虑及时设置支撑,以防止围岩早期松动。支撑是保护围岩稳定性的可行的办法。目前在Ⅴ级、Ⅵ级围岩中多采用工字钢支撑结合喷射混凝土支撑,Ⅳ级采用钢格栅支撑结合喷射混凝土支撑,Ⅰ级、Ⅱ级和Ⅲ级不采用支撑。

(2)衬砌

衬砌主要有锚喷衬砌和复合式衬砌,基本不再使用整体式衬砌。复合式衬砌由初期支护和二次衬砌所组成,初期支护(喷射混凝土、锚杆等)帮助围岩达到施工期间的初步稳定,二次衬砌(混凝土或钢筋混凝土等)则提供安全储备或承受后期围岩压力。衬砌一定要与洞壁紧密结合,填严塞实其间空隙才能起到良好效果。做顶拱的衬砌时,一般还要预留压浆孔。衬砌后再回填灌浆,在渗水地段也可起到防渗作用。

(3)锚喷支护

锚喷支护是喷射混凝土支护与锚杆支护的简称,其特点是通过加固地下洞室围岩,提高围岩的自承能力来达到围护地下洞室稳定的目的。它是近年来发展起来的一种新型支护方式。这种支护方式技术先进、经济合理、质量可靠、用途广泛,在世界各地的矿山、交通、地下建筑以及水利工程中得到广泛使用。

锚喷支护能充分发挥围岩的自承能力,从而使围岩压力降低,支护厚度减薄。喷层的力学作用有两个方面:其一是防护加固围岩,提高围岩强度。地下洞室掘进后立即喷射混凝土可及时封闭围岩暴露面。由于喷层与岩壁密贴,故能有效地隔绝水和空气,防止围岩因潮解风化而产生剥落和膨胀,避免裂隙中充填料流失,防止围岩强度降低。此外,高压高速喷射混凝土时,可使一部分混凝土浆液渗入张开的裂隙或节理中,起到胶结和加固作用,提高围岩的强度。其二是改善围岩和支架的受力状态。含有速凝剂的喷射混凝土,可在喷射后(初凝时间不大于 5 min,终凝时间不大于 10 min)及时向围岩提供支护抗力(径向力),使围岩表层岩体由未支护时的双向受力状态变为三向受力状态,提高围岩的强度。

锚杆的支护作用有悬吊作用、减跨作用和组合作用。所谓悬吊作用,即通常认为锚杆可将不稳定的岩层悬吊在坚固的岩屋上,以阻止围岩移动或滑落,这样,锚杆杆体中所受到的拉力即为危岩的自重,只要锚杆不被拉断,支护就是成功的。当然,锚杆也能把结构面切割的岩块连接起来,阻止结构面张开。减跨作用,即在地下洞室内顶板岩层打入锚杆,相当于在地下洞室顶板上增加了新的支点,使地下洞室的跨度减小,从而减小了顶板岩石中的应力,起到维护地下洞室的作用。组合作用,即在层状岩屋中打入锚杆,把若干薄岩层锚固在一起,类似于将叠置的板梁组成组合梁,从而提高顶板岩层的自支承能力,起到维护地下洞室稳定的作用,这种作用称为组合梁作用。另一种组合作用——组合拱,深入到围岩内部的锚杆,由于围岩变形使锚杆受拉,或在预应力作用下锚杆内受力,这样相当于在锚杆的两端施加一对压力。由于这对压力的作用,沿锚杆方向一个圆锥体范围的岩体受到控制。这样按一定间距排列的多根锚杆锥体控制区连成一个拱圈控制带,这就是组合拱。组合拱间的围岩相互挤压相当于天然的拱碹,从而起到维护围岩的作用。

(4)灌浆加固

在裂隙发育的岩体和极不稳定的第四纪堆积物中开挖地下洞室时,这些围岩的分级多为Ⅴ级、Ⅵ级围岩,常需要加固围岩以增大其稳定性,降低其渗水性。最常用的加固方法就是采用水泥、水玻璃等进行灌浆,或者设计成中空注浆小导管,或者以大管棚注浆等方式,在围岩中大体开成一圆柱形或球形的固结层,然后进行开挖作业。隧道施工中以上方法统称为辅助工程措施,除此之外,护拱、井点降水、深井排水等也是辅助工程措施。

【思考题】

1. 如何根据洞口工程地质条件来确定洞口位置?
2. 当洞室穿过褶皱地层时,应如何考虑洞室位置?
3. 什么是围岩压力? 围岩压力的大小与哪些因素有关?
4. 洞室稳定性与哪些因素有关? 可以采用哪些方法进行洞室稳定性评价?
5. 围岩的概念是什么? 围岩分级应考虑的因素有哪些?
6. 影响围岩稳定的因素有哪些?
7. 提高围岩稳定的措施有哪些?

参 考 文 献

[1] 中华人民共和国建设部.GB 50021—2001(2009 年版)岩土工程勘察规范[S].北京:中国建筑工业出版社,2009.

[2] 中华人民共和国水利部.GB 50487—2008 水利水电工程地质勘察规范[S].北京:中国计划出版社,2009.

[3] 何培玲.工程地质[M].第 2 版.北京:北京大学出版社,2012.

[4] 沈自立,尹会珍.工程地质与水文地质[M].郑州:黄河水利出版社,2010.

[5] 郑毅,施鲁莎.工程地质[M].武汉:武汉理工大学出版社,2009.

[6] 《工程地质手册》编委会.工程地质手册[M].第 4 版.北京:中国建筑工业出版社,2011.

[7] 李隽蓬,谢强.土木工程地质[M].成都:西南交通大学出版社,2001.

[8] 邹艳琴.公路工程地质[M].北京:高等教育出版社,2009.

[9] 尚岳全,王清,蒋军,等.地质工程学[M].北京:清华大学出版社,2006.

[10] 汤康民.岩土工程[M].武汉:武汉理工大学出版社,2001.

[11] 张咸恭,王思敬,张倬元,等.中国工程地质学[M].北京:科学出版社,2000.

[12] 戴文亭.土木工程地质[M].第 3 版.武汉:华中科技大学出版社,2013.

[13] 孙家齐,陈新民.工程地质[M].武汉:武汉理工大学出版社,2011.

[14] 郭抗美.工程地质学[M].北京:中国建材工业出版社,2006.

[15] 齐云丽,徐秀华.工程地质[M].北京:人民交通出版社,2009.

[16] 宓荣三.工程地质[M].成都:西南交通大学出版社,2007.

[17] 曲力群,李忠,苗喜德.工程地质[M].北京:中国铁道出版社,2004.

[18] 廖育民.地质灾害预报预警与应急指挥及综合防治实务全书[M].哈尔滨:哈尔滨地图出版社,2003.

[19] 中华人民共和国国土资源部.DZ/T 0218—2006 滑坡防治工程勘查规范[S].北京:中国标准出版社,2006.

[20] 中华人民共和国国土资源部.DZ/T 0219—2006 滑坡防治工程设计与施工技术规范[S].北京:中国标准出版社,2006.

[21] 张丽芬.我国岩溶塌陷研究综述[J].中国地质灾害与防治学报,2007,18(3).

[22] 冷鑫.影响边坡稳定的因素与防护处治[J].科技致富向导,2012(15).

[23] 杨伟.公路边坡稳定性评价方法及滑坡防治措施[J].筑路机械与施工机械化,2007(4).

[24] 周国钧.地基基础与抗震[J].冶金建筑,1977(2).

[25] 胡厦田,吴继绩,王健.土木工程地质[M].北京:高等教育出版社,2001.

[26] 李隽蓬.铁路工程地质[M].北京:中国铁道出版社 1996.